U0150040

21世纪先进制造技术丛书

先进箔片气体动压轴承技术及其工程应用

冯 凯 著

科 学 出 版 社

北 京

内 容 简 介

本书汇集了箔片气体动压轴承研究的最新进展及作者在该领域的研究成果，系统阐述气体动压润滑理论和箔片气体动压轴承建模及性能分析方法，重点介绍箔片气体动压轴承的加工工艺和试验测试技术，讨论箔片气体动压轴承-转子系统的动力学性能匹配和性能分析方法，并从工程的角度介绍该种轴承在动力装备领域的应用，全面反映箔片气体动压轴承的研究现状和发展趋势。

本书可供机械工程专业的研究生学习，也可供从事轴承设计与装备研制的相关研究人员和工程技术人员参考。

图书在版编目(CIP)数据

先进箔片气体动压轴承技术及其工程应用 / 冯凯著. —北京：科学出版社，2022.4
（21世纪先进制造技术丛书）
ISBN 978-7-03-072011-5

Ⅰ. ①先… Ⅱ. ①冯… Ⅲ. ①动压气体轴承-研究 Ⅳ. ①TH133.37

中国版本图书馆CIP数据核字(2022)第054567号

责任编辑：刘宝莉 / 责任校对：任苗苗
责任印制：师艳茹 / 封面设计：蓝正设计

科 学 出 版 社 出版
北京东黄城根北街 16 号
邮政编码：100717
http://www.sciencep.com
三河市春园印刷有限公司 印刷
科学出版社发行 各地新华书店经销
*
2022 年 4 月第 一 版 开本：720 × 1000 1/16
2022 年 4 月第一次印刷 印张：21 1/2
字数：431 000
定价：168.00 元
（如有印装质量问题，我社负责调换）

"21 世纪先进制造技术丛书"编委会

"21世纪先进制造技术丛书"序

21世纪，先进制造技术呈现出精微化、数字化、信息化、智能化和网络化的显著特点，同时也代表了技术科学综合交叉融合的发展趋势。高技术领域如光电子、纳电子、机器视觉、控制理论、生物医学、航空航天等学科的发展，为先进制造技术提供了更多更好的新理论、新方法和新技术，出现了微纳制造、生物制造和电子制造等先进制造新领域。随着制造学科与信息科学、生命科学、材料科学、管理科学、纳米科技的交叉融合，产生了仿生机械学、纳米摩擦学、制造信息学、制造管理学等新兴交叉科学。21世纪地球资源和环境面临空前的严峻挑战，要求制造技术比以往任何时候都更重视环境保护、节能减排、循环制造和可持续发展，激发了产品的安全性和绿色度、产品的可拆卸性和再利用、机电装备的再制造等基础研究的开展。

"21世纪先进制造技术丛书"旨在展示先进制造领域的最新研究成果，促进多学科多领域的交叉融合，推动国际间的学术交流与合作，提升制造学科的学术水平。我们相信，有广大先进制造领域的专家、学者的积极参与和大力支持，以及编委们的共同努力，本丛书将为发展制造科学，推广先进制造技术，增强企业创新能力做出应有的贡献。

先进机器人和先进制造技术一样是多学科交叉融合的产物，在制造业中的应用范围很广，从喷漆、焊接到装配、抛光和修理，成为重要的先进制造装备。机器人操作是将机器人本体及其作业任务整合为一体的学科，已成为智能机器人和智能制造研究的焦点之一，并在机械装配、多指抓取、协调操作和工件夹持等方面取得显著进展,因此,本系列丛书也包含先进机器人的有关著作。

最后,我们衷心地感谢所有关心本丛书并为丛书出版尽力的专家们,感谢科学出版社及有关学术机构的大力支持和资助,感谢广大读者对丛书的厚爱。

熊有伦

华中科技大学

2008 年 4 月

前　言

当前,世界各国都将发展新一代轻质、高功率密度、大功率能源动力装备视为解决其能源问题的重要途径。新一代能源动力装备的 DN 值(转子直径和转速的乘积)已接近 $4\times10^6 \mathrm{mm\cdot r/min}$,服役温度甚至超过 $1000\,^{\circ}\mathrm{C}$,这些指标都远远超出了传统轴承技术的能力范围。气体动压轴承-转子系统具有体积小、效率高、耐高温、无须润滑、不受 DN 值限制等优点。利用箔片气体动压轴承技术可以大幅提升装备的功率密度,是实现超临界二氧化碳循环发电、微型燃气轮机发电、超低温制冷、深空核发电等领域新一代能源动力装备的变革性技术。

然而,由于气体具有极低黏度和强可压缩性,加上弹性支承箔片与气膜组成的双介质润滑系统表现出强非线性耦合特性,箔片气体动压轴承在承载力、高温性能、稳定性及启停寿命等方面仍然存在着关键性技术难题,阻碍其进一步的发展和产业化应用。2020 年,中国机械工程学会将箔片气体动压轴承技术列为五大工程技术难题之一,也说明其技术难度之大。鉴于此,本书汇集了作者及其团队在该领域十多年的研究成果,从气体动压润滑理论、轴承设计方法、性能测试技术和动力装备开发技术等方面全面介绍箔片气体动压轴承技术的工作原理、设计理论、制造工艺、试验方法与应用技术,以达到交流研究经验、推动箔片气体动压轴承技术发展的目的。

全书从气体动压润滑基础理论和箔片气体动压轴承设计技术出发,首先系统阐述箔片气体动压轴承的结构建模和性能分析方法,并重点介绍包括新型高阻尼、叠片型在内的新型箔片气体动压轴承的性能与试验分析,详细讨论气体动压轴承-转子系统的动力学性能测试以及结果分析;然后从工程的角度介绍该种轴承在动力装备领域的应用,全面反映箔片气体动压轴承的研究现状和发展趋势。

作者在气体润滑领域的研究得到国家重点研发计划课题(2018YFB2000105、2020YFB2007602)和国家自然科学基金面上项目(51875185、51575170)的资助。本书的撰写得到了湖南大学高端智能装备关键部件研究中心的老师和研究生们的大力协助和支持,特别是关汗青、曹远龙、李健、王瑛、杨思永和李航,作者向他们致以衷心的感谢。感谢赵雪源、郭志阳、刘万辉、吕鹏、胡小强、赵子龙、黄明、李映宏、王法义、刘良军、谢永强、张俊、刘玉满、王乾振、张涛、刘天宇、余睿在研究生学习期间所做的创造性工作。

　　本书力求详细介绍箔片气体动压轴承的润滑理论、轴承设计方法、性能测试技术和动力装备开发技术，但由于作者知识和水平有限，加之箔片气体动压轴承技术的发展日新月异，很多新方法和新技术难以全面介绍，书中难免存在不足之处，恳请广大读者不吝赐教。

目　　录

第1章 绪 论

气体悬浮技术因具有高速、高效、高功率密度、耐高温、长寿命的技术特点，已成为引领高端装备技术革新的关键。本章通过生活中几个常见的例子来引入气体悬浮的基本原理和技术难题，着重介绍箔片气体动压轴承的结构特征、工作原理及技术特点，阐述气浮轴承技术对高速能源动力装备发展的引领性作用。

1.1 生活中的气体悬浮

作为物质存在于世界的基本形态之一，气体在我们的生活中无处不在。人类利用气体来悬浮物体的历史源远流长，其基本类型大体上可分为静压悬浮、动压悬浮和挤压悬浮。下面通过生活中常见的三个实例来介绍气体悬浮的基本原理。

实例Ⅰ。商场或游乐场有一种十分受欢迎的双人对战竞赛游戏——"气垫球"，游戏的关键在于球块可以非常顺畅地在桌面上行走、反弹。球块能够无摩擦地在桌面上滑行，是因为在游戏装置中安装了一个气泵，当游戏开始时，气阀就会开启并向桌面提供高压气体，使球块和桌面之间形成一层非常薄的气膜。这种利用外部供给高压气体来悬浮物体的方式，称为气体静压悬浮，桌面上均匀分布的小孔为节流器。

实例Ⅱ。假设在光滑的桌面上以一定的速度推出一张纸，纸张将会以近似无摩擦的状态滑行。这是因为纸张和桌面之间存在相对运动，黏性作用将空气带入纸张和桌面之间的狭小空间，从而形成一层非常薄的空气膜，减少甚至消除了纸张和桌面之间的摩擦，支承纸张向前滑行。而且，可以发现纸张的初始速度越快，越容易形成气膜，悬浮高度越高，滑行距离越远。这种利用两个表面相对运动和气体黏性来形成高压气膜的方式，称为气体动压悬浮。

实例Ⅲ。在平放的音箱表面放置一张纸，纸张会随着声音的发出而振动甚至悬浮起来。如果调大音箱的音频或音量，纸张也将悬浮得更高。这是因为音箱通过其扬声器振膜的高频振动来发声，这种高频振动挤压了扬声器振膜与纸张之间的空气，从而形成高压气膜，将纸张悬浮起来。调大音箱的音频和音量，使得单位时间内挤压空气的次数更多和挤压的行程更大，可提高挤压周期内的平均悬浮力，使得纸张悬浮得更高。这种利用高频挤压空气来悬浮物体的方式，称为气体挤压悬浮。

1.2　气体悬浮的数学解释

气体没有形状，但有体积，是一种可任意压缩和膨胀的流体。雷诺方程[1]是基于流体动力学原理提出的，可用于描述狭小间隙中流体黏性效应的运动方程。雷诺方程可以由流体的运动方程和连续性方程联立推导得到，描述的是在单位微元体内流体在受力平衡、流量平衡和流体连续性约束条件下所表现出来的流动情况[2]。雷诺方程表达式为

$$\frac{\partial}{\partial x}\left(\frac{\rho H^3}{\mu_0}\frac{\partial p}{\partial x}\right)+\frac{\partial}{\partial y}\left(\frac{\rho H^3}{\mu_0}\frac{\partial p}{\partial y}\right)=6(U+U_0)\frac{\partial(\rho H)}{\partial x}+6(V+V_0)\frac{\partial(\rho H)}{\partial y}+12\frac{\partial(\rho H)}{\partial t} \quad (1.1)$$

式中，p 为气体的压力；ρ 为气体密度；μ_0 为黏度系数；U 和 V 为运动面的相对运动速度；H 为气膜厚度。

雷诺方程是典型的二阶偏微分方程，以上三种气体悬浮的基本原理解释如下。

1. 静压悬浮

如图 1.1 所示，当外部供给高压气体时，由于气体的黏性作用，在轴承狭小间隙内会形成具有一定压力分布的气膜，而且气体压力与气膜形状密切相关。

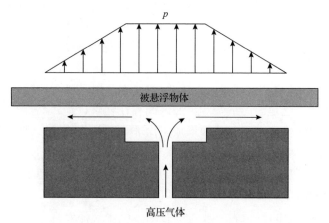

图 1.1　气体静压悬浮基本原理

2. 动压悬浮

如图 1.2 所示，轴承下表面相对于上表面存在相对运动，气体由于黏性作用被带入逐渐变小的楔形空间，被压缩并产生高于环境的气膜压力。

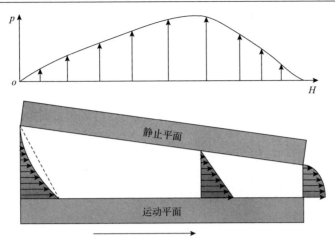

图 1.2 气体动压悬浮基本原理

3. 挤压悬浮

雷诺方程中 $\partial H/\partial t$ 描述的是轴承面法向运动时气体压力的产生情况，即挤压效应。如图 1.3 所示，当两个轴承面在法向上相对振动时，楔形空间内会形成时变的气体压力，时高时低，但单位周期范围内的平均气压要高于外部环境气压，形成悬浮力。

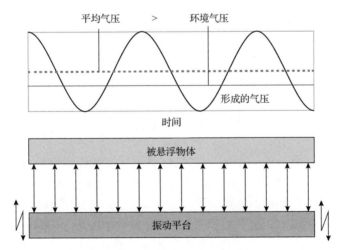

图 1.3 气体挤压悬浮基本原理

气体悬浮技术一直广受研究，应用领域也从最初的制造装备拓展到动力装备、航空航天装备等[3]。然而，由于气体所具有的特殊物理特性，气体悬浮技术在实际使用中会遇到各种各样的困难，主要表现在以下方面：

(1)性能求解较为复杂。由于气体是可压缩流体，气体的密度和黏度都会随着压力、温度等参数的变化而发生变化，所以无法通过解析求解经典雷诺方程的方法直接获得表征气体悬浮特性的物理量，尤其是在高压、高速、高温或低温等特殊应用工况中，气体悬浮特性的求解变得极为复杂。

(2)承载力小，阻尼特性差。由于气体的黏度仅为润滑油黏度的1/5000，在相同工况条件下，气体会表现出极小的承载力，需要通过提高供气压力或转速等方式来增大气体的承载力。气体的另外一个重要特征是阻尼特性差，而且频率越高，其所表现出来的阻尼特性越差。因此，在实际使用时，如何提高气体悬浮部件的阻尼特性往往成为研发和设计工作的重点。

(3)固有的自激振动。由于采用可压缩流体作为工作介质，在一些特殊工况下，气体悬浮部件会表现出流体所固有的自激振动现象。静压悬浮技术主要表现为高供气压力和小间隙条件下的"气锤自激"现象，而动压悬浮技术主要是高转速时所表现出来的气膜涡动和气膜振荡。一旦上述两种现象出现，气体悬浮部件的振动将无法控制，直至轴承失效。因此，如何防止自激振动的出现是轴承设计工作的重点和难点。

(4)精度要求高，使用难度大。由于气体的黏度较低，为了得到需要的承载能力和刚度，气体悬浮部件的间隙往往设计得相对较小，表面粗糙度的要求也较高，因此相对其他部件而言，气体悬浮部件加工精度的要求更高，且使用难度更大、成本更高。

(5)难以实现零部件标准化。由于气体的物理特性对工况极为敏感，而且采用气体悬浮技术的装备工况复杂，性能要求更高，因此气体悬浮部件往往需要工程技术人员根据装备的具体需求开展专门性的设计工作。

1.3　箔片气体动压轴承技术

箔片气体动压轴承是一种利用环境气体作为工作介质的自适应柔性动压轴承。当其工作时，转子表面与轴承内表面间会发生高速相对运动，环境中的气体由于黏性作用被带入轴承楔形间隙，利用动压效应形成高压气膜从而支承转子[4]。箔片气体动压轴承可以简单地看成自适应弹性结构和一层动压气体膜组成的串联支承结构。弹性支承结构可以为轴承提供自适应的弹性变形，在一定程度上有利于转子和轴承之间形成楔形动压气膜，并且弹性变形和箔片间的摩擦为轴承提供了刚度和阻尼。箔片气体动压轴承的弹性支承结构种类较多，其中综合性能最好的是弹性支承结构为波箔型箔片气体动压径向轴承。其结构如图1.4所示，是一种在轴和轴承套之间加装类似于"波浪"的弹性箔片，利用空气及箔片的相互作用来提供支承力的动压轴承[5]。这种轴承不但具有较大的承载力和良好的稳定性，而且简单实用。下面以该结构为例，简要说明箔片气体动压轴承的工作原理及工作过程，如图 1.5 所示。

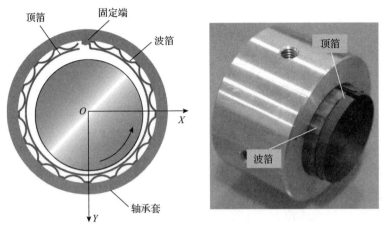

图 1.4　箔片气体动压径向轴承结构示意图[5]

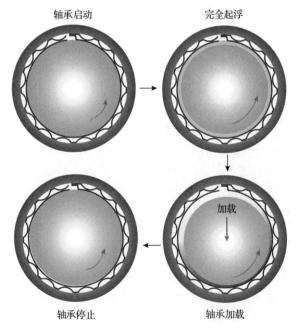

图 1.5　箔片气体动压轴承的工作原理及工作过程

1) 轴承启动

初始状态下波箔存在一定的预紧力，作为轴承承载面的顶箔与转子表面完全接触。当转子启动后，气体由于黏性作用被转子带入顶箔和转子之间的狭小间隙，气体被压缩并形成具有一定压力的气膜，此时，弹性结构（包括顶箔和波箔）和转子会被高压气膜逐渐分开。

2）完全起浮

当转子达到一定转速时，气膜压力足以支承转子重量，转子完全脱离轴承面，顶箔和转子之间会形成一层稳定的连续高压气膜。

3）轴承加载

如果转子受到外界载荷或冲击，则转子偏离中心位置，此时，气膜厚度发生变化，气体压力分布随之改变，作为支承结构的波箔也相应地发生变形，最终形成新的稳定状态。在外部冲击作用下，波箔和顶箔及轴承套之间会发生摩擦并消耗能量。

4）轴承停止

当转速逐渐降低时，转子带入楔形空间的气体减少，气压下降，弹性结构回弹，直至抱紧转子，使其最终停止。

由于箔片气体动压轴承特殊的结构与工作原理，其表现出如下优点：

（1）承载力大。由于弹性支承结构的自适应变形，箔片气体动压轴承容易形成大区域连续的高压气膜，从而获得较大的承载力。

（2）阻尼特性好，稳定性好。轴承动态运行过程中，波箔、顶箔及轴承套之间的相互摩擦将会消耗能量，提供了一定的摩擦阻尼，从而提高轴承的稳定性。

（3）结构紧凑，免维护。箔片气体动压轴承利用气体动压效应来实现悬浮，不需要任何额外的辅助装置，最大程度上简化了系统的复杂程度，使设备更加紧凑。由于不需要润滑系统，箔片气体动压轴承是一种终生免维护的轴承。

（4）加工精度要求低。箔片支承结构的自适应变形能够在一定程度上吸收加工和装配带来的尺寸偏差，降低对部件精度的要求。

（5）高温或低温工况条件下具有良好的工作性能。气体的物理特性较为稳定，因此箔片气体动压轴承表现出良好的高低温工作性能。

（6）摩擦损耗低。气体悬浮是一种完全非接触式的润滑方式，转子基本上处于无摩擦的状态，加之气体本身的黏度低，摩擦损耗小，因此箔片气体动压轴承可大幅提高系统的效率。

虽然箔片气体动压轴承具有很多显著的优点，但是在设计方法、承载力、稳定性以及启停寿命等方面存在关键性难题，阻碍了箔片气体动压轴承技术的进一步发展和产业应用。箔片气体动压轴承技术是目前国际上轴承转子动力学领域的前沿课题，目前还存在以下难题：

（1）缺乏精准的轴承理论分析模型与实用的轴承设计规范。一方面，气体的强可压缩性和弹性箔片结构自适应变形，以及两者之间的复杂相互作用，使得轴承表现出复杂的非线性动力学行为。另一方面，轴承的强非线性特性和实际工况下多因素的强耦合性导致箔片气体动压轴承-转子系统的理论分析变得非常困难。因此，需要构建面向工程的箔片气体动压轴承的分析软件和设计规范，结合箔片气体动压轴承支承高速转子主机的实际运行工况，研究轴承-转子系统在时变条件下的动力学行为规律，实现箔片气体动压轴承支承高速转子主机的整机动力学性能的精准预测。

(2)缺乏高承载和高阻尼的箔片气体动压轴承结构。承载力低和阻尼特性差依旧是箔片气体动压轴承的主要技术壁垒。因此，必须在充分理解箔片气体动压轴承工作原理和气体润滑机理的基础上，通过弹性结构型线的优化设计及支承结构的创新设计来获得高承载和高阻尼的轴承性能，以满足各类高端装备的要求。

(3)缺乏适用于宽温域范围的具有高结合强度的自润滑涂层。自润滑涂层是箔片气体动压轴承的关键技术之一，需要开展相应的研究工作，研究高温工况下涂层表面物理和摩擦化学交互作用下的磨损失效机理，探究喷丸强化、激光熔覆、热喷涂等表面处理和强化工艺对涂层结合强度的影响机理，优化涂层组分、比例、参数及制备工艺，从而获得既适用于宽温域范围又具有极强结合强度的自润滑涂层材料及其加工工艺。

1.4　轴承技术与能源动力装备

旋转机械在国防、石化、电力和航空航天等国家核心工业领域具有重要地位。随着科技进步与技术发展，高功率密度、长寿命是能源动力、高端制造装备的重要发展趋势。高端轴承是严重制约我国高端装备发展的核心技术之一，因此发展高速、高精密、高效、高功率密度、耐高温、长寿命的悬浮轴承技术迫在眉睫[6]。

四种常见轴承技术与装备类型及转速、功率的关系如图1.6所示。可以看出，由于常规的滚动轴承和滑动轴承在设备 DN 值上的限制，采用这两种轴承的机械装备大多功率较大、转速较低、体积较大且功率密度较低，如汽轮机、船用燃气轮机、电主轴、螺杆式压缩机、核电主泵等。

非接触悬浮轴承，特别是以箔片气体动压轴承为代表的气体动压悬浮轴承，具有结构紧凑、重量轻、工作温度高、转速高、损耗低、运行成本低等优点，可大幅提高设备的转速，引领旋转机械朝着高转速、高功率密度方向发展，研制出制冷膨胀机、飞机空调系统、污水处理空气压缩机、微型燃气轮机、超临界二氧化碳动力系统等众多小型高速设备[7]。在节能减排和绿色低碳成为世界各国的主流发展趋势下，提高能源动力装备的能源转化效率就变得非常重要，而采用无油润滑的箔片气体动压轴承可以极大提高能源动力装备的转速和效率。因此，非接触悬浮轴承技术现已成为高端装备变革的牵引性技术。

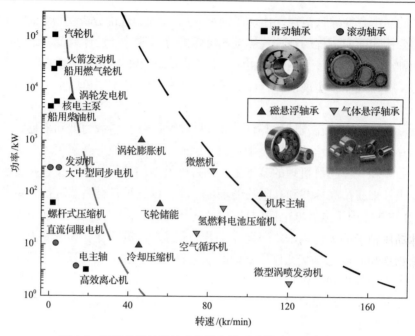

图 1.6 四种常见轴承技术与装备类型及转速、功率的关系

参 考 文 献

[1] Dowson D, Higginson G R. Elasto-Hydrodynamic Lubrication. London: Pergamon Press,1977.

[2] 温诗铸, 黄平. 摩擦学原理. 4 版. 北京: 清华大学出版社, 2012.

[3] 刘暾, 刘育华, 陈世杰. 静压气体润滑. 哈尔滨: 哈尔滨工业大学出版社, 1990.

[4] DellaCorte C, Radil K C, Bruckner R J, et al. Design, fabrication, and performance of open source generation I and II compliant hydrodynamic gas foil bearings. Tribology Transactions, 2008, 51 (3): 254-264.

[5] Heshmat H, Walowit J A, Pinkus O. Analysis of gas-lubricated foil journal bearings. Journal of Lubrication Technology, 1983, 105 (4): 647-655.

[6] 中国轴承工业协会. 高端轴承技术路线图. 北京: 中国科学技术出版社, 2018.

[7] DellaCorte C. Oil-free shaft support system rotordynamics: Past, present and future challenges and opportunities. Mechanical Systems and Signal Processing, 2012, 29: 67-76.

第2章 气体动压润滑基础理论

本章首先通过联立运动方程和连续性方程推导出气体动压润滑的基本公式——雷诺方程,针对箔片气体动压径向轴承和箔片气体动压推力轴承的不同结构形式,分别给出雷诺方程在相应坐标系下的数学表达;然后,重点阐明气体可压缩性对箔片气体动压轴承性能的影响规律;最后给出详细的箔片气体动压轴承能量方程的推导过程,为箔片气体动压轴承温度特性的求解提供理论指导。

2.1 箔片气体动压径向轴承润滑方程

结合箔片气体动压径向轴承结构和尺寸特点,采用如下牛顿流体假设,简化可压缩气体润滑雷诺方程的求解[1]:

(1)笛卡儿压缩润滑气膜的体积力忽略不计。

(2)压缩润滑气膜为层流流体,不存在涡流和湍流(忽略高速运行的大尺寸空气轴承可能存在的湍流润滑现象)。

(3)压缩润滑气膜厚度方向压力是不变的(常见的气膜厚度仅有几十微米,导致厚度方向的压力变化不明显)。

(4)压缩润滑气膜的惯性项忽略不计(相对于转子重量,气体的重量足够小)。

(5)压缩润滑气膜与各接触面的滑移作用忽略不计,即接触物体表面的运动速度等于物体运动速度。

在润滑气膜域内的任意位置取一个微小的平行六面体,根据假设条件,微元体只受黏性力 τ 和压力 p。设坐标系 X、Y、Z 三轴分别表示箔片气体动压径向轴承的圆周方向、轴向和气膜厚度方向,且气体流动方向的速度表示为 u、v、w。由于润滑气膜微元体上表面 $h(x,y)$ 与高速转子表面接触,根据假设(5),上表面的速度为 $u=U$、$v=V$、$w=W$;下表面 $h=0$ 与轴承支承结构接触,其速度为 $u=U_0$、$v=V_0$、$w=0$ [2]。

根据单元体的质量守恒:单位时间内流体的质量变化等于流入和流出的流量的总和。设流入微元体的流量为正,可列出 X 方向的净流量为

$$Q_x = -\frac{\partial(\rho u)}{\partial x}\mathrm{d}x\mathrm{d}y\mathrm{d}z \qquad (2.1)$$

与 X 方向相似，可以得出 Y、Z 方向的净流量，所以微元体的总净流量为

$$Q_t = -\left[\frac{\partial(\rho u)}{\partial x} + \frac{\partial(\rho v)}{\partial y} + \frac{\partial(\rho w)}{\partial z}\right]\mathrm{d}x\mathrm{d}y\mathrm{d}z \tag{2.2}$$

因此，气体的连续性方程可以由式(2.1)和式(2.2)综合得到，即

$$\frac{\partial \rho}{\partial t} = -\left[\frac{\partial(\rho u)}{\partial x} + \frac{\partial(\rho v)}{\partial y} + \frac{\partial(\rho w)}{\partial z}\right] \tag{2.3}$$

将式(2.3)沿气膜厚度 Z 方向积分，且 Z 方向的速度为零，得到

$$\int_0^h \frac{\partial \rho}{\partial t}\,\mathrm{d}z + \int_0^h \frac{\partial(\rho u)}{\partial x}\,\mathrm{d}z + \int_0^h \frac{\partial(\rho v)}{\partial y}\,\mathrm{d}z = 0 \tag{2.4}$$

为了获得式(2.4)的积分，需要得到流体在 X 和 Y 方向的运动速度，为此，根据微元体的受力平衡[3]，如图 2.1 所示，在 X 方向有

$$p\mathrm{d}y\mathrm{d}z + \left(\tau_{zx} + \frac{\partial \tau_{zx}}{\partial z}\mathrm{d}z\right)\mathrm{d}x\mathrm{d}y = \left(p + \frac{\partial p}{\partial x}\mathrm{d}x\right)\mathrm{d}y\mathrm{d}z + \tau_{zx}\mathrm{d}x\mathrm{d}y \tag{2.5}$$

从而有

$$\frac{\partial \tau_{zx}}{\partial z} = \frac{\partial p}{\partial x} \tag{2.6}$$

同理，在 Y 方向也有

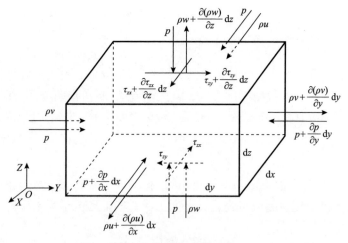

图 2.1 润滑气膜微元体

$$\frac{\partial \tau_{zy}}{\partial z} = \frac{\partial p}{\partial y} \tag{2.7}$$

根据假设（3），可知

$$\frac{\partial p}{\partial z} = 0 \tag{2.8}$$

所研究的气体满足牛顿流体特征，流体的剪切应力与速度梯度成正比，即

$$\begin{cases} \tau_{zx} = \mu_0 \dfrac{\partial u}{\partial z} \\ \tau_{zy} = \mu_0 \dfrac{\partial v}{\partial z} \end{cases} \tag{2.9}$$

将式（2.9）分别代入式（2.6）和式（2.7），得到

$$\begin{cases} \dfrac{\partial}{\partial z}\left(\mu_0 \dfrac{\partial u}{\partial z} \right) = \dfrac{\partial p}{\partial x} \\ \dfrac{\partial}{\partial z}\left(\mu_0 \dfrac{\partial v}{\partial z} \right) = \dfrac{\partial p}{\partial y} \end{cases} \tag{2.10}$$

由假设（3）可知，压力 p 与气膜厚度 H 无关，而且气体黏度与气膜厚度 H 也无关，将式（2.10）沿 Z 方向进行两次积分，得到速度表达式为

$$\begin{cases} u = \dfrac{1}{2\mu_0} \dfrac{\partial p}{\partial x} z^2 + a_1 z + a_2 \\ v = \dfrac{1}{2\mu_0} \dfrac{\partial p}{\partial x} z^2 + a_1' z + a_2' \end{cases} \tag{2.11}$$

无滑移速度边界条件为

$$\begin{cases} z = 0, \ u = U_0, \ v = V_0 \\ z = H, \ u = U, \ v = V \end{cases} \tag{2.12}$$

将式（2.12）代入式（2.11），得到流体的运动速度为

$$\begin{cases} u = \dfrac{1}{2\mu_0} \dfrac{\partial p}{\partial x}(z^2 - zH) + (U - U_0)\dfrac{z}{H} + U_0 \\ v = \dfrac{1}{2\mu_0} \dfrac{\partial p}{\partial y}(z^2 - zH) + (V - V_0)\dfrac{z}{H} + V_0 \end{cases} \tag{2.13}$$

从式（2.3）可以看出需要计算微元体的流量，将式（2.13）乘以密度 ρ，然后对

整体沿气膜厚度方向积分，得到

$$\begin{cases} \int_0^H \rho u \mathrm{d}z = -\dfrac{\rho H^3}{12\mu_0}\dfrac{\partial p}{\partial x} + \dfrac{\rho H}{2}(U+U_0) \\[3mm] \int_0^H \rho v \mathrm{d}z = -\dfrac{\rho H^3}{12\mu_0}\dfrac{\partial p}{\partial y} + \dfrac{\rho H}{2}(V+V_0) \end{cases} \tag{2.14}$$

将式(2.14)代入式(2.3)，得到一般形式的雷诺方程[1]，即

$$\frac{\partial}{\partial x}\left(\frac{\rho H^3}{\mu_0}\frac{\partial p}{\partial x}\right) + \frac{\partial}{\partial y}\left(\frac{\rho H^3}{\mu_0}\frac{\partial p}{\partial y}\right) = 6(U+U_0)\frac{\partial(\rho H)}{\partial x} + 6(V+V_0)\frac{\partial(\rho H)}{\partial y} + 12\frac{\partial(\rho H)}{\partial t} \tag{2.15}$$

式中，t 为时间。

从式(2.15)可以看出，雷诺方程是一个非线性偏微分函数，无法通过解析法求得气体压力。随着计算机技术的发展及有限元法、有限差分法的出现，获得雷诺方程压力分布的数值解变成可能。

雷诺方程也可用于不可压缩流体的情况，即流体密度 ρ 不随时间和空间发生变化，雷诺方程可以写成

$$\frac{\partial}{\partial x}\left(\frac{H^3}{\mu_0}\frac{\partial p}{\partial x}\right) + \frac{\partial}{\partial y}\left(\frac{H^3}{\mu_0}\frac{\partial p}{\partial y}\right) = 6(U+U_0)\frac{\partial H}{\partial x} + 6(V+V_0)\frac{\partial H}{\partial y} + 12\frac{\partial H}{\partial t} \tag{2.16}$$

对于等温流体，密度与压力的比值为常数，此情况的雷诺方程为

$$\frac{\partial}{\partial x}\left(\frac{pH^3}{\mu_0}\frac{\partial p}{\partial x}\right) + \frac{\partial}{\partial y}\left(\frac{pH^3}{\mu_0}\frac{\partial p}{\partial y}\right) = 6(U+U_0)\frac{\partial(pH)}{\partial x} + 6(V+V_0)\frac{\partial(pH)}{\partial y} + 12\frac{\partial(pH)}{\partial t} \tag{2.17}$$

2.2　箔片气体动压推力轴承润滑方程

与箔片气体动压径向轴承不同的是，箔片气体动压推力轴承需要配合固定在转子上的推力盘才能形成有效的承载力，推力盘与转子成一定的角度，通常为90°。箔片气体动压推力轴承被安装在转子轴向长度范围内，即转子穿过箔片气体动压推力轴承的内径，使得推力盘与顶箔配合形成有效的收敛域。因此，计算箔片气体动压推力轴承的动压效应需要柱坐标系下的润滑方程[4]。

柱坐标系和笛卡儿坐标系转换关系如图2.2所示。对于图2.2中任意点 A_{arb}，笛卡儿坐标系 (x,y,z) 与柱坐标系 (r,θ,z) 的转换关系为

$$\begin{cases} x = r\cos\theta, \quad y = r\sin\theta, \quad z = z \\ r = \sqrt{x^2 + y^2}, \quad \theta = \arctan\dfrac{y}{x}, \quad z = z \end{cases} \tag{2.18}$$

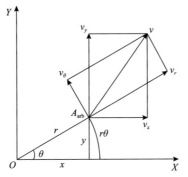

图 2.2　柱坐标系和笛卡儿坐标系转换关系

从式 (2.18) 可以看出，笛卡儿坐标系与柱坐标系的转换关系仅发生在前两个坐标之间，在 Z 方向并没有发生变化。假设任意点 A_{arb} 的速度为 v，根据速度的定义，其在笛卡儿坐标系下的速度分量可以表示为 v_x 和 v_y，在柱坐标系下的速度分量分别为 v_r 和 v_θ，即

$$\begin{cases} v_x = \dfrac{\mathrm{d}x}{\mathrm{d}t}, \quad v_y = \dfrac{\mathrm{d}y}{\mathrm{d}t} \\ v_r = \dfrac{\mathrm{d}r}{\mathrm{d}t}, \quad v_\theta = \dfrac{\mathrm{d}(r\theta)}{\mathrm{d}t} = r\dfrac{\mathrm{d}\theta}{\mathrm{d}t} \end{cases} \tag{2.19}$$

根据式 (2.18) 表示的两坐标系的转换关系，笛卡儿坐标系的速度也可以用柱坐标系的速度表示，即

$$\begin{cases} v_x = \dfrac{\mathrm{d}x}{\mathrm{d}t} = \dfrac{\mathrm{d}}{\mathrm{d}t}(r\cos\theta) = \dfrac{\mathrm{d}r}{\mathrm{d}t}\cos\theta - r\dfrac{\mathrm{d}\theta}{\mathrm{d}t}\sin\theta = v_r\cos\theta - v_\theta\sin\theta \\ v_y = \dfrac{\mathrm{d}y}{\mathrm{d}t} = \dfrac{\mathrm{d}}{\mathrm{d}t}(r\sin\theta) = \dfrac{\mathrm{d}r}{\mathrm{d}t}\sin\theta + r\dfrac{\mathrm{d}\theta}{\mathrm{d}t}\cos\theta = v_r\sin\theta + v_\theta\cos\theta \end{cases} \tag{2.20}$$

根据式 (2.18) 表示的两坐标系的转换关系，任意 x、y 的函数 G 对 x、y 的偏导数也可以用 r、θ 表示，即

$$\begin{cases} \dfrac{\partial G}{\partial x} = \dfrac{\partial G}{\partial r}\dfrac{\partial r}{\partial x} + \dfrac{\partial G}{\partial \theta}\dfrac{\partial \theta}{\partial x} = \dfrac{\partial G}{\partial r}\cos\theta - \dfrac{\partial G}{\partial \theta}\dfrac{\sin\theta}{r} \\ \dfrac{\partial G}{\partial y} = \dfrac{\partial G}{\partial r}\dfrac{\partial r}{\partial y} + \dfrac{\partial G}{\partial \theta}\dfrac{\partial \theta}{\partial y} = \dfrac{\partial G}{\partial r}\sin\theta + \dfrac{\partial G}{\partial \theta}\dfrac{\cos\theta}{r} \end{cases} \tag{2.21}$$

然后，令 G 分别等于 ρv_x、ρv_y，代入式 (2.3)，笛卡儿坐标系下的连续性方

程(2.3)即可转换为柱坐标下的连续性方程，即

$$\frac{\partial(\rho v_r)}{\partial r}+\frac{\rho v_r}{r}+\frac{\partial(\rho v_\theta)}{\partial\theta}+\frac{\partial(\rho v_z)}{\partial z}+\frac{\partial\rho}{\partial r}+\frac{\partial\rho}{\partial t}=0 \tag{2.22}$$

采用坐标转换关系式(2.18)和速度关系式(2.19)、式(2.20)，将笛卡儿坐标系下的气体运动方程转换为柱坐标系下的气体运动方程，并且对运动方程有关量级进行简化，得到在柱坐标系下的 r 和 θ 方向的运动方程，即

$$\begin{cases}\dfrac{\partial p}{\partial r}=\dfrac{\partial}{\partial z}\left(\mu_0\dfrac{\partial v_r}{\partial z}\right)\\[3mm]\dfrac{\partial p}{r\partial\theta}=\dfrac{\partial}{\partial z}\left(\mu_0\dfrac{\partial v_\theta}{\partial z}\right)\end{cases} \tag{2.23}$$

其速度边界条件为

$$\begin{cases}z=0,\quad v_r=0,\quad v_\theta=0,\quad w_r=0\\ z=h,\quad v_r=0,\quad v_\theta=r\omega,\quad w_r=0\end{cases} \tag{2.24}$$

式中，v_r 为气体径向的速度，m/s；v_θ 为气体周向的速度，m/s；w_r 为气体轴向的速度，m/s；ω 为转子的角速度，rad/s。

将式(2.23)对 z 进行两次积分，并代入式(2.24)的速度边界条件，得到径向速度分量 v_r 和周向速度分量 v_θ 为

$$\begin{cases}v_r=\dfrac{1}{2\mu_0}\dfrac{\partial p}{\partial r}(z^2-hz)\\[3mm]v_\theta=\dfrac{1}{2\mu_0 r}\dfrac{\partial p}{\partial\theta}(z^2-hz)+\dfrac{r\omega}{h}z\end{cases} \tag{2.25}$$

不考虑黏度随时间的变化，即 $\dfrac{\partial\rho}{\partial t}=0$。连续性方程(2.22)对 z 在$[0,h]$区间进行积分，利用分部积分原理，代入运动方程(2.25)和速度边界条件(2.24)，通过简化可得

$$\frac{1}{r}\frac{\partial}{\partial r}\left(rH^3\rho\frac{\partial p}{\partial r}\right)+\frac{1}{r^2}\frac{\partial}{\partial\theta}\left(H^3\rho\frac{\partial p}{\partial\theta}\right)=6\mu_0\omega\frac{\partial(\rho H)}{\partial\theta}+12\mu_0\frac{\partial(\rho H)}{\partial t} \tag{2.26}$$

对于理想气体，其状态方程为 $p=\rho RT$，代入式(2.26)消去 ρ，得到适用于箔片气体动压推力轴承的压力控制雷诺方程[5]，即

$$\frac{1}{r}\frac{\partial}{\partial r}\left(rH^3 p\frac{\partial p}{\partial r}\right)+\frac{1}{r^2}\frac{\partial}{\partial\theta}\left(H^3 p\frac{\partial p}{\partial\theta}\right)=6\mu_0\omega\frac{\partial(pH)}{\partial\theta}+12\mu_0\frac{\partial(pH)}{\partial t} \tag{2.27}$$

对于稳定状态下的流体润滑方程，只需要将式(2.27)中的最后一项删除即可。

$$\frac{1}{r}\frac{\partial}{\partial r}\left(rH^3 p\frac{\partial p}{\partial r}\right)+\frac{1}{r^2}\frac{\partial}{\partial \theta}\left(H^3 p\frac{\partial p}{\partial \theta}\right)=6\mu_0\omega\frac{\partial(pH)}{\partial \theta} \tag{2.28}$$

2.3　气体可压缩性对轴承性能的影响

在空间的流体动力学中，涉及长宽比为 10^{-2} 时的流体边界理论往往考虑流体的惯性力而忽略流体的黏性作用，工程中常用马赫数(Ma)表示流体的可压缩性。然而，在箔片气体动压径向轴承和箔片气体动压推力轴承或动态密封系统中，考虑了理想气体的黏性作用而忽略了气体惯性作用对轴承性能的影响，轴承领域常用轴承数(Λ)表示气体的可压缩性。

在一定压差条件下，气体改变体积变化率，称为气体可压缩性，可压缩系数通常用 β_p 表示[6]，即

$$\beta_p=-\frac{1}{V_g}\frac{\partial V_g}{\partial p} \tag{2.29}$$

式中，V_g 为气体体积。

因为压力变化与气体体积的变化呈负相关关系，根据质量守恒，可压缩系数的表达式也可以表示为

$$\beta_p=\frac{1}{\rho}\frac{\partial \rho}{\partial p} \tag{2.30}$$

对于完全的气体润滑状态，等温压缩时，气体压力与密度成正比，因此有

$$\beta_p=\frac{1}{p} \tag{2.31}$$

即气体可压缩系数与气体压力成反比。

为了描述气体可压缩性对轴承性能的影响，采用无限长气体动压轴承进行计算，在小偏心状态下的压力可表示为

$$\frac{p}{p_a}=1+\varepsilon\frac{\Lambda}{1+\left(\dfrac{\Lambda}{n}\right)^2}\left(\sin\theta-\frac{\Lambda}{n}\cos\theta\right) \tag{2.32}$$

式中，n 为热力学过程的多变指数；p_a 为环境压力，即标准大气压；ε 为偏心率；$\Lambda=\dfrac{6\mu_0\omega}{p_a}\left(\dfrac{R_b}{C_{nom}}\right)^2$ 为轴承数，R_b 为轴承半径，ω 为转子角速度，C_{nom} 为轴承名义

间隙。

令式(2.32)对 θ 的导数为零，可以求得轴承气膜压力取极值时所对应的角度，然后将其代入式(2.32)，得到无量纲的压力极值函数。将压力极值函数对轴承数 Λ 求导，用于衡量气体压缩性对气膜压力的影响[7]。

$$\begin{cases} \dfrac{\partial}{\partial \Lambda}\left(\dfrac{p_{\max}}{p_{\mathrm{a}}}\right) = \dfrac{1}{\left[1+\left(\dfrac{\Lambda}{n}\right)^2\right]^{1.5}} > 0 \\[4mm] \dfrac{\partial}{\partial \Lambda}\left(\dfrac{p_{\min}}{p_{\mathrm{a}}}\right) = -\dfrac{1}{\left[1+\left(\dfrac{\Lambda}{n}\right)^2\right]^{1.5}} < 0 \end{cases} \qquad (2.33)$$

从式(2.33)可以看出，随着速度增加，轴承数 Λ 随之增加，进而气膜的最大压力升高，表明了高速条件下气体具有显著的可压缩性。但当轴承数 Λ 趋于无穷时，气膜的最大压力和最小压力达到极限值。

图 2.3 为箔片气体动压轴承的静态承载力。可以看出，随着轴承数的增加，不可压缩条件下箔片气体动压轴承无量纲承载力线性增加，而考虑气体可压缩性的箔片气体动压轴承无量纲承载力在小轴承数下线性增加，在轴承数很大的情况下，气膜压力变为恒定的常数，无量纲承载力不再发生变化，趋于恒定值[7]。因此，气体的可压缩性对轴承的特性有着极其重要的影响，在箔片气体动压轴承性能的分析中不可忽略。

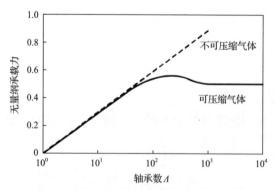

图 2.3　箔片气体动压轴承的静态承载力[7]

2.4　箔片气体动压轴承能量方程

在正常工况下，转子和轴承表面间的气膜中存在流动功和黏性剪切作用，会导致气膜的温度升高。轴承润滑气膜的温升会引起润滑气体密度和黏度的变化，对轴承的性能有非常大的影响。同时，气膜的温升会引起轴承元件的热变形，过高的温度甚至会导致轴承热失效。下面将通过理论准确地预测轴承内部的温度场，可以为轴承的温度管理提供指导。

在气体动压轴承中，气体黏性耗散产生的热量与对流和传导产生的热量及流体中积累的热量保持平衡，描述这种能量平衡的方程称为能量方程。如图 2.1 所示，在流体流动中考虑空间中静止的体积元，能量守恒定律包含以下内容[8]：

单元能量增长率=对流能量净流入+导热能净流入+体力(重力等)对流体做的功+表面力(压力)对流体做的功+表面力(应力)对流体做的功

这里的能量包括内能和动能，内能(单位体积的能量 ρU_{tem})是流体分子随机的微观运动能量，为温度的函数；动能(单位体积的能量 $\rho \bar{V}^2/2$)是流体宏观运动的能量。

为简化能量方程的推导过程，针对二维模型进行计算，其广义能量方程可以写为

$$
\begin{aligned}
\frac{\partial}{\partial t}&\left(\rho U_{\text{tem}} + \frac{1}{2}\rho \bar{V}^2\right) \\
&= -\left[\frac{\partial}{\partial x}u\left(\rho U_{\text{tem}} + \frac{1}{2}\rho \bar{V}^2\right) + \frac{\partial}{\partial y}v\left(\rho U_{\text{tem}} + \frac{1}{2}\rho \bar{V}^2\right)\right] \\
&\quad -\left(\frac{\partial q_x}{\partial x} + \frac{\partial q_y}{\partial y}\right) + \rho(ug_x + vg_y) - \left[\frac{\partial}{\partial x}(pu) + \frac{\partial}{\partial y}(pv)\right] \\
&\quad -\left[\frac{\partial}{\partial x}(\sigma_x u + \tau_{xy} v) + \frac{\partial}{\partial y}(\tau_{yx} u + \sigma_y v)\right]
\end{aligned}
\tag{2.34}
$$

式中，U_{tem} 为热力学能；$\bar{V}$ 为广义速度；ρ 为流体的密度。

将方程(2.34)右边第一项移到方程左边，简化可得

$$
\begin{aligned}
\rho \frac{D}{Dt}&\left(U_{\text{tem}} + \frac{1}{2}\bar{V}^2\right) \\
&= -\left(\frac{\partial q_x}{\partial x} + \frac{\partial q_y}{\partial y}\right) + \rho(ug_x + vg_y) - \left[\frac{\partial}{\partial x}(pu) + \frac{\partial}{\partial y}(pv)\right] \\
&\quad -\left[\frac{\partial}{\partial x}(\sigma_x u + \tau_{xy} v) + \frac{\partial}{\partial y}(\tau_{yx} u + \sigma_y v)\right]
\end{aligned}
\tag{2.35}
$$

式中，$\dfrac{D}{Dt} = \dfrac{\partial}{\partial t} + u\dfrac{\partial}{\partial x} + v\dfrac{\partial}{\partial y}$；$q_x$、$q_y$ 分别为沿 X、Y 方向的热通量。

将式(2.35)两边减去与动能有关的项，就得到热力学能(热能)的等式，即能量方程。

流体的二维运动方程(Navier-Stokes 方程)为

$$\rho \frac{Du}{Dt} = -\frac{\partial p}{\partial x} - \left(\frac{\partial \sigma_x}{\partial x} + \frac{\partial \tau_{yx}}{\partial y} \right) + \rho g_x \tag{2.36}$$

$$\rho \frac{Dv}{Dt} = -\frac{\partial p}{\partial y} - \left(\frac{\partial \sigma_y}{\partial y} + \frac{\partial \tau_{xy}}{\partial x} \right) + \rho g_y \tag{2.37}$$

式中，g_x 为单位质量的体积力沿 X 方向的分量；g_y 为单位质量的体积力沿 Y 方向的分量。

将式(2.36)和式(2.37)左右两端分别乘以 u 和 v，然后两个方向相叠加，整理后得到

$$\rho \frac{D}{Dt}\left(\frac{1}{2}\bar{V}^2 \right) = -\left[\frac{\partial}{\partial x}(pu) + \frac{\partial}{\partial y}(pv) - p\left(\frac{\partial u}{\partial x} + \frac{\partial v}{\partial y} \right) \right] + \rho(ug_x + vg_y)$$
$$-\left[\frac{\partial}{\partial x}(\sigma_x u + \tau_{xy}v) + \frac{\partial}{\partial y}(\sigma_y v + \tau_{yx}u) - \left(\sigma_x \frac{\partial u}{\partial x} + \tau_{xy}\frac{\partial v}{\partial x} + \tau_{yx}\frac{\partial u}{\partial y} + \sigma_y \frac{\partial v}{\partial y} \right) \right]$$
$$\tag{2.38}$$

由式(2.35)减去式(2.38)，得到内能的表达式为

$$\rho \frac{D}{Dt}U_{\text{tem}} = -\left(\frac{\partial q_x}{\partial x} + \frac{\partial q_y}{\partial y} \right) - p\left(\frac{\partial u}{\partial x} + \frac{\partial v}{\partial y} \right) - \left(\sigma_x \frac{\partial u}{\partial x} + \tau_{xy}\frac{\partial v}{\partial x} + \tau_{yx}\frac{\partial u}{\partial y} + \sigma_y \frac{\partial v}{\partial y} \right) \tag{2.39}$$

根据傅里叶定律写出热通量 q_x、q_y 的表达式，即

$$\begin{cases} q_x = -\lambda_{\text{a}} \dfrac{\partial T}{\partial x} \\ q_y = -\lambda_{\text{a}} \dfrac{\partial T}{\partial y} \end{cases} \tag{2.40}$$

式中，T 为温度；λ_{a} 为气体的导热系数。

把应力(不包括压力)写成如下形式：

$$\sigma_x = \mu \left(\frac{\partial u}{\partial x} + \frac{\partial v}{\partial y} \right) + 2\mu_0 \frac{\partial u}{\partial x} \tag{2.41}$$

$$\sigma_y = \mu\left(\frac{\partial u}{\partial x} + \frac{\partial v}{\partial y}\right) + 2\mu_0 \frac{\partial v}{\partial y} \tag{2.42}$$

$$\tau_{xy} = \mu_0\left(\frac{\partial u}{\partial y} + \frac{\partial v}{\partial x}\right) \tag{2.43}$$

$$\mu + \frac{2}{3}\mu_0 = 0 \tag{2.44}$$

式中，μ_0 为黏度系数；μ 为第二黏度系数；$\mu + \dfrac{2}{3}\mu_0$ 为体积黏度系数。

将式 (2.40)~式 (2.44) 代入式 (2.39)，获得能量方程[9]，即

$$\rho \frac{D}{Dt}U_{\text{tem}} = \frac{\partial}{\partial x}\left(\lambda_a \frac{\partial T}{\partial x}\right) + \frac{\partial}{\partial y}\left(\lambda_a \frac{\partial T}{\partial y}\right) - p\left(\frac{\partial u}{\partial x} + \frac{\partial v}{\partial y}\right) + \varPhi_2 \tag{2.45}$$

式中，$\varPhi_2$ 为由黏性耗散的能量转化成的热能，称为耗散能量。

$$\varPhi_2 = 2\mu_0\left[\left(\frac{\partial u}{\partial x}\right)^2 + \left(\frac{\partial v}{\partial y}\right)^2 + \frac{1}{2}\left(\frac{\partial u}{\partial y} + \frac{\partial v}{\partial x}\right)^2\right] + \mu\left(\frac{\partial u}{\partial x} + \frac{\partial v}{\partial y}\right)^2 \tag{2.46}$$

式 (2.45) 是推导的二维能量方程，对于三维能量方程，采用相似的推导过程得到对应的能量方程，即

$$\rho \frac{D}{Dt}U_{\text{tem}} = \frac{\partial}{\partial x}\left(\lambda_a \frac{\partial T}{\partial x}\right) + \frac{\partial}{\partial y}\left(\lambda_a \frac{\partial T}{\partial y}\right) + \frac{\partial}{\partial z}\left(\lambda_a \frac{\partial T}{\partial z}\right) - p\left(\frac{\partial u}{\partial x} + \frac{\partial v}{\partial y} + \frac{\partial w}{\partial z}\right) + \varPhi_3 \tag{2.47}$$

式中，$\varPhi_3$ 为气体黏性损耗能。

$$\varPhi_3 = 2\mu_0\left[\left(\frac{\partial u}{\partial x}\right)^2 + \left(\frac{\partial v}{\partial y}\right)^2 + \left(\frac{\partial w}{\partial z}\right)^2 + \frac{1}{2}\left(\frac{\partial u}{\partial y} + \frac{\partial v}{\partial x}\right)^2 + \frac{1}{2}\left(\frac{\partial v}{\partial z} + \frac{\partial w}{\partial y}\right)^2\right.$$
$$\left. + \frac{1}{2}\left(\frac{\partial w}{\partial x} + \frac{\partial u}{\partial z}\right)^2\right] + \mu\left(\frac{\partial u}{\partial x} + \frac{\partial v}{\partial y} + \frac{\partial w}{\partial z}\right)^2 \tag{2.48}$$

对于压缩性流体，需要用热力学熵 $S = U_{\text{tem}} + p/\rho$ 替换气体的内能，即[1]

$$\rho \frac{DU_{\text{tem}}}{Dt} = \rho \frac{D}{Dt}\left(S - \frac{p}{\rho}\right) = \rho \frac{DS}{Dt} - \frac{Dp}{Dt} + \frac{p}{\rho}\frac{D\rho}{Dt} \tag{2.49}$$

通过变化气体连续性方程 (2.3)，可得

$$\frac{D\rho}{Dt} + \rho\left(\frac{\partial u}{\partial x} + \frac{\partial v}{\partial y} + \frac{\partial w}{\partial z}\right) = 0 \tag{2.50}$$

将式(2.49)、式(2.50)代入式(2.47)，并使用热力学熵的一般形式，得到可压缩性流体的能量方程为

$$\rho c_{\mathrm{p}} \frac{DT}{Dt} = \lambda_{\mathrm{a}} \frac{\partial^2 T}{\partial x^2} + \lambda_{\mathrm{a}} \frac{\partial^2 T}{\partial y^2} + \lambda_{\mathrm{a}} \frac{\partial^2 T}{\partial z^2} + \alpha_v T \frac{Dp}{Dt} + \Phi \tag{2.51}$$

式中，α_v 为三次膨胀系数；c_{p} 为定压比热容；Φ 为耗散总能量，$\Phi = \Phi_1 + \Phi_2 + \Phi_3$。

参 考 文 献

[1] 温诗铸, 黄平. 摩擦学原理. 4 版. 北京: 清华大学出版社, 2012.

[2] Dowson D. A generalized Reynolds equation for fluid-film lubrication. International Journal of Mechanical Sciences, 1962, 4(2): 159-170.

[3] Peng Z C. Thermohydrodynamic Analysis of Compressible Gas Flow in Compliant Foil Bearings. Louisiana: Louisiana State University, 2003.

[4] 徐芝纶. 弹性力学简明教程. 5 版. 北京: 高等教育出版社, 2018.

[5] Feng K, Liu L J, Guo Z Y, et al. Parametric study on static and dynamic characteristics of bump-type gas foil thrust bearing for oil-free turbomachinery. Proceedings of the Institution of Mechanical Engineers, Part J: Journal of Engineering Tribology, 2015, 229(10): 1247-1263.

[6] 张直明, 张言羊, 谢友柏. 滑动轴承的流体动力润滑理论. 北京: 高等教育出版社, 1986.

[7] Arghir M, Matta P. Compressibility effects on the dynamic characteristics of gas lubricated mechanical components. Comptes Rendus Mecanique, 2009, 337(11-12): 739-747.

[8] Frêne J, Nicolas D, Degrurce B, et al. Hydrodynamic Lubrication-Bearings and Thrust Bearings. Amsterdam: Elsevier, 1997.

[9] Szeri A Z. Fluid Film Lubrication. 2nd ed. Cambridge: Cambridge University Press, 2010.

第 3 章 箔片气体动压轴承设计准则、制造工艺及测试标准

箔片气体动压轴承可以极大地提高能源动力装备的转速和效率。20 世纪 60 年代以来，箔片气体动压轴承经历了三代的发展与演变，其结构也由单一的波形发展成设计自由度更高、刚度分布更合理的结构形式。然而，长期以来箔片气体动压轴承的应用在很大程度上依赖于设计者的经验，缺乏针对其设计方法和制造工艺的总结和论述。本章从服务工程实际的角度出发，略去复杂的理论分析和公式推导，介绍箔片气体动压径向轴承和箔片气体动压推力轴承的支承形式、设计准则、制造工艺和测试标准，力求为该技术的应用和推广提供有效的指导和支撑。

3.1 箔片气体动压轴承结构简介

如图 3.1 所示[1]，箔片气体动压轴承的运动件和静止件表面的楔形间隙中充满了黏性气体，两者表面之间的相对运动会带动润滑气体由间隙大端向间隙小端方向运动。设运动件及静止件垂直纸面的宽度为 1，气体的密度为 ρ，运动件的速

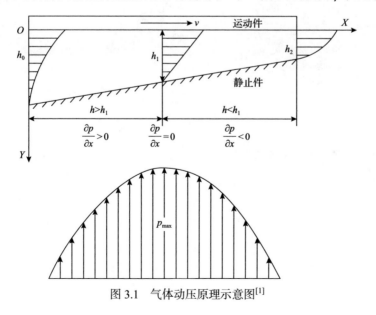

图 3.1 气体动压原理示意图[1]

度为 v。如果润滑膜中没有压力，则 h_0、h_1、h_2 截面气体的流速都将为 h_1 处所示的三角形分布，此时单位时间内经截面 h_0 流入 h_1 和 h_2 所形成空间的气体质量为 $\dfrac{\rho h_1 v}{2}$，经截面 h_2 流出空间的气体质量为 $\dfrac{\rho h_2 v}{2}$，显然流入的质量大于流出的质量，流量不平衡，因此截面 h_0 和 h_2 之间必然有高于入口和出口处环境压力的气压产生，从而使得气体流经截面 h_0 的速度分布减小为内凹的曲线，并使流经截面 h_2 的速度分布为外凸的曲线，达到流量平衡[2]。

　　箔片气体动压轴承的概念最早在 20 世纪 20 年代被提出，到了 50 年代开始得到大量的理论和试验研究，经过几十年的发展，箔片气体动压轴承的理论计算和试验研究也越来越成熟[3]。同时，轴承的结构形式也得到不断的创新，形成了多种不同形式的轴承结构，这也使得轴承的刚度、阻尼特性得到本质上的提升。气体动压轴承大体可分为张紧型、悬臂型[4]、多叶型[5]、波形型等[6]。

　　箔片气体动压轴承结构如图 3.2 所示，由顶箔、波箔和轴承套三部分组成。顶箔提供了一个与转子接触的柔性光滑表面，同时也是动压气膜形成后支承气膜的表面。波箔是箔片气体动压轴承的弹性支承结构，具有一定的刚度和阻尼。轴承套为顶箔和波箔提供了固定和支承的基础。转子与箔片表面形成一个楔形空间，当转子高速运转时，气体的动力学效应引发转子与顶箔之间形成压力气膜，使得

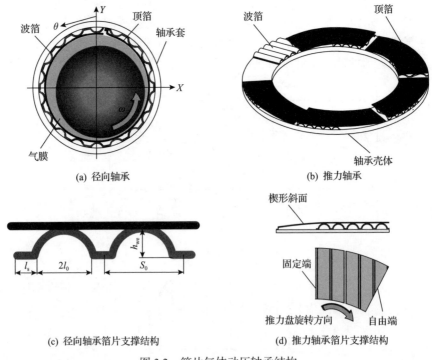

图 3.2　箔片气体动压轴承结构

转子与顶箔之间几乎没有摩擦力，转子高速旋转。随着相对运动速度的提高，气膜的压力也会不断增大，轴承的承载力也不断增大。

箔片气体动压推力轴承一般由周向均匀分布的偶数块扇形推力瓦(一般取 4块、6 块、8 块)组成。每一个推力瓦的结构由波箔和顶箔组成，如图 3.2(b)、(d)所示。波箔的弹性是箔片气体动压推力轴承刚度的主要来源之一，为顶箔提供支承。波箔和顶箔构成了箔片气体动压轴承的柔性轴承表面。在轴承起飞后，轴承表面的柔性可以在一定程度上避免推力盘和箔片气体动压推力轴承之间出现干摩擦。顶箔的前缘与推力盘存在一定的角度，后缘与推力盘平行，从而形成一定的收敛间隙。当推力盘高速运转时，会形成气体动压效应，从而为轴承-转子系统提供轴向支承。箔片气体动压推力轴承和箔片气体动压径向轴承的基本工作原理相同，所以其技术往往可以借鉴箔片气体动压径向轴承。

3.2　箔片气体动压轴承设计准则

3.2.1　箔片气体动压径向轴承设计准则

Dellacorte 等[7]提出经验法来估算不同尺寸的轴承在不同转速下的承载力，其计算公式可以表示为

$$W = D'(LD)(Dn) \tag{3.1}$$

式中，W 为轴承最大承载力，N；D' 为轴承承载系数，N/(mm$^3 \cdot$ kr/min)；L 为径向轴承的轴向长度，mm；D 为轴颈外径，mm；n 为转子转速，kr/min。

Dellacorte 等[7]通过对大量公开的箔片气体动压径向轴承承载试验数据的归纳和总结，提出简易承载力预测方法，并将当时已有的箔片气体动压径向轴承划分为三代，如图 3.3 所示。第一代箔片气体动压径向轴承的顶箔是一个完整的箔片，波箔的结构上具有许多圆形波纹，从而给轴承提供弹性支承，其在轴向和周向上的箔片形状是均匀的，因此刚度也是均匀分布的，其承载系数 D' 为(2.7～8.1)×10^{-5}，如图 3.3(a)所示。Gray 等[8]针对第一代箔片气体动压径向轴承存在的不足进行了优化，并提出了第二代轴承结构，该结构的波箔由轴向多种不同刚度的波箔带组成，如图 3.3(b)所示。改变箔片轴向的刚度分布，使得轴承气膜分布更加合理，其承载系数 D' 提升到(8.1～16.3)×10^{-5}。Heshmat[9]在此基础上提出了第三代箔片气体动压径向轴承，如图 3.3(c)所示，轴承在周向和轴向上均由多种刚度的波箔带组成，使得轴承刚度分布更加合理，其承载系数 D' 高达 1.4，显著改善了轴承的性能。从图 3.4[7]可以看出，三代箔片气体动压径向轴承的承载力与转速都呈线性关系。

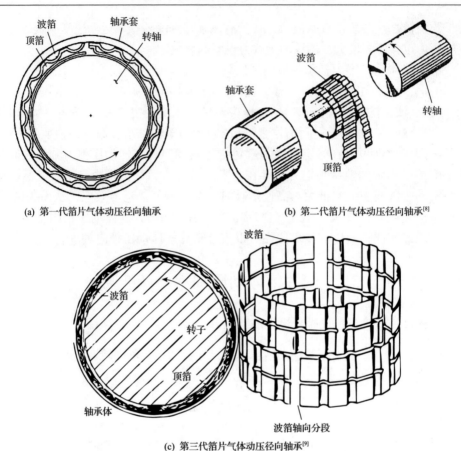

(a) 第一代箔片气体动压径向轴承   (b) 第二代箔片气体动压径向轴承[8]

(c) 第三代箔片气体动压径向轴承[9]

图 3.3　三代箔片气体动压径向轴承示意图

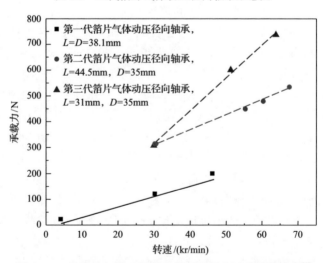

图 3.4　三代箔片气体动压径向轴承承载力试验数据对比[7]

为了进一步了解箔片气体动压径向轴承的极限承载力及其与转速之间的关系，Peng 等[10]基于雷诺方程推导出了转子转速为无穷大时轴承内部的气体压力表达式，即

$$\overline{p} = \frac{-(1+\varepsilon\cos\theta-\alpha)+\sqrt{(1+\varepsilon\cos\theta-\alpha)^2+4\alpha(1+\varepsilon)}}{2\alpha} \tag{3.2}$$

式中，ε 为转子的偏心率；α 为变形系数；θ 为轴承中心与轴颈中心的连线与荷载之间的夹角，即偏位角。

变形系数描述的是箔片的变形量，可写为

$$\alpha = \frac{2p_a sl}{C_{nom}EH_{bump}}(1-v^2) \tag{3.3}$$

式中，s 为波箔单元长度；l 为波的半长；H_{bump} 为波箔厚度；C_{nom} 为轴承名义间隙；E 为箔片弹性模量；v 为泊松比；p_a 为标准大气压。

表 3.1 列出了一个典型箔片气体动压径向轴承参数，下面以该轴承为例计算极限承载力与转速的关系。

表 3.1　典型箔片气体动压径向轴承参数

轴承参数	参数取值
转子直径/mm	35
名义间隙/μm	66
轴承宽度/mm	62
波箔厚度/mm	0.076
单元长度/mm	3.17
波形长度/mm	2.54
箔片弹性模量/GPa	200
泊松比	0.31

依照表 3.1 所述的轴承参数和式(3.3)得到轴承的变形系数。箔片气体动压径向轴承偏心率与转子转速的关系如图 3.5 所示[10]，其中最小气膜厚度为 20μm。可以看出，在转速较低的区域，轴承极限承载对应的偏心率随着转速的增大而增大，这是因为支承气膜的刚度在低转速区域小于箔片的刚度，当轴承受到的载荷增大时，支承气膜发生的变形大于箔片的变形，箔片的变形不能有效补偿转子的偏心，从而导致气膜厚度减小。在转速较高的区域，轴承极限承载对应的偏心率随着转速的增大几乎没有变化，这是因为支承气膜的刚度在高转速区域大于箔片的刚度，当轴承受到的载荷增大时，支承气膜发生的变形小于箔片的变形，此时，轴承的

极限承载力主要由箔片的刚度决定。

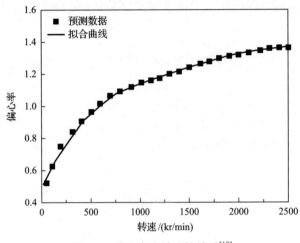

图 3.5　偏心率和转速的关系[10]

3.2.2　箔片气体动压推力轴承设计准则

Dykas 等[11]提出估算箔片气体动压推力轴承承载力的计算公式，即

$$W'=D'(\pi\Delta R_{\text{top}}D_{\text{m}})(D_{\text{m}}n) \tag{3.4}$$

式中，W' 为轴承稳态最大承载力，N；D' 为轴承承载系数，N/(mm³ · kr/min)；ΔR_{top} 为顶箔外径与内径的差值，mm；D_{m} 为顶箔内外径的平均值，mm；n 为转子转速，kr/min。

式(3.4)表明，箔片气体动压推力轴承的承载力与顶箔径向中心处气体的流速成正比，与顶箔内外径间的表面积成正比。涡轮机械一般倾向采用外径较小的推力盘，因此在满足承载要求的情况下，应减小箔片气体动压推力轴承的外径。采用一些辅助方式也能有效提高轴承的承载系数，提升轴承的承载力，如降低顶箔涂层的摩擦系数、提高轴承对流换热效率或采用更加光滑而平坦的顶箔[12]。

3.3　箔片气体动压轴承制造工艺

常见的箔片气体动压径向轴承的加工制造过程分为四部分：顶箔的加工制造、波箔的加工制造、轴承套的加工和轴承的装配，其加工制造的流程如图 3.6 所示[13]。将波箔和顶箔按照所需的尺寸进行切割成形，然后对顶箔进行镀层，对波箔进行冲压，完成上述加工后再进行波箔和顶箔的卷曲成型，再采用点焊的方式将波箔和顶箔固定到轴承套上。轴承的刚度和阻尼等特性主要来源于底层起弹性支承作用的波箔，因此波箔和顶箔的加工是箔片气体动压径向轴承加工的关键环节。

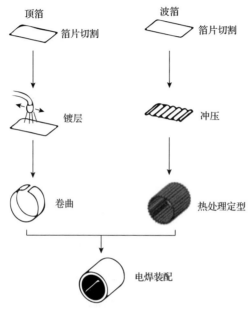

图 3.6　箔片气体动压径向轴承加工制造流程[13]

3.3.1　箔片材料的选择

波箔和顶箔是箔片气体动压轴承中最重要的组成部分，轴承的刚度在很大程度上取决于箔片的厚度和波箔的结构设计。根据 DellaCorte 等[14]的经验，通常选择箔片的厚度为 0.1～0.2mm。箔片太薄，会导致轴承的刚度过低，轴承不能有效地支承载荷；箔片太厚，则会导致轴承的阻尼特性会下降，而且会增加波箔的成型难度。

除箔片的厚度外，箔片的材料对轴承的特性也会造成一定影响，其材料主要根据具体的工况需求进行选择[15]。在常规工作温度下，可选用具有高强度、弹性较好、易于加工的合金材料[16]。在高温工作环境下，则应选择具有耐高温、高弹性的合金材料。目前，箔片气体动压轴承较多使用 Inconel X-750 镍基高温合金作为箔片材料。

Inconel X-750 镍基高温合金是为了满足涡轮叶片对高温性能的需要而研究开发的，主要以 γ[Ni3(Al、Ti、Nb)]相来进行时效强化，化学成分如表 3.2 所示[17]。Inconel X-750 镍基高温合金在 980℃以下具有良好的耐腐蚀和抗氧化性能，800℃以下具有较高的强度，540℃以下具有较好的耐松弛性能，同时还具有良好的成型和焊接性能[17]。

表 3.2　Inconel X-750 镍基高温合金化学成分[17]

化学成分	质量分数/%
C	≤0.08
Cr	14～17
Ni+Co	≥70
Al	0.4～1
Ti	2.25～2.75
Fe	5～9
Nb+Ta	0.7～1.2
Co	≤1
Mn	≤1
Si	≤0.5

Inconel X-750 镍基高温合金能够作为箔片材料的主要原因如下：①镍基合金可以溶解较多的合金元素，且能够保持较好的组织稳定性；②以 γ[Ni3（Al、Ti、Nb）]相作为时效强化相，使得它比铁基高温合金和钴基高温合金具有更好的高温强度；③含铬的镍基高温合金具有比铁基高温合金更好的抗氧化和抗腐蚀能力。因此，Inconel X-750 镍基高温合金是一种性能良好的耐高温箔片材料，其力学特性如表 3.3 所示[18]。

表 3.3　Inconel X-750 镍基高温合金力学特性[18]

温度/℃	拉伸强度/MPa	屈服强度(0.2%)/MPa	拉伸应力(伸长率 5%)/MPa
21	1120	634	235
538	964	578	216
649	866	564	882
760	482	454	882
871	234	165	461

GH 145 是与 Inconel X-750 相对应的国产镍基高温合金，以 γ[Ni3（Al、Ti、Nb）]相来进行时效强化，是国内应用较为广泛的高温耐热合金。虽然 GH 145 镍基高温合金在化学成分和力学性能等方面与 Inconel X-750 镍基高温合金相似，但两种材料在加工工艺和热处理方式上有细微的差别。

3.3.2　顶箔和波箔的加工制造及装配

1. 顶箔和波箔的切割

箔片气体动压径向轴承加工的第一步是将箔片按照设计尺寸进行切割，波箔和顶箔的尺寸分别按照设计的轴承套内径尺寸进行推算。根据经验，波箔和顶箔组装好后约占圆周的 350°。箔片采用线切割或激光切割较为合适，由于箔片太薄，切割过程中无法装夹，一般需要设计专门的固定模具以保证箔片切割平整。

2. 波箔和顶箔的热处理

Inconel X-750 和 GH 145 材料的箔片硬度较高，冷加工性能较差，箔片切割后直接在冲压机上冲压会出现断裂，因此在冲压加工之前需要对箔片进行热处理以改善其机械加工性能。Inconel X-750 镍基高温合金和 GH 145 镍基高温合金的热处理方式[18]应分别按相应的热处理规范进行选择，针对其材料性能和组织成分，选择两种热处理方式，具体见表 3.4。两种材料需要进行固溶处理，使合金中的各种相都充分溶解，改善合金的塑性和韧性，软化材料为冲压波箔加工作准备。箔片经固溶处理后，能够很好地冲压成形，波箔回弹量几乎为零。冲压后的波箔弹性较差，需要进行时效强化处理恢复波箔的弹性性能和疲劳强度。在 600℃和 370℃以下的工作环境中，分别对 Inconel X-750 镍基高温合金和 GH145 镍基高温合金进行两种时效热处理后波箔的性能进行研究对比。

表 3.4　Inconel X-750 镍基高温合金和 GH 145 镍基高温合金热处理方式

材料	热处理方式	备注
Inconel X-750 镍基高温合金	固溶 1150℃+时效 732℃/16h，空冷	适用于 600℃以下的强度要求
	固溶 1150℃+时效 650℃/4h，空冷	适用于 371℃以下的强度要求
GH 145 镍基高温合金	固溶 980℃/1h+时效 730℃/8h，以 50℃/h 炉冷至 620℃，保温 8h，空冷	适用于 600℃以下的强度要求
	固溶 980℃/1h+时效 650℃/4h	适用于 371℃以下的强度要求

为了使时效强化处理后的波箔材料能达到设计弯曲尺寸，时效热处理时采用一个尺寸与轴承壳相同的热处理模具，同时放入一个芯轴紧贴波箔的内表面，这样既能保证热处理过程中波箔能准确地按照设计尺寸弯曲，又能够使箔片较为快速地均匀冷却，避免应力的产生。热处理套筒采用耐高温不锈钢材料，防止高温下出现脱皮现象以及与箔片发生粘连。顶箔的弯曲热处理采用与波箔时效处理相同的模具设计，在 450℃下保温 4h，保证顶箔热处理后能够较好地符合设计尺寸，与波箔贴合更紧密。为了防止热处理过程中箔片发生严重的氧化，波箔和顶箔的热处理应在惰性或还原性气氛下进行。

3. 波箔冲压模具的设计与波箔的制作

波箔的成型是利用带有波纹状凸起或凹槽的模具冲压实现的。波箔成型通常采用的模具主要有两种形式：一种是使用相互配合的凹模和凸模冲压成型[13]，如图 3.7(a)所示，该方法使用两块相互配合的凹模和凸模，通过两者间的相互冲压使波箔成型；另一种是使用凹模和聚四氟乙烯垫板冲压成型[14]，如图 3.7(b) 所示，将切割成型的待冲压波箔固定在凹模上，在波箔上层垫一块 2mm 厚的聚四氟乙烯板，最上层放置冲压垫块，在压力机的压力作用下冲压聚四氟乙烯变形，变形的聚四氟乙烯带动箔片被冲压进模具的凹槽，从而使波箔冲压成形。

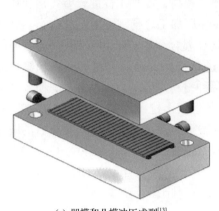 

(a) 凹模和凸模冲压成型[13]　　　　　　　(b) 凹模和聚四氟乙烯垫板冲压成型[14]

图 3.7　波箔冲压成型模具图

4. 箔片气体动压轴承组装方式

波箔和顶箔在加工成形后，要以一定的方式固定在轴承套上，常见的固定方式有定位销式固定、螺栓压紧固定、点焊固定等。定位销式固定、螺栓压紧固定方式易于更换波箔和顶箔，能够节省成本，但对轴承套的加工要求较高。点焊固定是最常用的箔片固定方式，箔片固定稳定，试验过程中不会出现箔片松动现象。

3.4　箔片气体动压径向轴承性能测试

箔片气体动压径向轴承性能测试的目的是评估其起飞力矩、承载力、摩擦系数和运行寿命等，这些参数都是箔片气体动压径向轴承作为机械元件的主要性能指标。起飞试验台示意图和实物图如图 3.8 所示[19]。

摩擦力矩 T_{tor} 是因为转子在轴承中转动而产生的，计算公式为

$$T_{tor} = Fr \tag{3.5}$$

式中，F 为转子与轴承的摩擦力，N；r 为力传感器和轴承套间的垂直距离，mm。

摩擦力矩随转速的变化如图 3.9 所示。可以看出，随着转速的增加，摩擦力矩在一定转速下突然增大，然后减小，保持相对稳定。当摩擦力矩减小至相对稳定时，确定对应的转速为轴承的起飞转速。在转速降至零的过程中，摩擦力矩又

突然增大，然后减小到零，这个过程定义为启停过程。同理，也可以通过该试验台测试箔片气体动压径向轴承的承载力。

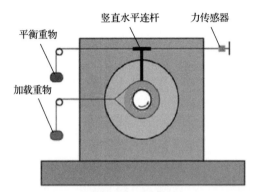

(a) 起飞试验台示意图

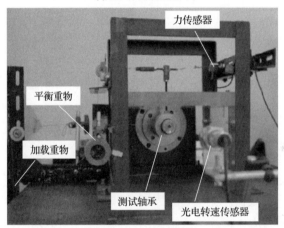

(b) 起飞试验台实物图

图 3.8　起飞试验台示意图和实物图[19]

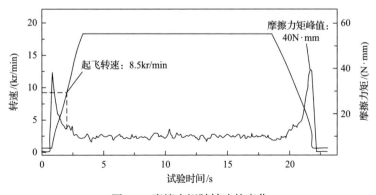

图 3.9　摩擦力矩随转速的变化

3.5　箔片气体动压推力轴承性能测试

　　箔片气体动压推力轴承测试试验台示意图如图 3.10 所示[20]。通过机械或气动装置移动加载盘对推力盘施加测试载荷，使用该装置可以测量和计算摩擦力矩和施加载荷。其中，通过转速计可测得转子转速，安装在轴承内的热电偶可测量周围空气温度，固定在顶箔表面的热电偶可测量顶箔表面温度。

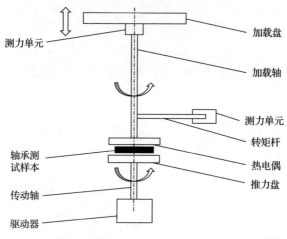

图 3.10　箔片气体动压推力轴承测试试验台示意图[20]

　　驱动装置带动传动轴转动，箔片气体动压推力轴承开始运行。一旦传动轴开始转动，通过移动加载盘向驱动装置靠近，轴承将靠近推力盘。在转速逐渐增加的过程中测量摩擦力矩。箔片气体动压推力轴承起飞试验结果如图 3.11 所示[20]。

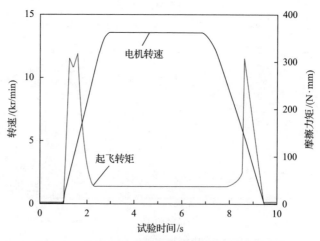

图 3.11　箔片气体动压推力轴承起飞试验结果[20]

通常，随着转速的增加，摩擦力矩会在某一转速下突然增加，随后降低到一个稳定值并且一直保持在这个值上。摩擦力矩降低到稳定值时的转速定义为箔片气体动压推力轴承的起飞转速。转速降低到零的过程中，摩擦力矩会突然增加，然后降低。

参 考 文 献

[1] 张桂芳. 滑动轴承. 北京: 高等教育出版社, 1985.

[2] 张直明, 张言羊, 谢友柏. 滑动轴承的流体动力润滑理论. 北京: 高等教育出版社, 1986.

[3] Ma J T S. An investigation of self-acting foil bearings. Journal of Basic Engineering, 1965, 87(4): 837-846.

[4] Hurley K A.Experimental determination of the rotor dynamic coefficients of a gas-lubricated foil journal bearing. Pennsylvania: The Pennsylvania State University, 1998.

[5] Agrawal G L. Foil air/gas bearing technology—An overview//ASME 1997 International Gas Turbine and Aeroengine Congress and Exhibition, Orlando, 1997.

[6] Stoltzfus J, Dees J, Gu A, et al. Material compatibility evaluation for liquid oxygen turbopump fluid foil bearings//The 28th Joint Propulsion Conference and Exhibit, Nashville, 1992.

[7] Dellacorte C, Valco M J. Load capacity estimation of foil air journal bearings for oil-free turbomachinery applications. Tribology Transactions, 2000, 43(4): 795-801.

[8] Gray S, Bhushan B. Support element for compliant hydrodynamic journal bearings: United States, US4274683. 1981.

[9] Heshmat H. High load capacity compliant foil hydrodynamic journal bearing: United States, US5902049A. 1999.

[10] Peng Z C, Khonsari M M. On the limiting load-carrying capacity of foil bearings. Journal of Tribology, 2004, 126(4): 817-818.

[11] Dykas B, Bruckner R, DellaCorte C, et al. Design, fabrication, and performance of foil gas thrust bearings for microturbomachinery applications. Journal of Engineering for Gas Turbines and Power, 2009, 131(1): 1-8.

[12] Heshmat H, Walowit J A, Pinkus O. Analysis of gas lubricated compliant thrust bearings. Journal of Lubrication Technology, 1983, 105(4): 638-646.

[13] Chen H M, Howarth R, Geren B, et al. Application of foil bearings to helium turbocompressor//Proceedings of the 30th Turbomachinery Symposium, Batavia, 2001.

[14] DellaCorte C, Radil K C, Bruckner R J, et al. Design, fabrication, and performance of open source generation I and II compliant hydrodynamic gas foil bearings. Tribology Transactions, 2008, 51(3): 254-264.

[15] Feng K, Kaneko S. Parametric studies on static performance and nonlinear instability of bump-type foil bearings. Journal of System Design and Dynamics, 2010, 4(6): 871-883.

[16] San Andrés L, Kim T H, Ryu K, et al. Gas bearing technology for oil-free microturbomachinery: research experience for undergraduate(REU)program at texas A&M University//ASME Turbomachinery Technical Conference & Exposition: Power for Land, Sea, and Air, Orlando, 2009: 845-857.

[17] 邓安华. 金属材料简明辞典. 北京: 冶金工业出版社, 1992.

[18]《中国航空材料手册》编辑委员会. 中国航空材料手册. 北京: 中国标准出版社, 2002.

[19] The International Organization for Standardization Technical Committees. Foil bearings-performance testing of foil thrust bearings-testing of static load capacity, bearing torque, friction coefficient and lifetime. ISO 22423: 2019, Switzerland.

[20] The International Organization for Standardization Technical Committees. Foil bearings-performance testing of foil journal bearings-testing of static load capacity, friction coefficient and lifetime. ISO 13939: 2019, Switzerland.

第4章 弹性箔片结构建模分析与试验

箔片气体动压轴承是目前研究最集中、应用最广泛的轴承结构形式，具有承载力高、稳定性好、寿命长和加工容易等诸多优点。位于轴承套内侧的顶箔和波箔是轴承的核心部件，它们相互配合形成圆弧形的柔性表面，有利于形成高压气膜，并为轴承提供结构刚度和阻尼。

为了指导轴承的结构设计，提升轴承的性能，研究者试图建立能够真实模拟弹性支承结构性能的理论模型，解释支承结构的变形对轴承性能的影响。Heshmat等[1]针对整周式和三瓣式箔片气体动压径向轴承提出了柔度系数模型，用以评估波箔的刚度。然而，该模型假设每一个支承波形的刚度都是相同的，而且忽略了箔片与箔片之间的相互作用力以及顶箔与波箔之间的摩擦力，这明显与实际情况不符。因此，Iordanoff[2]给出了一个改进型柔性系数模型。该模型虽然考虑了箔片接触面之间的摩擦力，但忽略了相邻支承波的相互作用力。Ku等[3]提出了一种考虑箔片结构内部摩擦力以及支承波之间相互作用力的有限元计算模型。Lez等[4]将连续的箔片简化为多个相互连接的弹簧，提出了8弹簧模型。该模型基于箔片的固定方式，分段对其进行受力分析，运用能量法求出八个等效弹簧的刚度值，进而获得支承箔片的刚度和阻尼特性。Feng等[5]提出了连杆-弹簧模型用于计算弹性支承结构的刚度。该模型巧妙地将一个波箔等效为两个刚性连杆和一个水平放置的弹簧，同时考虑了箔片结构间的接触和变形因素，通过对各个波形进行受力分析，使用能量法求取各波形的等效垂直刚度。连杆-弹簧模型能较全面地模拟波箔的实际工作状态，通过与其他文献中的试验结果进行对照分析，很好地验证了该简化模型的有效性，其具体建模过程将在本章中介绍。上述各模型的特点总结如表4.1所示。

表 4.1　箔片结构的计算模型

作者	模型	模型特点
Heshmat 等[1]	简单柔度系数模型	忽略波箔之间的相互作用力和箔片之间的摩擦力
Ku 等[3]	有限元模型	考虑因素较全面，但没有考虑顶箔的凹陷变形，且计算耗时
Iordanoff[2]	改进柔度系数模型	考虑界面摩擦力
Lez 等[4]	8 弹簧模型	考虑因素全面，但建模复杂
Feng 等[5]	连杆-弹簧模型	考虑因素全面，模型简单

4.1 连杆-弹簧模型

4.1.1 连杆-弹簧模型建模方法

本节综合考虑顶箔与波箔之间的摩擦、波箔与轴承套之间的摩擦、波箔与波箔之间的相互作用以及顶箔凹陷变形等多个因素，建立完整的波箔弹性结构理论分析模型。每个波箔结构单元简化为两个刚性连杆和一个水平放置的弹簧，相邻单元的线性弹簧之间通过一个刚性连杆相连。连杆-弹簧模型如图 4.1 所示。可以看出，连杆与连杆之间在波箔顶部采用铰链进行连接，且可以自由转动。波箔与波箔之间的相互作用力通过位于底部的刚性连杆进行传递。如果波箔发生弹性变形，则接触面之间会产生摩擦力和相对移动。

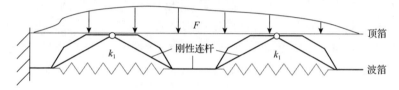

图 4.1 连杆-弹簧模型

根据波箔的初始几何形状，利用卡式定理计算波箔的弹性形变能，有

$$U_e = \int_0^l \left(\frac{M_{bm}^2}{2D_k L_f} + \frac{N_{load}^2}{2SE} \right) dl \tag{4.1}$$

式中，$D_k = \dfrac{E t_b^2}{12(1-v^2)}$ 为抗弯刚度；L_f 为箔片宽度；M_{bm} 为弯矩；N_{load} 为载荷；$S = t_b L_f$ 为箔片的横截面积；U_e 为弹性形变能。

根据波箔结构的几何关系，如图 4.2 所示，结构的弯矩和载荷可以表示为

$$\begin{cases} M_{bm}(\theta) = F_h R_{bump} \left[\cos(\theta_0 - \theta) - \cos\theta_0 \right] + M_B \\ N_{load}(\theta) = F_h \cos(\theta_0 - \theta) \end{cases} \tag{4.2}$$

式中，M_B 为 B 点处的结构弯矩；F_h 为水平作用力；R_{bump} 为波箔半径；θ_0 为半波角度。

将式(4.2)代入式(4.1)，可得

$$U_e = \frac{R_{bump}}{2D_k L_f} \alpha_1 + \frac{R_{bump}}{2SE} \alpha_2 \tag{4.3}$$

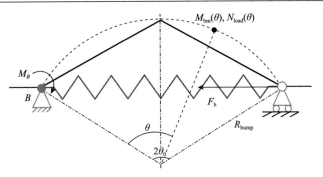

图 4.2　等效水平弹簧示意图

式中,

$$\alpha_1 = \int_0^{2\theta_0} (M_{\mathrm{bm}}(\theta))^2 \, \mathrm{d}\theta = 2F_{\mathrm{h}}^2 R_{\mathrm{bump}}^2 \theta_0 + F_{\mathrm{h}}^2 R_{\mathrm{bump}}^2 \theta_0 \cos(2\theta_0) - \frac{3}{2} F_{\mathrm{h}}^2 R_{\mathrm{bump}}^2 \sin(2\theta_0)$$
$$+ 4F_{\mathrm{h}} R_{\mathrm{bump}} M_B \sin\theta_0 - 4F_{\mathrm{h}} R_{\mathrm{bump}} M_B \theta_0 \cos\theta_0 + 2M_B^2 \theta_0$$

$$\alpha_2 = \int_0^{2\theta_0} (N_{\mathrm{load}}(\theta))^2 \, \mathrm{d}\theta = \left[\theta_0 + \frac{1}{2}\sin(2\theta_0)\right] F_{\mathrm{h}}^2$$

根据卡氏定理,$\dfrac{\partial U_{\mathrm{e}}}{\partial M_B} = 0$,得到图 4.2 中 B 点处的弯矩为

$$M_B = F_{\mathrm{h}} R_{\mathrm{bump}} \cos\theta_0 - F_{\mathrm{h}} R_{\mathrm{bump}} \frac{\sin\theta_0}{\theta_0} \tag{4.4}$$

将 B 点处的弯矩代入式(4.1),并根据 $\dfrac{\partial U_{\mathrm{e}}}{\partial F_{\mathrm{h}}} = \delta$,得到结构变形量为

$$\delta = \frac{R_{\mathrm{bump}}}{2D_{\mathrm{k}} L_{\mathrm{f}}} \left[2F_{\mathrm{h}} R_{\mathrm{bump}}^2 \theta_0 - 4F_{\mathrm{h}} R_{\mathrm{bump}}^2 \frac{\sin^2\theta_0}{\theta_0} + F_{\mathrm{h}} R_{\mathrm{bump}}^2 \sin(2\theta_0) \right]$$
$$+ \frac{F_{\mathrm{h}} R_{\mathrm{bump}}}{SE} \left[\theta_0 + \frac{1}{2}\sin(2\theta_0) \right] \tag{4.5}$$

根据胡克定律,计算波箔的等效水平刚度系数为

$$k_{\mathrm{h}} = \frac{F_{\mathrm{h}}}{\delta} = \left\{ \frac{R_{\mathrm{bump}}^3}{2D_{\mathrm{k}} L_{\mathrm{f}}} \left[2\theta_0 - 4\frac{\sin^2\theta_0}{\theta_0} + \sin(2\theta_0) \right] + \frac{R_{\mathrm{bump}}}{SE} \left[\theta_0 + \frac{1}{2}\sin(2\theta_0) \right] \right\}^{-1} \tag{4.6}$$

将弹性波箔结构单元等效为一个竖直方向的弹簧,波箔的等效垂直刚度系数定义

为 k_v ，如图 4.3 所示。

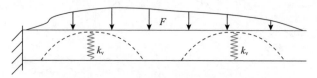

图 4.3　波箔等效刚度模型

　　由于连杆是刚性的，波箔的竖直变形量 Δh 与水平弹簧变形量 ΔL 的关系可以从波箔结构的几何关系中得到[6]，如图 4.4 所示。

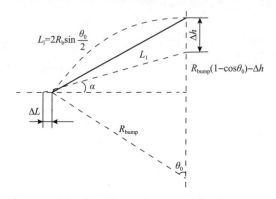

图 4.4　连杆-弹簧模型中水平与竖直方向变形关系

$$\Delta L = \sqrt{\left(2R_{\text{bump}}\sin\frac{\theta_0}{2}\right)^2 - \left[R_{\text{bump}}(1-\cos\theta_0)-\Delta h\right]^2} - R_{\text{bump}}\sin\theta_0$$

$$\tan\alpha = \frac{R_{\text{bump}}(1-\cos\theta_0)-\Delta h}{R_{\text{bump}}\sin\theta_0 + \Delta L}$$

　　第 i 个单元受力分析如图 4.5 所示。波箔与轴承套之间的滑动摩擦系数为 μ ，波箔与顶箔之间的滑动摩擦系数为 η 。每个波箔两端点在竖直方向的反作用力可以根据端点的力矩平衡得到，化简后可得其左右两端点在竖直方向的力为

$$\begin{cases} F_r^i = 0.5 F_p^i (1 - \eta^i \tan\alpha^i) \\ F_l^i = 0.5 F_p^i (1 + \eta^i \tan\alpha^i) \end{cases} \tag{4.7}$$

式中， F_p^i 为波箔顶部施加的载荷， i 表示第 i 个波箔单元。

　　进一步可求得波箔与轴承套之间的摩擦力，即

$$f^i = (F_r^i + F_l^{i+1})\mu^i \tag{4.8}$$

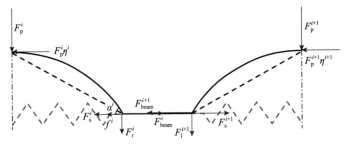

图 4.5　第 i 个单元受力分析

根据力平衡关系可得水平刚性连杆的受力平衡等式，即

$$F_{\mathrm{s}}^{i} + F_{\mathrm{beam}}^{i+1} + f^{i} = F_{\mathrm{s}}^{i+1} + F_{\mathrm{beam}}^{i} \tag{4.9}$$

式中，F_{s}^{i} 为水平弹簧的弹性力；F_{beam}^{i} 为在水平方向倾斜的刚性连杆传递给水平刚性连杆的力，$F_{\mathrm{beam}}^{i} = \dfrac{F_{\mathrm{r}}^{i}}{\tan \alpha^{i}}$，$F_{\mathrm{beam}}^{i+1} = \dfrac{F_{\mathrm{l}}^{i+1}}{\tan \alpha^{i+1}}$。

将式(4.7)～式(4.9)整合后可得

$$F_{\mathrm{s}}^{i} + \frac{1}{2}\left(\frac{1}{\tan \alpha^{i+1}} + \mu^{i}\right)(1 + \eta^{i+1} \tan \alpha^{i+1})F_{\mathrm{p}}^{i+1} = F_{\mathrm{s}}^{i+1} + \frac{1}{2}\left(\frac{1}{\tan \alpha^{i}} - \mu^{i}\right)(1 - \eta^{i} \tan \alpha^{i})F_{\mathrm{p}}^{i} \tag{4.10}$$

式中，$F_{\mathrm{p}}^{i} = k_{\mathrm{v}}^{i}\Delta h^{i}$，$F_{\mathrm{p}}^{i+1} = k_{\mathrm{v}}^{i+1}\Delta h^{i+1}$，$F_{\mathrm{s}}^{i} = 2\Delta L^{i}k_{1}$，$F_{\mathrm{s}}^{i+1} = 2\Delta L^{i+1}k_{1}$。

进一步可求得单个波箔的等效垂直刚度系数为

$$k_{\mathrm{v}}^{i} = \frac{2(\Delta L^{i} - \Delta L^{i+1})k_{1} + B^{i}k_{\mathrm{v}}^{i+1}}{A^{i}} \tag{4.11}$$

式中，

$$A^{i} = 0.5\Delta h^{i}\left(\frac{1}{\tan \alpha^{i}} - \mu^{i}\right)(1 - \eta^{i} \tan \alpha^{i})$$

$$B^{i} = 0.5\Delta h^{i+1}\left(\frac{1}{\tan \alpha^{i+1}} + \mu^{i}\right)(1 + \eta^{i+1} \tan \alpha^{i+1})$$

等效垂直刚度系数的迭代是从自由端开始计算，直到波箔固定端，因此越靠近自由端的波箔的等效刚度系数就越先计算。波箔自由端的受力分析如图 4.6 所示。上标 N 表示从自由端开始计数的第 N 个波箔。

受力平衡方程为

$$F_{\mathrm{s}}^{N} + F_{\mathrm{r}}^{N}\mu^{N+1} = F_{\mathrm{beam}}^{N} \tag{4.12}$$

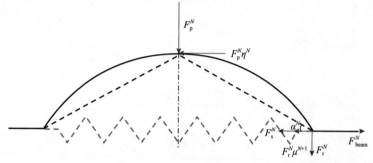

图 4.6　波箔自由端的受力分析

式中，

$$F_r^N = 0.5 F_p^N \left(1 - \eta^N \tan\alpha^N\right)$$

$$F_{\text{beam}}^N = \frac{F_r^N}{\tan\alpha^N}$$

进一步可求得

$$k_v^N = \frac{F_p^N}{\Delta h^N} = \frac{2\Delta L^N k_1}{A^N} \tag{4.13}$$

式中，

$$A^N = 0.5\Delta h^N \left(\frac{1}{\tan\alpha^N} - \mu^{N+1}\right)\left(1 - \eta^N \tan\alpha^N\right)$$

箔片结构中接触面的摩擦力取决于顶箔所受气膜压力的大小以及波箔与波箔之间的相互作用摩擦系数大小。在连杆-弹簧模型中，由于弹簧被水平放置，接触面的滑移方向可以通过作用在结构上的合力情况来判断。

根据水平放置的刚性连杆受力分析可知，如图 4.5 所示，水平放置的刚性连杆的三种运动状态如表 4.2 所示。

表 4.2　水平放置的刚性连杆的三种运动状态

受力分析	运动状态
$F_s^i + F_{\text{beam}}^{i+1} - F_s^{i+1} - F_{\text{beam}}^i > f_i$	从固定端到自由端向右滑动
$F_s^i + F_{\text{beam}}^{i+1} - F_s^{i+1} - F_{\text{beam}}^i < -f_i$	从自由端到固定端向左滑动
$F_s^i + F_{\text{beam}}^{i+1} - F_s^{i+1} - F_{\text{beam}}^i = -f_i$	在原位置不滑动

如图 4.6 所示，位于自由端的波箔有两种运动状态：向右滑动或不滑动，其判断依据为 $F_s^N - F_{\text{beam}}^N > F_r^N \mu^{N+1}$。顶箔与波箔接触面的滑动由两个相邻的水平刚

性连杆的滑动状态决定。

4.1.2 无滑移运动波箔模型

如果某个波箔的两端均无滑移，水平弹簧不会发生变形，4.1.1 节中的连杆-弹簧模型将不再适用。无滑移连杆-弹簧模型如图 4.7 所示，用来描述两端均无滑移的特殊情况。假设水平方向为一刚性连杆，以此确保波箔两端不会滑动，两倾斜方向为两线性弹簧，波箔的等效倾斜刚度系数计算公式为

$$k_2 = \left\{ \frac{R_{\text{bump}}}{2D_k L_f} \left[2f_1\left(\frac{\theta_0}{2}\right) + f_2(\theta_0)B_1(\theta_0) \right] + \frac{R_{\text{bump}}}{2ES} \left[2f_4\left(\frac{\theta_0}{2}\right) \right] \right\}^{-1} \quad (4.14)$$

式中，

$$f_1(\psi) = 2R_{\text{bump}}^2 \psi - \frac{3R_{\text{bump}}^2}{2}\sin(2\psi) + R_{\text{bump}}^2 \psi \cos(2\psi)$$

$$f_2(\psi) = 4R_{\text{bump}}^2 \frac{\psi}{2}\cos\frac{\psi}{2}\sin\frac{\psi}{2} - 4R_{\text{bump}}^2 \sin^2\left(\frac{\psi}{2}\right)$$

$$B_1(\psi) = \frac{\dfrac{-f_2(\psi)}{D_k L_f}}{\dfrac{2f_3(\psi)}{D_k L_f} + \dfrac{2f_5(\psi/2)}{ES}}$$

$$f_3(\psi) = 2R_{\text{bump}}^2 \frac{\psi}{2}\sin^2\left(\frac{\psi}{2}\right) - R_{\text{bump}}^2 \cos\frac{\psi}{2}\sin\frac{\psi}{2} + R_{\text{bump}}^2 \frac{\psi}{2}$$

$$f_4(\psi) = \psi + \frac{1}{2}\sin(2\psi)$$

$$f_5(\psi) = \psi - \cos\psi\sin\psi$$

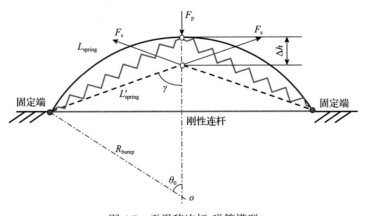

图 4.7 无滑移连杆-弹簧模型

倾斜弹簧的等效刚度如图 4.8 所示。两倾斜弹簧变形前与变形后的长度计算公式为

$$\begin{cases} L_{\text{spring}} = 2R_{\text{bump}} \sin\dfrac{\theta_0}{2} \\ L'_{\text{spring}} = \sqrt{R_{\text{bump}}^2 + (R_{\text{bump}} - \Delta h)^2 - 2R_{\text{bump}}(R_{\text{bump}} - \Delta h)\cos\theta_0} \end{cases} \tag{4.15}$$

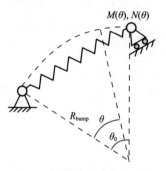

图 4.8　倾斜弹簧的等效刚度

线性弹簧所提供的力为 $F_{\text{s}} = (L_{\text{spring}} - L'_{\text{spring}})k_2$，根据每个波箔顶端的受力平衡方程可得 $F_{\text{p}} = 2F_{\text{s}}\cos\gamma_{\text{sp}}$。因此，两端均不滑移波箔的等效垂直刚度系数为

$$k_{\text{v}} = \frac{F_{\text{p}}}{\Delta h} = \frac{2(L_{\text{spring}} - L'_{\text{spring}})k_2}{\Delta h}\cos\gamma_{\text{sp}} \tag{4.16}$$

式中，

$$\cos\gamma_{\text{sp}} = \frac{L_{\text{spring}}'^2 + (R_{\text{bump}} - \Delta h)^2 - R_{\text{bump}}^2}{2L'_{\text{spring}}(R_{\text{bump}} - \Delta h)}$$

因此，波箔的等效垂直刚度系数不仅与等效水平刚度系数 k_1 或等效倾斜刚度系数 k_2（由波箔的初始几何参数决定）有关，也与箔片变形量、接触面间摩擦力、波箔与波箔之间的内部相互作用力等多个因素有关。箔片气体动压轴承参数如表 4.3 所示。

波箔的等效垂直刚度系数与其变形量的关系如图 4.9 所示。可以看出，当波箔两端不滑移时，其等效垂直刚度系数要远大于波箔两端发生滑移时，并且两种情况下波箔的等效垂直刚度系数均随着波箔变形量的增加而减小。此外，当引入箔片结构接触面间的摩擦力时，摩擦系数越大，波箔的等效垂直刚度系数也越大。

表 4.3　箔片气体动压轴承参数

轴承参数	参数取值
轴承半径/mm	19.05
轴承长度/mm	38.1
名义间隙/μm	31.8
顶箔厚度/μm	101.6
波箔厚度/μm	101.6
波形跨距/mm	4.572
波形半长/mm	1.778
波形高度/mm	0.508
波形数量	26
箔片弹性模量/GPa	214
泊松比	0.29

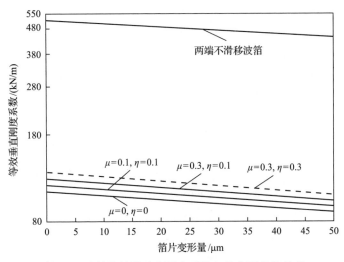

图 4.9　波箔的等效垂直刚度系数与其变形量的关系

4.1.3　顶箔建模方法

顶箔的厚度极小，因此可以简化为三维有限壳单元模型。该模型能有效模拟气膜压力分布不均导致的顶箔薄膜凹陷变形。根据虚功原理，节点的变形量 δ 可以通过直接刚度方法 $F = k_{\mathrm{f}}\delta$ 计算。将有限元法计算得到的顶箔等效刚度系数和每个波箔的等效刚度系数在相连接的网格节点处相加，即可得到波箔和顶箔并联模型的等效刚度系数：$k_{\mathrm{f}} = k_{\mathrm{top}} + k_{\mathrm{v}}$，如图 4.10 所示[7]。

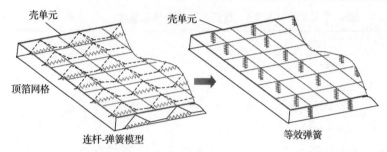

图 4.10　顶箔全局刚度系数与波箔等效刚度系数的关系示意图[7]

4.1.4　验证模型

为验证理论计算结果的合理性，对具有 10 个波箔的箔片结构进行加载、卸载试验。试验中采用两种分布形式的载荷，但两种载荷的等效压力相同，均为 2×10^5Pa。波箔参数如表 4.3 所示，波箔从固定端到自由端的编号依次为 1~10，波箔变形量的正向与载荷方向相同。

在外部载荷作用下，下降和上升-下降载荷下波箔顶点的变形量如图4.11所示[5]。可以看出，连杆-弹簧模型和 8 弹簧模型的计算结果在两种分布载荷情况下相差很小，都非常接近试验测量结果。同时，随着波箔与轴承套之间摩擦系数的增加，波箔的等效刚度会呈现出明显的增大趋势。

箔片气体动压轴承静态推拉的理论计算结果和试验结果对比如图 4.12 所示。可以看出，连杆-弹簧模型的理论计算结果与试验结果吻合良好，这表明该模型可以准确预测箔片气体动压轴承支承结构的变形。图 4.12 中还给出了两端不滑移波

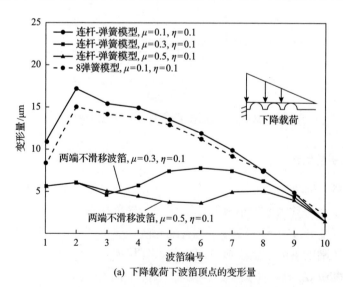

(a) 下降载荷下波箔顶点的变形量

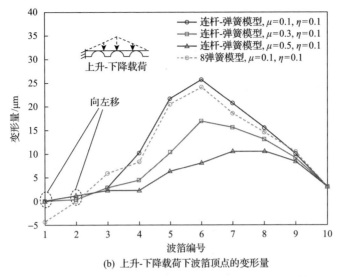

(b) 上升-下降载荷下波箔顶点的变形量

图 4.11　下降和上升-下降载荷下波箔顶点的变形量[5]

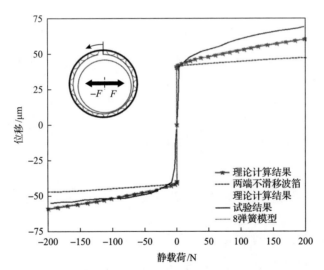

图 4.12　箔片气体动压轴承静态推拉的理论计算结果和试验结果对比

箔的理论计算结果。可以看出，当波箔的结构摩擦力足够大时会使所有波箔两端均固定，从而增大箔片结构的刚度。

4.2　考虑动态摩擦力的箔片气体动压轴承结构建模

连杆-弹簧模型虽然全面考虑了轴承内部结构之间的各种相互作用力，但箔片结构间的摩擦力被简化为摩擦力，且摩擦力的方向是通过各单元的力平衡关系来判断，因此该模型仅适用于静态计算，无法描述当外部激励的频率发生变化时轴承内部动态摩擦力对轴承各部件运动特性的影响。本节引入 LuGre 动态摩擦力模型，用于计算箔片结构变形所引起的轴承内部摩擦力的变化，进而得出动态摩擦力和耗散能量与激励频率之间的关系。

4.2.1 LuGre 动态摩擦力模型

LuGre 动态摩擦力模型既包含静态摩擦特性，也考虑了动态摩擦特性[8]。动态摩擦力不仅与瞬时速度有关，也与物体前一时刻的状态有关。本节提出基于"刚毛"的箔片结构动态力学模型，该模型包含 Stribeck 摩擦力、黏性摩擦力、静态摩擦力以及物体滑动面间的迟滞效应[9]。该模型的通用表达式为

$$\begin{cases} f_f = \sigma_0 + \sigma_1 \dot{z} + \sigma_2 \dot{x}, \quad \sigma_0, \sigma_1, \sigma_2 > 0 \\ \dot{z} = \dot{x}\left(1 - \dfrac{\sigma_0}{|f_{ss}(\dot{x})|}\mathrm{sgn}(\dot{x})z\right) \end{cases} \tag{4.17}$$

式中，x 为接触面的刚体位移；z 为接触面的弹性应变；σ_0 为接触刚度系数；σ_1 为阻尼系数；σ_2 为黏滞摩擦系数；$\dot{x}$ 为顶箔的变形量；$\dot{z}$ 为接触面弹性应变的变形量。

x 和 z 是两个完全不同的变量，用来描述接触面的微观变形。$\dot{z}$ 由两平面的相对变形量 $\dot{x}$ 计算，"刚毛"变形量 z 由前一时刻变形量和瞬时速度确定。

$f_{ss}(\dot{x})$ 为一个与速度有关的动态摩擦力函数，表达式为

$$f_{ss}(\dot{x}) = F_c\,\mathrm{sgn}(\dot{x}) + (F_s - F_c)\exp\left[-\left(\frac{\dot{x}}{v_S}\right)^2\right]\mathrm{sgn}(\dot{x}) + \sigma_2\dot{x} \tag{4.18}$$

式中，F_c 为摩擦力；F_s 为静摩擦力；v_S 为 Stribeck 速度。

摩擦面的运动状态通过 z_{ss} 进行判断，如果 $z > z_{ss}$，表明"刚毛"的变形超过了最大静态变形，那么两表面将会发生相对运动。z_{ss} 的计算表达式为

$$z_{ss} = \mathrm{sgn}(\dot{x})\frac{F_c + (F_s - F_c)\exp\left[-\left(\dfrac{\dot{x}}{v_S}\right)^2\right]}{\sigma_0} \tag{4.19}$$

在 LuGre 模型中，动态摩擦力的计算结果与摩擦系数的取值关系很大，呈现出明显的非线性特性。各个参数的取值如表 4.4 所示。

表 4.4　LuGre 模型的各项参数

摩擦力参数	参数取值
接触刚度系数/(MN/m)	0.1
阻尼系数/(N·s/m)	100
黏滞摩擦系数	0
摩擦力/N	1
静摩擦力/N	1.58
Stribeck 速度/(m/s)	0.001
摩擦系数	0.1

4.2.2　动态连杆-弹簧模型

考虑动态摩擦力的连杆-弹簧模型如图 4.13 所示。假设两端倾斜连杆与水平连杆均为刚体，易知两端接触点的位移均可通过几何关系由波箔顶点位移求得，同时波箔顶点 B(第 i 个波箔)的位移也受到两相邻波箔 A(第 $i-1$ 个波箔)、C(第 $i+1$ 个波箔)的影响，可得单元的位移表达式为

$$\begin{cases} x_{\mathrm{up}}^{i} = \Delta H^{i-1} + \Delta H^{i+1} \\ x_{\mathrm{bottom}}^{i} = \Delta H^{i} + \Delta H^{i+1} \end{cases} \tag{4.20}$$

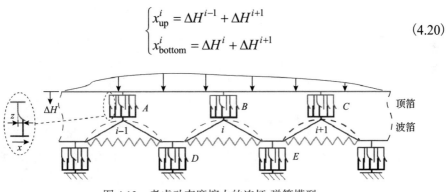

图 4.13　考虑动态摩擦力的连杆-弹簧模型

由于箔片很薄，假设箔片均无质量，可得每个水平单元的力平衡关系为

$$F_{\mathrm{s}}^{i} + F_{\mathrm{beam}}^{i+1} + f_{\mathrm{bottom}}^{i} = F_{\mathrm{s}}^{i+1} + F_{\mathrm{beam}}^{i} \tag{4.21}$$

式中，f_{bottom}^{i} 为波箔与轴承套之间的动态摩擦力。

在第 i 个波箔的弹性力为 $F_{\mathrm{s}}^{i} = 2\Delta L^{i} k_{1}$，$k_{1}$ 为波箔的等效水平刚度系数，该刚度系数可通过箔片结构几何形状的能量方程求得。每个倾斜刚性连杆的支承力为

$$\begin{cases} F_{\text{beam}}^i = \dfrac{F_{\text{r}}^i}{\tan \alpha^i} \\[3mm] F_{\text{beam}}^{i+1} = \dfrac{F_{\text{l}}^{i+1}}{\tan \alpha^{i+1}} \end{cases} \tag{4.22}$$

式中，

$$F_{\text{r}}^i = \frac{F_{\text{p}}^i}{2} - \frac{f_{\text{up}}^i H_i}{2l_i}$$

$$F_{\text{l}}^i = \frac{F_{\text{p}}^i}{2} + \frac{f_{\text{up}}^i H_i}{2l_i}$$

式中，f_{up}^i 为顶箔与波箔之间的动态摩擦力。

因此，第 i 个波箔顶点支承力的表达式为

$$F_{\text{p}}^i = 4(\Delta L^i - \Delta L^{i+1})k_1 \tan \alpha^i + \frac{F_{\text{p}}^i + \tan \alpha^i}{\tan \alpha^i + 1} + (2f_{\text{bottom}}^i + f_{\text{up}}^{i+1} + f_{\text{up}}^i) \tan \alpha^i \tag{4.23}$$

式 (4.23) 的前两项表示波箔的弹性，最后一项表示波箔顶点处由于动态摩擦力所产生的支承力。一个完整的箔片气体动压轴承结构力学模型可分为三部分：顶箔的有限单元模型、非线性弹簧模型以及非线性弹簧-阻尼系统。如图 4.14 所示，当顶箔受到外部激励力或气膜压力时，由力平衡关系可得

$$\boldsymbol{F}_{\text{p}} = \boldsymbol{k}_{\text{top}}\boldsymbol{\delta} + \boldsymbol{k}_{\text{bump}}\boldsymbol{\delta} + \boldsymbol{f}_{\text{bottom}} + \boldsymbol{f}_{\text{up}} \tag{4.24}$$

式中，$\boldsymbol{f}_{\text{bottom}}$、$\boldsymbol{f}_{\text{up}}$ 均随箔片位移和箔片之间的相对运动而变化。波箔的等效刚度系数矩阵 $\boldsymbol{k}_{\text{bump}}$ 表现出典型的非线性特性，其大小与箔片的变形量有关。

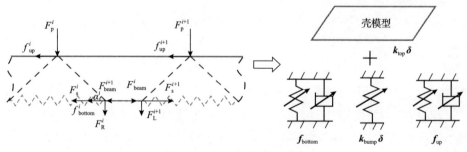

图 4.14　全局刚度系数矩阵

顶箔的动态变形量矩阵 δ 由静态变形量矩阵 δ_s 和恒定幅值的周期动态变形量矩阵 δ_d 组成，即

$$\delta = \delta_s + \delta_d \sin(f_d t) \tag{4.25}$$

式中，f_d 为激励频率。

4.2.3　动态模型验证

文献[9]采用伸缩仪在法线方向对 6 个波箔的箔片进行激励，得到载荷与箔片变形的滞回关系曲线，以试验验证了箔片结构的动态特性。试验中采用的箔片轴承的参数取值如表 4.5 所示。激励频率与幅值分别设定为 1Hz 和 2.32μm，静态载荷设置为 90N。假设试验过程中载荷的倾斜角 $\theta_0 = 0.043°$，加载平板的静态位置为 $\delta_s = 42\mu m$[6]。本节模型采用的结构参数与文献[6]相同。

表 4.5　箔片轴承的参数取值

轴承参数	参数取值
箔片宽度/mm	24.1
箔片节距/mm	4.572
波形半长/mm	1.778
箔片厚度/μm	63.5
波箔厚度/mm	0.489
波箔数量	6
箔片弹性模量/GPa	207
泊松比	0.25

动态摩擦力与箔片动态位移的关系如图 4.15 所示，图中包括本节模型计算结果、文献[6]计算结果和文献[9]试验结果。可以看出，动态结构模型的计算结果与试验结果有着很高的一致性。由于动态力的加载曲线与卸载曲线不重合，表明动态力在每一个循环中存在着能量耗散。由于箔片气体动压轴承在实际工作时，其外部激励力是不断变化的，考虑动态摩擦力的箔片结构模型能够更准确地描述箔片气体动压轴承的实际工作状况。

4.2.4　轴承支承结构动态特性预测

为研究箔片结构的动态特性，本节以一个含有六个波箔的箔片结构为例，计算其动态变形特性，该结构一端固定、另一端自由。计算中，假设顶箔被斜推板以 θ_0 推动（$\theta_0 = \pm 0.02°$），如图 4.16 所示。静态位移和动态位移分别是 15μm 和 4μm，激励频率是 1Hz。

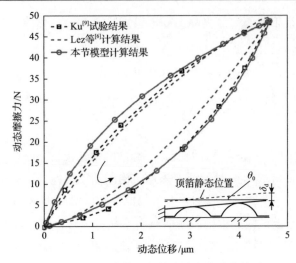

图 4.15　动态摩擦力与箔片动态位移的关系

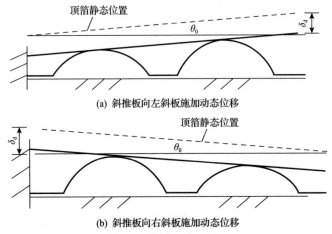

(a) 斜推板向左斜板施加动态位移

(b) 斜推板向右斜板施加动态位移

图 4.16　斜推板向左斜板和右斜板施加动态位移

　　为了说明加载循环中动态摩擦力的变化，选取了一个加载周期内的七个瞬间。图 4.17 给出了各接触点的运动状态和动态摩擦力的方向。接触点从自由端到固定端依次编号，水平箭头表示摩擦力的方向。为了区分各接触点的运动状态，分别用白点和黑点来表示接触点处于滑动状态和黏着状态，图右侧的箭头为斜推板的移动方向。

　　当斜推板从状态①释放到状态③时，所有的波箔都趋向于弹回并向左移动。由于作用在波箔顶点处的法向力相对较小，一些接触点会相对滑动，而其他接触点仍然互相黏着在一起。当顶箔向上移动时，图 4.17(a) 中波箔顶点从自由端开始发生滑移，图 4.17(b) 中波箔顶点从固定端开始滑移。在状态④时，斜推板将波箔

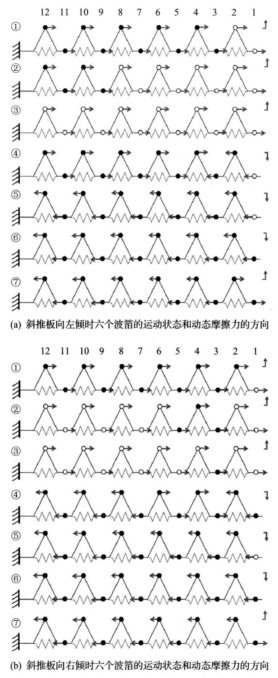

(a) 斜推板向左倾时六个波箔的运动状态和动态摩擦力的方向

(b) 斜推板向右倾时六个波箔的运动状态和动态摩擦力的方向

图 4.17　斜推板向左倾和向右倾时六个波箔的运动状态和动态摩擦力的方向

向下压缩，这时产生了较大的法向力，使得大多数波箔顶点被黏着在一起。该黏着力取决于表面的相对变形，而不是表面的相对运动[10]。因此，如果两个表面的相对运动不够大，使得"刚毛"变形的方向发生变化，则黏着摩擦力的方向和波箔运动的方向可能会相反。在图 4.17(a)中的状态④，顶箔被向下推，摩擦力几乎全部指向相对运动的反方向。然而，在状态⑤时，顶箔继续向下移动，但摩擦力指向左侧。两种不同的情况表明相对运动改变了"刚毛"的变形。相似的情况在接触点 2 从状态⑥变化到状态⑦时也有发生。基于相同的原因，图 4.17(b)中接触点 3 至接触点 6 的摩擦力方向指向运动方向的反方向。

　　图 4.18 为 40Hz、80Hz、120Hz 的激励频率下动态位移与动态载荷的关系。其中，施加在轴承上的动态载荷可以通过沿圆周方向积分支承力获得。图中的三条曲线代表了不同激励频率下的滞回曲线，它是由加载-卸载过程中作用在支承结构上的动态摩擦力引起的。载荷与位移关系曲线所包含的面积代表了消耗能量的多少，可以看出，在一个加载周期内，支承结构的摩擦耗散随着激励频率的增加而增加。这种现象是由于随着激励频率升高，接触表面间的黏着摩擦力增加，进而提供了更大的支承力，并导致更宽的滞回曲线。

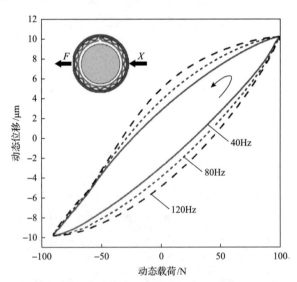

图 4.18　不同激励频率的动态位移和动态载荷的关系(预加载：−10μm，振幅：10μm)

4.3　箔片气体动压轴承静态特性测试

4.3.1　静态特性测试方法

　　箔片气体动压径向轴承是一个多自由度有阻尼的系统，在加载-卸载过程中表现出典型的非线性响应。箔片气体动压径向轴承静态特性测试试验台示意图如图 4.19 所示。试验台主要由固定支座、力加载装置、传感器与数据采集系统组成。

轴被固定在夹紧支座上，力加载装置为一微分头，轴承位移由传感器测量，拉压型力传感器用来测量微分头对轴承施加的力，三个电涡流位移传感器分别用来测量加载-卸载过程中轴承与轴颈的位移。箔片气体动压径向轴承静态特性测试试验台实物图如图 4.20 所示。

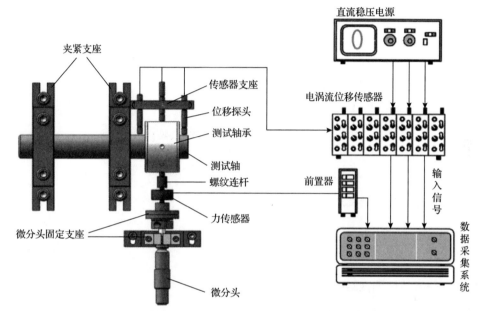

图 4.19　箔片气体动压径向轴承静态特性测试试验台示意图

图 4.20　箔片气体动压径向轴承静态特性测试试验台实物图

箔片气体动压径向轴承的滞回曲线如图 4.21 所示，假设加载力和响应位移满足如下三次多项式：

$$F_{\text{load}} = k_3 x_{\text{b}}^3 + k_2 x_{\text{b}}^2 + k_1 x_{\text{b}} + k_0 \tag{4.26}$$

式中，$k_i (i = 0,1,2,3)$ 为试验拟合系数；F_{load} 为加载力；x_{b} 为轴承位移。

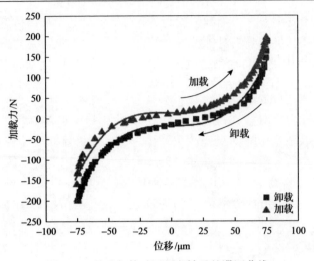

图 4.21　箔片气体动压径向轴承的滞回曲线

轴承结构静态刚度系数可以表示为

$$k_{\mathrm{s}} = \frac{\partial F_{\mathrm{load}}}{\partial x_{\mathrm{b}}} = 3k_3 x_{\mathrm{b}}^2 + 2k_2 x_{\mathrm{b}} + k_1 \tag{4.27}$$

4.3.2　静态特性测试结果

本节测试的箔片气体动压径向轴承结构参数如表 4.6 所示，箔片材料为 Inconel X-750 镍基高温合金，波箔采用 1150℃固溶处理和 650℃/4h 时效处理的双重热处理方式。

表 4.6　箔片气体动压径向轴承结构参数

轴承参数	参数取值
轴承壳外径/mm	45
轴承壳内径/mm	31
轴承宽度/mm	31
顶箔厚度/μm	112
波箔厚度/μm	112
波形高度/mm	0.51
波形宽度/mm	2.96
波形跨度/mm	3.76
波形数量	25

试验中缓慢地加载与卸载以保证往复加载过程中得到的数据具有较好的重复性。忽略加载和卸载过程中竖直方向交叉耦合变形的影响，反复加载-卸载三个循环。试验中测试轴直径为 29.50mm。轴承载荷与轴承位移的关系曲线如图 4.22(a) 所示。可以看出，箔片动压轴承在加载和卸载过程中载荷和位移表现出极强的非线性，且加载和卸载过程的载荷曲线是不重合的。这表明外力加载时轴承和轴颈发生相对移动，轴承结构在外力作用下被挤压变形，波箔与顶箔以及波箔与轴承相互接触的表面产生摩擦力，形成迟滞曲线，这种迟滞现象即轴承的阻尼特性。加载与卸载曲线之间的面积代表了轴承在加载和卸载过程中所消耗的能量，其面积越大表明轴承消耗的能量越多，阻尼特性越好。

根据 4.4.1 节介绍的轴承结构的静态刚度系数参数识别方法，对图 4.22(a) 中的轴承载荷-轴承位移曲线进行三次多项式拟合，可得到轴承结构的静态刚度系数，如图 4.22(b) 所示。可以看出，轴承结构存在一段低刚度区，该区域通常被定义为箔片气体动压径向轴承的名义间隙。此外，随着波箔变形量即轴承位移的增

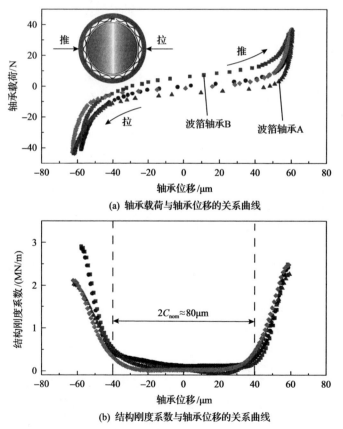

(a) 轴承载荷与轴承位移的关系曲线

(b) 结构刚度系数与轴承位移的关系曲线

图 4.22 轴承载荷及结构刚度系数与轴承位移的关系曲线

大，轴承结构的静态刚度逐渐增大。这是由于在加载过程中，随着加载力的增大，产生变形的波箔数量逐渐增加，使得轴承结构的静态刚度呈增大趋势。

4.4　箔片气体动压轴承动态性能测试

在实际工作环境中，轴承结构刚度和阻尼特性不仅受到载荷的作用，还与振动的频率和幅值有关，因此有必要研究轴承结构刚度和阻尼特性在正弦激振力作用下的变化规律。

4.4.1　动态特性测试方法

箔片气体动压径向轴承动态特性测试试验台示意图如图 4.23 所示。试验台主要由固定支座、电磁激振器及控制系统、传感器与数据采集系统组成。转子被固定在试验台支架上，箔片气体动压径向轴承被安装在转子上，并通过螺纹与力传感器和激振杆相连接。轴承沿激振方向安装电涡流位移传感器，用来测量激振过程中轴承的位移响应。传感器采用与静态性能测试试验台相同的力传感器和电涡流位移传感器，分别对轴承的周期性激振力和响应进行测量。箔片气体动压径向轴承动态特性测试试验台实物图如图 4.24 所示。

在动态性能测试试验中，箔片气体动压径向轴承被简化成一个单自由度有阻尼系统，如图 4.25 所示。

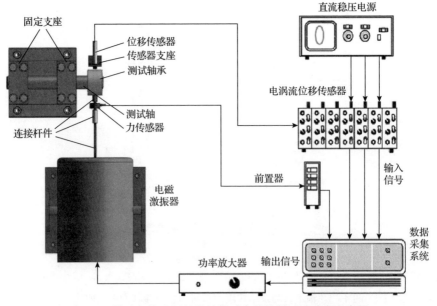

图 4.23　箔片气体动压径向轴承动态特性测试试验台示意图

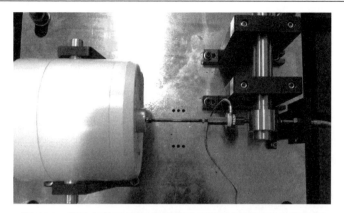

图 4.24　箔片气体动压径向轴承动态特性测试试验台实物图

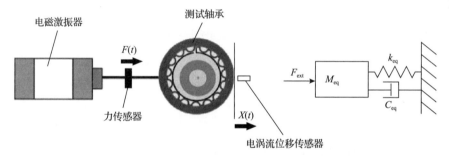

图 4.25　箔片气体动压径向轴承单自由度有阻尼系统

根据机械振动原理，单自由度有阻尼系统的响应振幅 $X(t)$ 与激振力 $F(t)$ 可以表示为

$$M\ddot{X} + C_{\text{eq}}\dot{X} + kX = F(t) \tag{4.28}$$

式中，C_{eq} 为轴承的等效黏性阻尼系数；k 为轴承结构的动态刚度系数；M 为轴承的质量，包括轴承实际质量、力传感器质量和连接杆件质量。

将时域下单自由度系统定角频率 f_{d} 的激振力和轴承的响应转换为频域下，可表示为

$$F(t) = F_0 \sin(f_{\text{d}}t) = \bar{F}\text{e}^{\text{i}f_{\text{d}}t} \tag{4.29}$$

$$X(t) = X_0 \sin(f_{\text{d}}t + \varphi) = \bar{X}\text{e}^{\text{i}f_{\text{d}}t} \tag{4.30}$$

式中，$\bar{F}$ 为频域下的激振力；$\bar{X}$ 为频域下的响应振幅。

将式 (4.29) 和式 (4.30) 代入式 (4.28)，化简整理可得

$$\left(k - Mf_{\text{d}}^2\right)\bar{X} + \text{i}f_{\text{d}}C_{\text{eq}}\bar{X} = \bar{F} \tag{4.31}$$

对式(4.31)进行化简整理, 可得

$$\left(k - Mf_{\mathrm{d}}^2\right) + \mathrm{i}f_{\mathrm{d}}C_{\mathrm{eq}} = \frac{\overline{F}}{\overline{X}} \tag{4.32}$$

在频域下对轴承结构的动态结构刚度系数、等效黏性阻尼系数及结构损失因子进行分析, 根据 San Andrés 等[11]的研究, 式(4.32)的实部提供了轴承结构的动态刚度系数, 虚部提供了轴承结构的等效黏性阻尼系数, 公式为

$$k = Mf_{\mathrm{d}}^2 + \mathrm{Re}\left(\overline{F}/\overline{X}\right) \tag{4.33}$$

$$C_{\mathrm{eq}} = \frac{\mathrm{Im}\left(\overline{F}/\overline{X}\right)}{f_{\mathrm{d}}} \tag{4.34}$$

此外, 根据振动理论, 轴承结构的损失因子 γ_{s} 与等效黏性阻尼系数 C_{eq} 的关系表示为[12]

$$\gamma_{\mathrm{s}} = \frac{C_{\mathrm{eq}}f_{\mathrm{d}}}{k} \tag{4.35}$$

4.4.2　动态特性测试结果

动态特性试验中施加的动态载荷的频率范围为 40~200Hz(步长 20Hz), 固定频率下轴承的振幅分别为 8μm、12μm、16μm、20μm, 每组试验条件下的结果进行三次取平均值作为试验结果。试验得到的轴承结构的动态刚度系数和等效黏性阻尼系数随激振频率和激振振幅的变化规律如图 4.26 所示。从图 4.26(a)可以看出, 轴承结构的动态刚度系数随轴承激振频率的增加呈逐渐增大趋势, 这是因为频率增大导致轴承的柔性结构相互接触表面的黏性摩擦力增大, 使得轴承结构的动态刚度系数增加。轴承振幅越小, 轴承结构的动态刚度系数随频率增大的趋势越明显。相反, 轴承结构的动态刚度系数随轴承振幅的增大而逐渐减小。根据 Feng 等[5]的研究, 出现这种现象是因为轴承振幅增大时波箔的变形量也相应增大, 使得单个波箔的动态刚度系数降低, 参与变形的波箔数量减少从而引起轴承结构的动态刚度系数降低。还可以看出, 当激振频率小于 80Hz 时, 轴承结构的动态刚度系数随频率增加出现小幅的下降, 当激振频率大于 80Hz 时, 轴承结构的动态刚度系数随频率的增加出现明显的增大。

从图 4.26(b)可以看出, 轴承结构的等效黏性阻尼随激振频率和振幅的增大而逐渐减小。轴承结构的黏性阻尼反映了轴承在振动过程中能量的耗散特征, 振动频率增加时波箔变形的速度相对加快, 在弹性结构相互接触的表面上, 其摩擦力

的变化速度也加快，这使得相互接触表面的摩擦系数减小，轴承黏性阻尼降低。当轴承振幅增大时，波箔变形量增大，使得相互接触表面的移动速度增加，摩擦系数减小，轴承阻尼降低。

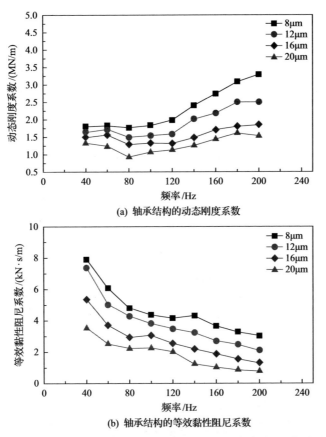

(a) 轴承结构的动态刚度系数

(b) 轴承结构的等效黏性阻尼系数

图 4.26 轴承结构的动态刚度系数和等效黏性阻尼系数随激振频率和激振振幅的变化规律

参 考 文 献

[1] Heshmat H, Walowit J A, Pinkus O. Analysis of gas-lubricated foil journal bearings. ASME Journal of Lubrication Technology, 1983, 105(4): 647-655.

[2] Iordanoff I. Analysis of an aerodynamic compliant foil thrust bearing: Method for a rapid design. Journal of Tribology, 1999, 121(4): 816-822.

[3] Ku C P R, Heshmat H. Compliant foil bearing structural stiffness analysis: Part I—Theoretical model including strip and variable bump foil geometry. Journal of Tribology, 1992, 114(2): 394-400.

[4] Lez S L, Arghir M, Frene J. A dynamic model for dissipative structures used in bump-type foil

bearings. Tribology Transactions, 2008, 52(1): 36-46.

[5] Feng K, Kaneko S. Analytical model of bump-type foil bearings using a link-spring structure and a finite-element shell model. Journal of Tribology, 2010, 132(2): 021706.

[6] Lez S L, Arghir M, Frene J. A new bump-type foil bearing structure analytical model. Journal of Engineering for Gas Turbines and Power, 2007, 129(4): 1047-1057.

[7] Feng K, Kaneko S. A numerical calculation model of multi wound foil bearing with the effect of foil local deformation. Journal of System Design and Dynamics, 2007, 1(3): 648-659.

[8] Brian A H. Control of Machines with Friction. Netherlands: Kluwer Academic Publishers, 1991.

[9] Ku C P R. Dynamic structural properties of compliant foil thrust bearings—comparison between experimental and theoretical results. Journal of Tribology, 1994, 116(1): 70-75.

[10] de Wit C C, Lischinsky P. Adaptive friction compensation with partially known dynamic friction model. International Journal of Adaptive Control and Signal Processing, 1997, 11(1): 65-80.

[11] San Andrés L, Ryu K, Kim T H. Identification of structural stiffness and energy dissipation parameters in a second generation foil bearing: Effect of shaft temperature. Journal of Engineering for Gas Turbines and Power, 2011, 133(3): 032501.

[12] Ginsberg J, Seemann W. Mechanical and structural vibration: Theory and applications. Applied Mechanics Reviews, 2001, 54(4): B60.

第5章　箔片气体动压轴承性能计算

箔片气体动压轴承是由气膜和弹性支承结构组成的双介质相互作用系统。在气体压力作用下弹性结构发生变形，而弹性结构的变形反过来会影响气体的流动和气体压力的形成，因此极难通过直接求解的方法获得箔片气体动压轴承的性能。为了从理论上揭示箔片气体动压轴承的工作原理，本章将分别介绍箔片气体动压径向轴承和箔片气体动压推力轴承的气弹耦合润滑理论模型的建立和求解方法，分析其静态特性，并且基于小扰动法假设，求解获得其动态特性。耦合稳态雷诺方程和能量方程，求解得到箔片气体动压轴承内部的温度分布和热流体动力学性能。

5.1　箔片气体动压径向轴承静态特性求解及分析

5.1.1　箔片气体动压径向轴承静态特性求解

等温条件下可压缩流体的无量纲雷诺方程为

$$\frac{\partial}{\partial\theta}\left(\bar{p}\bar{H}^3\frac{\partial\bar{p}}{\partial\theta}\right)+\frac{\partial}{\partial z}\left(\bar{p}\bar{H}^3\frac{\partial\bar{p}}{\partial z}\right)=\varLambda\frac{\partial\left(\bar{p}\bar{H}\right)}{\partial\theta} \tag{5.1}$$

式中，

$$\bar{p}=\frac{p}{p_{\mathrm{a}}},\quad\bar{H}=\frac{H}{C_{\mathrm{nom}}},\quad\bar{z}=\frac{z}{R},\quad\varLambda=\frac{6\mu_0\omega}{p_{\mathrm{a}}}\left(\frac{R}{C_{\mathrm{nom}}}\right)^2$$

气膜厚度可以表示为

$$\bar{H}=1+\varepsilon\cos(\theta-\theta_{\min})+\frac{\delta(\theta,z)}{C_{\mathrm{nom}}} \tag{5.2}$$

式中，$\delta(\theta,z)$ 为顶箔变形量。

气体润滑稳态雷诺方程的求解必须结合箔片气体动压径向轴承的结构和润滑气膜分布状况给定封闭的边界条件。在箔片气体动压径向轴承的轴向两端，润滑

气膜边界直接与大气相通，其压力与大气压力相同，如图 5.1 所示。在轴承轴向两端区域，雷诺方程的边界条件可表达为

$$\begin{cases} p = p_{\mathrm{a}} \\ z = \dfrac{\pm L}{2} \end{cases} \tag{5.3}$$

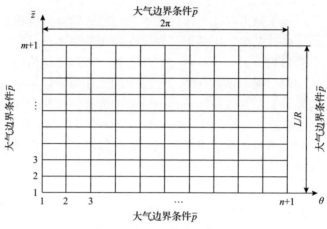

图 5.1　气膜网格划分及边界条件

箔片气体动压径向轴承顶箔的固定端是气膜的入口，在此区域，气膜压力等于大气压力，边界条件的表达形式为

$$\begin{cases} p = p_{\mathrm{a}} \\ \theta = 0, 2\pi \end{cases} \tag{5.4}$$

利用有限差分法的离散式，气膜网格任一节点 (i, j) 处各阶偏导数的中心差分格式可以表示为

$$\begin{cases} \dfrac{\partial \overline{p}}{\partial \theta} = \dfrac{\overline{p}_{i+1,j} - \overline{p}_{i-1,j}}{2\Delta\theta} \\[2mm] \dfrac{\partial \overline{p}}{\partial \overline{z}} = \dfrac{\overline{p}_{i,j+1} - \overline{p}_{i,j-1}}{2\Delta\overline{z}} \\[2mm] \dfrac{\partial \overline{H}}{\partial \theta} = \dfrac{\overline{H}_{i+1,j} - \overline{H}_{i-1,j}}{2\Delta\theta} \\[2mm] \dfrac{\partial \overline{H}}{\partial \overline{z}} = \dfrac{\overline{H}_{i,j+1} - \overline{H}_{i,j-1}}{2\Delta\overline{z}} \end{cases} \tag{5.5}$$

$$\begin{cases} \dfrac{\partial^2 \overline{p}}{\partial \theta^2} = \dfrac{\overline{p}_{i+1,j} - 2\overline{p}_{i,j} + \overline{p}_{i-1,j}}{(\Delta\theta)^2} \\[4mm] \dfrac{\partial^2 \overline{p}}{\partial \overline{z}^2} = \dfrac{\overline{p}_{i,j+1} - 2\overline{p}_{i,j} + \overline{p}_{i,j-1}}{(\Delta\overline{z})^2} \\[4mm] \dfrac{\partial^2 \overline{H}}{\partial \theta^2} = \dfrac{\overline{H}_{i+1,j} - 2\overline{H}_{i,j} + \overline{H}_{i-1,j}}{(\Delta\theta)^2} \\[4mm] \dfrac{\partial^2 \overline{H}}{\partial \overline{z}^2} = \dfrac{\overline{H}_{i,j+1} - 2\overline{H}_{i,j} + \overline{H}_{i,j-1}}{(\Delta\overline{z})^2} \end{cases} \tag{5.6}$$

对于气体润滑稳态雷诺方程，可将迭代压力函数构造为如下形式：

$$F(\overline{p}) = \frac{\partial}{\partial \theta}\left(\overline{p}\overline{H}^3 \frac{\partial \overline{p}}{\partial \theta}\right) + \frac{\partial}{\partial \overline{z}}\left(\overline{p}\overline{H}^3 \frac{\partial \overline{p}}{\partial \overline{z}}\right) - \Lambda \frac{\partial(\overline{p}\overline{H})}{\partial \theta} \tag{5.7}$$

根据 Newton-Raphson 迭代法可得

$$F(\overline{p}^n) + (\overline{p}^{n+1} - \overline{p}^n)F'(\overline{p}^n) = 0 \tag{5.8}$$

式中，n 为迭代次数，$n = 0,1,2,\cdots$。

将式 (5.5) 和式 (5.6) 的差分格式代入式 (5.8)，整理后可得

$$A_{i,j}(\overline{p}_{i-1,j}^{n+1} - \overline{p}_{i-1,j}^n) + B_{i,j}(\overline{p}_{i-1,j}^{n+1} - \overline{p}_{i-1,j}^n)\delta_{i+1,j} + C_{i,j}(\overline{p}_{i,j}^{n+1} - \overline{p}_{i,j}^n) + D_{i,j}(\overline{p}_{i,j-1}^{n+1} - \overline{p}_{i,j-1}^n)$$

$$+ E_{i,j}(\overline{p}_{i,j+1}^{n+1} - \overline{p}_{i,j+1}^n)\delta_{i,j+1} + F_{i,j} = 0 \tag{5.9}$$

式中，$A_{i,j}$、$B_{i,j}$、$C_{i,j}$、$D_{i,j}$、$E_{i,j}$、$F_{i,j}$ 为迭代方程的系数矩阵在节点 (i,j) 处的元素，其具体形式分别为

$$A_{i,j} = -\frac{\overline{H}_{i,j}^3\left(\overline{p}_{i+1,j} - \overline{p}_{i-1,j}\right)}{2(\Delta\theta)^2} - \frac{3\overline{H}_{i,j}^2\overline{p}_{i,j}\left(\overline{h}_{i+1,j} - \overline{h}_{i-1,j}\right)}{4(\Delta\theta)^2} + \frac{\Lambda\overline{H}_{i,j}}{2\Delta\theta} + \frac{\overline{H}_{i,j}^3\overline{p}_{i,j}}{(\Delta\theta)^2} \tag{5.10}$$

$$B_{i,j} = \frac{\overline{H}_{i,j}^3\left(\overline{p}_{i+1,j} - \overline{p}_{i-1,j}\right)}{2(\Delta\theta)^2} + \frac{3\overline{H}_{i,j}^2\overline{p}_{i,j}\left(\overline{H}_{i+1,j} - \overline{H}_{i-1,j}\right)}{4(\Delta\theta)^2} - \frac{\Lambda\overline{H}_{i,j}}{2\Delta\theta} + \frac{\overline{H}_{i,j}^3\overline{p}_{i,j}}{(\Delta\theta)^2} \tag{5.11}$$

$$C_{i,j} = 3\bar{H}_{i,j}^2 \frac{\left(\bar{p}_{i+1,j} - \bar{p}_{i-1,j}\right)\left(\bar{H}_{i+1,j} - \bar{H}_{i-1,j}\right)}{4(\Delta\theta)^2} + \bar{H}_{i,j}^3 \frac{\left(\bar{p}_{i+1,j} - 4\bar{p}_{i,j} + \bar{p}_{i-1,j}\right)}{(\Delta\theta)^2}$$

$$+ 3\bar{H}_{i,j}^2 \frac{\left(\bar{p}_{i,j+1} - \bar{p}_{i,j-1}\right)\left(\bar{H}_{i,j+1} - \bar{H}_{i,j-1}\right)}{4(\Delta\bar{z})^2} + \bar{H}_{i,j}^3 \frac{\left(\bar{p}_{i,j+1} - 4\bar{p}_{i,j} + \bar{p}_{i,j-1}\right)}{(\Delta\bar{z})^2}$$

$$- \varLambda \frac{\bar{H}_{i,j+1} - \bar{H}_{i,j-1}}{2\Delta\theta} \tag{5.12}$$

$$D_{i,j} = -\frac{\bar{H}_{i,j}^3\left(\bar{p}_{i,j+1} - \bar{p}_{i,j-1}\right)}{2(\Delta\bar{z})^2} - \frac{3\bar{H}_{i,j}^2\bar{p}_{i,j}\left(\bar{H}_{i,j+1} - \bar{H}_{i,j-1}\right)}{4(\Delta\bar{z})^2} + \frac{\bar{H}_{i,j}^3\bar{p}_{i,j}}{(\Delta\bar{z})^2} \tag{5.13}$$

$$E_{i,j} = \frac{\bar{H}_{i,j}^3\left(\bar{p}_{i,j+1} - \bar{p}_{i,j-1}\right)}{2(\Delta\bar{z})^2} + \frac{3\bar{H}_{i,j}^2\bar{p}_{i,j}\left(\bar{H}_{i,j+1} - \bar{H}_{i,j-1}\right)}{4(\Delta\bar{z})^2} + \frac{\bar{H}_{i,j}^3\bar{p}_{i,j}}{(\Delta\bar{z})^2} \tag{5.14}$$

$$F_{i,j} = -\frac{\bar{H}_{i,j}^3\left(\bar{p}_{i+1,j} - \bar{p}_{i-1,j}\right)}{4(\Delta\theta)^2} - \frac{\bar{H}_{i,j}^3\left(\bar{p}_{i,j+1} - \bar{p}_{i,j-1}\right)}{4(\Delta\bar{z})^2} - \frac{\bar{H}_{i,j}^3\bar{p}_{i,j}\left(\bar{p}_{i+1,j} - 2\bar{p}_{i,j} + \bar{p}_{i-1,j}\right)}{(\Delta\theta)^2}$$

$$- \frac{\bar{H}_{i,j}^3\bar{p}_{i,j}\left(\bar{p}_{i,j+1} - 2\bar{p}_{i,j} + \bar{p}_{i,j-1}\right)}{(\Delta\bar{z})^2} - \frac{3\bar{H}_{i,j}^2\bar{p}_{i,j}\left(\bar{p}_{i+1,j} - \bar{p}_{i-1,j}\right)\left(\bar{H}_{i+1,j} - \bar{H}_{i-1,j}\right)}{4(\Delta\theta)^2}$$

$$- \frac{3\bar{H}_{i,j}^2\bar{p}_{i,j}\left(\bar{p}_{i,j+1} - \bar{p}_{i,j-1}\right)\left(\bar{H}_{i,j+1} - \bar{H}_{i,j-1}\right)}{4(\Delta\bar{z})^2} - \varLambda\frac{\bar{H}_{i,j}\left(\bar{p}_{i+1,j} - \bar{p}_{i-1,j}\right)}{2\Delta\theta}$$

$$- \varLambda\frac{\bar{p}_{i,j}\left(\bar{H}_{i+1,j} - \bar{H}_{i-1,j}\right)}{2\Delta\theta} \tag{5.15}$$

结合式(5.3)、式(5.4)和式(5.9)求解气膜的压力分布，采用连杆-弹簧模型求解箔片的变形。箔片气体动压径向轴承静态特性数值求解流程如图5.2所示。在每一次的迭代计算中，都需要通过当前气膜压力分布对连杆-弹簧模型进行受力分析，判断摩擦力的方向，然后计算出波箔的等效垂直刚度系数矩阵，并将其添加到顶箔的刚度系数矩阵中，从而获得轴承结构的总刚度系数。最后，将求得的箔片变形应用于下一步气膜压力分布的迭代计算。当且仅当前后两次迭代求解的气膜压力分布和箔片变形的差值均小于其数值的1%时，迭代求解结束。

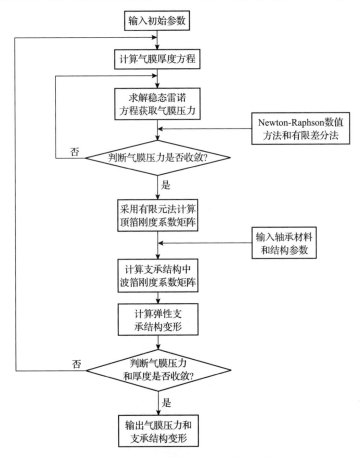

图 5.2　箔片气体动压径向轴承静态特性数值求解流程

5.1.2　箔片气体动压径向轴承静态特性分析

　　静载荷为 128.9N 和转速为 45kr/min 时，轴承内部的无量纲气膜压力分布和顶箔变形量如图 5.3 所示。可以看出，在圆周方向，气膜压力和顶箔变形都在最小气膜厚度附近达到最大值。在箔片气体动压径向轴承中，顶箔不仅会在波箔支承的位置发生变形，还会在两个相邻波箔之间的位置（即不存在波箔支承的位置）发生变形。因此，顶箔会呈现出波浪形状的变形，而且气膜压力分布也具有对应的起伏。类似的计算结果也出现在其他考虑了顶箔变形的计算模型中[1]。

　　从图 5.3 可以看出，沿轴向的最小顶箔变形出现在轴承的边缘位置。因为轴承的最大承载力受到最小气膜厚度的限制，即气膜厚度不能小于 0，所以通过减小顶箔边缘处波箔的刚度，即可增大顶箔边缘处的局部变形，从而允许轴承具有更大的偏心率，提高轴承的承载力。这就是第二代箔片气体动压径向轴承(在轴承轴向具有变化的箔片刚度)能够获得更大承载力的原因。

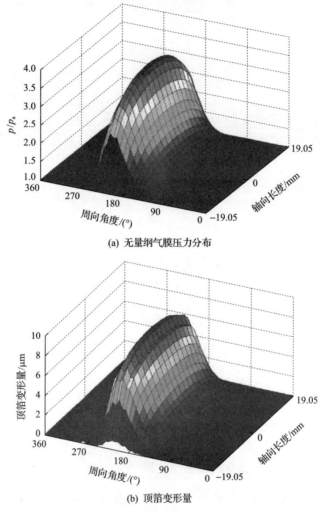

(a) 无量纲气膜压力分布

(b) 顶箔变形量

图 5.3　轴承内部无量纲气膜压力分布和顶箔变形量

箔片气体动压径向轴承中截面处气膜厚度的计算结果与试验结果对比如图 5.4 所示[2]。可以看出，模型预测的气膜厚度与试验数据非常吻合。轴承截面中间的最小气膜厚度和边缘处的最小气膜厚度分别为 H_{mid} 和 H_{edge}。转速为 45kr/min 时最小气膜厚度与轴承静载荷的关系如图 5.5 所示。可以看出，计算结果与试验数据表现出良好的一致性。

箔片气体动压径向轴承的间隙与刚性轴承的间隙不同，会受到气膜压力和箔片变形的影响。箔片气体动压径向轴承的间隙不仅对气膜厚度产生直接影响，而且会间接影响支承波箔的刚度。

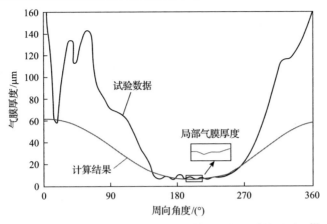

图 5.4 轴承中截面处气膜厚度的计算结果与试验结果对比[2]
（静载荷为 134.1N，转速为 30kr/min）

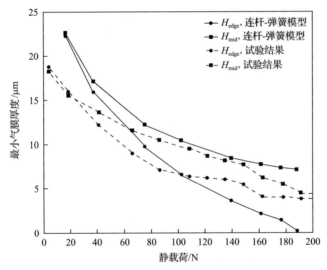

图 5.5 转速为 45kr/min 时最小气膜厚度与轴承静载荷的关系

箔片气体动压径向轴承的间隙如图 5.6 所示。因此，箔片气体动压径向轴承的气膜厚度为 $H = C_{nom} - C_{mea} + e\cos(\theta - \theta_{min}) + \delta$。根据箔片的实际变形 $\Delta H^i = \delta^i - C_{mea}$ 计算波箔的等效垂直刚度系数 k_v^i，该等效垂直刚度系数考虑了箔片之间的摩擦力对波箔刚度系数的影响。

当转子转速为 30kr/min 时，不同轴承名义间隙下最小气膜厚度与轴承静载荷的关系如图 5.7 所示。可以看出，当轴承受到的静载荷较小时，减小轴承名义间隙会减小 H_{mid} 和 H_{edge}；当轴承受到的静载荷较大时，H_{mid} 和 H_{edge} 几乎不会随箔片气体动压径向轴承的轴承名义间隙的变化而变化。

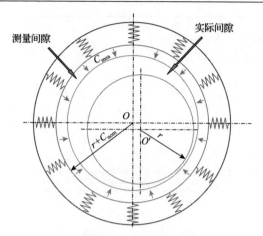

图 5.6　箔片气体动压径向轴承的间隙

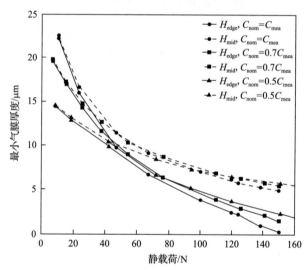

图 5.7　不同轴承名义间隙下最小气膜厚度与轴承静载荷的关系
（转速为 30kr/min，$\mu = 0.1$，$\eta = 0.1$）

当转子转速为 30kr/min 时，在不同摩擦系数下的最小气膜厚度与轴承静载荷的关系如图 5.8 所示。可以看出，当轴承受到的静载荷一定时，增大摩擦系数 μ 会增大 H_{edge}，而且当轴承受到的静载荷较大时，H_{edge} 的增量更大。增大摩擦系数会增大箔片刚度，在转子偏心率确定的情况下能获得更高的轴承载荷。当摩擦系数较大时，轴承获得所需承载所对应的转子偏心率较小，边缘处的最小气膜厚度 H_{edge} 会增大。H_{edge} 不会随摩擦系数的变化而变化，这是因为轴承承载主要由位于中截面位置相对较大的气压提供，所以当施加的轴承载荷确定时，中截面的最小气膜厚度也同时确定了。

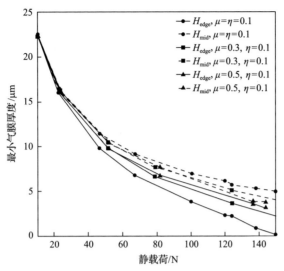

图 5.8　不同摩擦系数下最小气膜厚度与轴承静载荷的关系(转速为 30kr/min, $C_{nom}=C_{mea}$)

　　文献[2]中通过静态推拉试验得到的轴承测量间隙为 C_{mea}, 设轴承名义间隙为 $C_{nom}=0.65C_{mea}$, 波箔和轴承套之间的摩擦系数为 $\mu=0.3$, 波箔和顶箔之间的摩擦系数为 $\eta=0.1$, 当转子转速为 30kr/min 和 45kr/min 时, 最小气膜厚度预测值与试验值的比较如图 5.9 所示。可以看出, 在轴承静载荷从 0 增加到 200N 的过程中, 试验值与预测值之间具有良好的相关性。对比数据可以看出, 通过静态推拉试验得到的轴承测量间隙要大于名义间隙。

　　虽然较小的气膜厚度能实现较大的轴承承载力, 但实际的最小气膜厚度不能减小至 0, 轴承的最大承载力由其可达到的最小气膜厚度决定。根据文献[2], 可

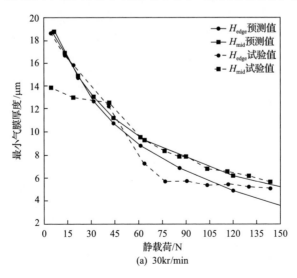

(a) 30kr/min

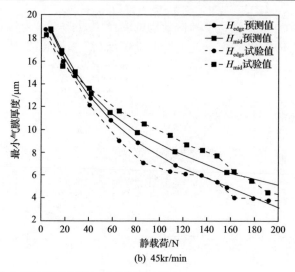

图 5.9　最小气膜厚度预测值与试验值的比较（$C_{nom} = 0.65C_{mea}$，$\mu = 0.3$，$\eta = 0.1$）[2]

以采用最小气膜厚度为 3.81μm 来计算箔片气体动压径向轴承的承载力。

　　轴承承载力与轴承名义间隙的关系如图 5.10 所示。可以看出，箔片气体动压径向轴承具有最优轴承名义间隙，以产生大的承载力，并且承载力在达到最大值后随着轴承名义间隙的减小而迅速减小。此外，最优轴承名义间隙随转速的变化而变化，当转速分别为 30kr/min、45kr/min 和 55kr/min 时，最优轴承名义间隙分别为 $0.4C_{mea}$、$0.5C_{mea}$ 和 $0.6C_{mea}$。增大波箔变形会降低其等效垂直刚度，因此轴承名义间隙的减小会引起波箔变形的增加，进而导致波箔的刚度降低。最终作用

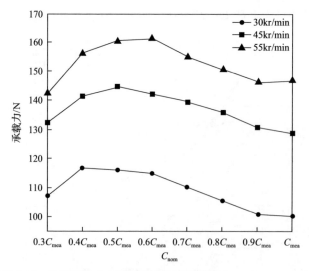

图 5.10　轴承承载力与轴承名义间隙的关系（$\mu = 0.1$，$\eta = 0.1$）

在弹性结构上的轴承载荷等于弹性结构的支反力,该支反力等于变形和刚度的乘积,因此存在可提供最大承载力的最优轴承名义间隙。文献[3]中基于第三代箔片轴承的试验研究也表明了最优轴承名义间隙的存在,并且指出了类似的承载力的变化特征。

轴承承载力与摩擦系数 μ 的关系如图 5.11 所示。可以看出,轴承的承载力随着摩擦系数 μ 的增大而增大,这是因为增大摩擦力增大了波箔的刚度。在低摩擦系数的情况下,轴承承载力随摩擦系数增大而增大的趋势更为明显,这是因为在低摩擦系数的情况下,摩擦力的增大会限制波箔和轴承套之间的相对运动,进而使波箔的刚度增大。然而,当摩擦系数变得足够大时,波箔的滑移全部被摩擦力限制,波箔的刚度不再随摩擦系数的增大而增加,因此在较高的摩擦系数下,轴承承载力随摩擦力增大而增大的梯度变小。尽管可以通过提高摩擦系数来获得更大的轴承承载力,但过大的摩擦系数会增加箔片气体动压径向轴承的启动难度和能耗。

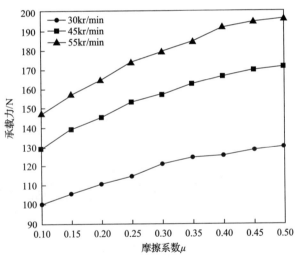

图 5.11　轴承承载力与摩擦系数 μ 的关系

5.2　箔片气体动压径向轴承动态特性求解及分析

5.2.1　箔片气体动压径向轴承动态特性求解

当转子转速和载荷恒定时,假设轴颈在轴承中平衡位置点受到具有特定位移和速度的小扰动,轴心会在平衡位置附近小幅振动。由于扰动足够小,轴承动态刚度系数和动态阻尼系数在小扰动范围内可以被认为是线性的。通过耦合求解瞬态雷诺方程和波箔的动态运动方程，得到在此平衡位置处的轴承动态系数[4]。当轴颈在平衡位置附近振动时，箔片气体动压径向轴承中气膜的动态雷诺方程的无量纲形式为

$$\frac{\partial}{\partial \theta}\left(\overline{p}\overline{H}^3\frac{\partial \overline{p}}{\partial \theta}\right)+\frac{\partial}{\partial \overline{z}}\left(\overline{p}\overline{H}^3\frac{\partial \overline{p}}{\partial \overline{z}}\right)=\varLambda\frac{\partial\left(\overline{p}\overline{H}\right)}{\partial \theta}+2\varLambda\gamma\frac{\partial\left(\overline{p}\overline{H}\right)}{\partial \overline{t}} \tag{5.16}$$

式中，无量纲参数为

$$\overline{p}=\frac{p}{p_{\mathrm{a}}}, \quad \overline{H}=\frac{H}{C_{\mathrm{nom}}}, \quad \theta=\frac{x}{R_{\mathrm{b}}}, \quad \overline{z}=\frac{z}{R_{\mathrm{b}}}, \quad \varLambda=\frac{6\mu_0\omega}{p_{\mathrm{a}}}\left(\frac{R_{\mathrm{b}}}{C_{\mathrm{nom}}}\right)^2, \quad \overline{t}=f_{\mathrm{d}}t, \quad \gamma=\frac{f_{\mathrm{d}}}{\omega}$$

式中，f_{d} 为外部激励频率；γ 为外部激励频率和轴颈转速的频率之比；ω 为转子角速度。

　　与稳态雷诺方程相同，在轴承两端区域，动态雷诺方程边界条件的表达形式为

$$\begin{cases} p=p_{\mathrm{a}} \\ z=\dfrac{\pm L}{2} \end{cases} \tag{5.17}$$

　　在轴承顶箔的固定端位置附近，气膜出口和入口处边界条件的表达形式为

$$\begin{cases} p=p_{\mathrm{a}} \\ \theta=0,\ 2\pi \end{cases} \tag{5.18}$$

　　在动态的气膜压力作用下，箔片气体动压径向轴承波箔的动态刚度系数和动态阻尼系数共同影响顶箔的运动位移和速度。波箔的运动方程可表示为

$$p-k_{\mathrm{bump}}\delta=0 \tag{5.19}$$

式中，k_{bump} 为波箔的动态刚度系数；p 为作用于顶箔的气膜压力；δ 为波箔的变形。

　　波箔的运动方程的无量纲形式可表示为

$$\overline{p}=\overline{k}_{\mathrm{e}}\overline{\delta} \tag{5.20}$$

式中，$\overline{k}_{\mathrm{e}}$ 为无量纲参数。

$$\overline{k}_{\mathrm{e}}=\frac{k_{\mathrm{bump}}C_{\mathrm{nom}}}{p_{\mathrm{a}}}$$

当轴承在平衡位置稳定运转时,轴承气膜压力在载荷方向与外载荷大小相同,在载荷法向方向为零。当轴颈受到小扰动时,平衡位置处的气膜压力可展开为泰勒级数形式,即

$$\begin{bmatrix} F_x \\ F_y \end{bmatrix} = \begin{bmatrix} F_x \\ F_y \end{bmatrix} + \frac{\partial}{\partial x}\begin{bmatrix} F_x \\ F_y \end{bmatrix}\Delta x + \frac{\partial}{\partial y}\begin{bmatrix} F_x \\ F_y \end{bmatrix}\Delta y + \frac{\partial}{\partial \dot{x}}\begin{bmatrix} F_x \\ F_y \end{bmatrix}\Delta \dot{x}$$

$$+ \frac{\partial}{\partial \dot{y}}\begin{bmatrix} F_x \\ F_y \end{bmatrix}\Delta \dot{y} + O\left(\Delta x^2, \Delta y^2, \Delta \dot{x}^2, \Delta \dot{y}^2\right) \tag{5.21}$$

式中,O 为高阶小量,当扰动项 Δx、Δy、$\Delta \dot{x}$、$\Delta \dot{y}$ 趋于零时,该高阶小量可以忽略,则式(5.21)被简化为线性方程。

因此,在稳态平衡位置处,轴承的动态刚度系数和动态阻尼系数可由轴承力的偏微分形式得到,即

$$\begin{cases} \begin{bmatrix} k_{xx} & k_{xy} \\ k_{yx} & k_{yy} \end{bmatrix} = \begin{bmatrix} \dfrac{\partial F_x}{\partial x} & \dfrac{\partial F_x}{\partial y} \\[2mm] \dfrac{\partial F_y}{\partial x} & \dfrac{\partial F_y}{\partial y} \end{bmatrix} \\[10mm] \begin{bmatrix} C_{xx} & C_{xy} \\ C_{yx} & C_{yy} \end{bmatrix} = \begin{bmatrix} \dfrac{\partial F_x}{\partial \dot{x}} & \dfrac{\partial F_x}{\partial \dot{y}} \\[2mm] \dfrac{\partial F_y}{\partial \dot{x}} & \dfrac{\partial F_y}{\partial \dot{y}} \end{bmatrix} \end{cases} \tag{5.22}$$

式中,$\begin{bmatrix} k_{xx} & k_{xy} \\ k_{yx} & k_{yy} \end{bmatrix}$ 为动态刚度系数矩阵;$\begin{bmatrix} C_{xx} & C_{xy} \\ C_{yx} & C_{yy} \end{bmatrix}$ 为动态阻尼系数矩阵。

当轴颈位于稳态平衡位置时,轴颈在两个方向的扰动位移和速度轴心轨迹为圆形,则将小扰动 Δx、Δy、$\Delta \dot{x}$、$\Delta \dot{y}$ 无量纲化并用复数形式表示为

$$\begin{cases} \overline{\Delta x} = \dfrac{\Delta x}{C_{\text{nom}}} = |\Delta X|\mathrm{e}^{\mathrm{i}\bar{t}} \\[4mm] \overline{\Delta \dot{x}} = \dfrac{\partial \overline{\Delta x}}{\partial \bar{t}} = \mathrm{i}\Delta X \\[4mm] \overline{\Delta \ddot{x}} = \dfrac{\partial \overline{\Delta \dot{x}}}{\partial \bar{t}} = -\Delta X \end{cases} \tag{5.23}$$

$$
\begin{cases}
\overline{\Delta y} = \dfrac{\Delta y}{C_{\text{nom}}} = |\Delta Y| e^{i\overline{t}} \\[2mm]
\overline{\Delta \dot{y}} = \dfrac{\partial \overline{\Delta y}}{\partial \overline{t}} = i\Delta Y \\[2mm]
\overline{\Delta \ddot{y}} = \dfrac{\partial \overline{\Delta \dot{y}}}{\partial \overline{t}} = -\Delta Y
\end{cases}
\tag{5.24}
$$

根据式(5.23)和式(5.24)将无量纲的气膜压力、气膜厚度和结构变形展开为与扰动位移和速度相关的泰勒级数，即

$$
\begin{cases}
\overline{p} = \overline{p}_0 + \overline{p}_x \overline{\Delta x} + \overline{p}_{\dot{x}} \overline{\Delta \dot{x}} + \overline{p}_y \overline{\Delta y} + \overline{p}_{\dot{y}} \overline{\Delta \dot{y}} \\[1mm]
\overline{H} = \overline{H}_0 + \overline{H}_x \overline{\Delta x} + \overline{H}_{\dot{x}} \overline{\Delta \dot{x}} + \overline{H}_y \overline{\Delta y} + \overline{H}_{\dot{y}} \overline{\Delta \dot{y}} \\[1mm]
\overline{\delta} = \overline{\delta}_0 + \overline{\delta}_x \overline{\Delta x} + \overline{\delta}_{\dot{x}} \overline{\Delta \dot{x}} + \overline{\delta}_y \overline{\Delta y} + \overline{\delta}_{\dot{y}} \overline{\Delta \dot{y}}
\end{cases}
\tag{5.25}
$$

无量纲气膜厚度和波箔变形的关系为

$$
\begin{cases}
\overline{H}_x = \overline{\delta}_x + \cos\theta, \quad \overline{H}_{\dot{x}} = \overline{\delta}_{\dot{x}} \\[1mm]
\overline{H}_y = \overline{\delta}_y + \sin\theta, \quad \overline{H}_{\dot{y}} = \overline{\delta}_{\dot{y}}
\end{cases}
\tag{5.26}
$$

根据式(5.25)中气膜压力的泰勒级数展开形式，结合动态刚度系数和动态阻尼系数表达式，可得箔片气体动压径向轴承的动态刚度系数矩阵和动态阻尼系数矩阵的无量纲形式，即

$$
\begin{bmatrix} \overline{k}_{xx} & \overline{k}_{xy} \\ \overline{k}_{yx} & \overline{k}_{yy} \end{bmatrix} = \frac{C\omega}{p_a R_b^2} \begin{bmatrix} k_{xx} & k_{xy} \\ k_{yx} & k_{yy} \end{bmatrix} = \int_0^{L/R_b} \int_0^{2\pi} \begin{bmatrix} \overline{p}_x \cos\theta & \overline{p}_y \cos\theta \\ \overline{p}_x \sin\theta & \overline{p}_y \sin\theta \end{bmatrix} d\theta d\overline{z}
\tag{5.27}
$$

$$
\begin{bmatrix} \overline{C}_{xx} & \overline{C}_{xy} \\ \overline{C}_{yx} & \overline{C}_{yy} \end{bmatrix} = \frac{C\omega}{p_a R_b^2} \begin{bmatrix} C_{xx} & C_{xy} \\ C_{yx} & C_{yy} \end{bmatrix} = \int_0^{L/R} \int_0^{2\pi} \begin{bmatrix} \overline{p}_{\dot{x}} \cos\theta & \overline{p}_{\dot{y}} \cos\theta \\ \overline{p}_{\dot{x}} \sin\theta & \overline{p}_{\dot{y}} \sin\theta \end{bmatrix} d\theta d\overline{z}
\tag{5.28}
$$

在已知 $\overline{p}_x$、$\overline{p}_{\dot{x}}$、$\overline{p}_y$ 和 $\overline{p}_{\dot{y}}$ 的情况下，根据式(5.27)和式(5.28)即可计算得到轴承的动态刚度系数和动态阻尼系数。将式(5.23)～式(5.25)代入瞬态雷诺方程(5.16)和波箔运动方程(5.20)，整理可得

$$
\begin{cases}
\dfrac{\partial}{\partial \theta}\left(\overline{p}_0 \overline{H}_0^3 \dfrac{\partial \overline{p}_0}{\partial \theta} \right) + \dfrac{\partial}{\partial z}\left(\overline{p}_0 \overline{H}_0^3 \dfrac{\partial \overline{p}_0}{\partial z} \right) = \Lambda \dfrac{\partial \left(\overline{p}_0 \overline{H}_0 \right)}{\partial \theta} \\[3mm]
\overline{p}_0 - \overline{k}_e \left[\overline{H}_0 - (1 + \overline{x}\cos\theta + \overline{y}\sin\theta) \right] = 0
\end{cases}
\tag{5.29}
$$

$$\begin{cases} \dfrac{\partial}{\partial\theta}\left(\bar{p}_0\bar{H}_0^3\dfrac{\partial\overline{p_x}}{\partial\theta}+\bar{p}_x\bar{H}_0^3\dfrac{\partial\overline{p_0}}{\partial\theta}+3\bar{p}_0\bar{H}_0^2\bar{H}_x\dfrac{\partial\overline{p_0}}{\partial\theta}\right) \\[3mm] \qquad +\dfrac{\partial}{\partial\overline{z}}\left(\bar{p}_0\bar{H}_0^3\dfrac{\partial\overline{p_x}}{\partial\overline{z}}+\bar{p}_x\bar{H}_0^3\dfrac{\partial\overline{p_0}}{\partial\overline{z}}+3\bar{p}_0\bar{H}_0^2\bar{H}_x\dfrac{\partial\overline{p_0}}{\partial\overline{z}}\right) \\[3mm] \qquad =\Lambda\dfrac{\partial}{\partial\theta}\left(\bar{p}_x\bar{H}_0+\bar{p}_0\bar{H}_x\right)-2\Lambda\gamma\left(\bar{p}_x\bar{H}_0+\bar{p}_0\bar{H}_x\right) \\[3mm] \bar{p}_x-\bar{k}_e\bar{H}_x+\gamma C_e\bar{H}_{\dot{x}}=-\bar{k}_e\cos\theta \end{cases} \tag{5.30}$$

$$\begin{cases} \dfrac{\partial}{\partial\theta}\left(\bar{p}_0\bar{H}_0^3\dfrac{\partial\overline{p_{\dot{x}}}}{\partial\theta}+\bar{p}_{\dot{x}}\bar{H}_0^3\dfrac{\partial\overline{p_0}}{\partial\theta}+3\bar{p}_0\bar{H}_0^2\bar{H}_{\dot{x}}\dfrac{\partial\overline{p_0}}{\partial\theta}\right) \\[3mm] \qquad +\dfrac{\partial}{\partial\overline{z}}\left(\bar{p}_0\bar{H}_0^3\dfrac{\partial\overline{p_{\dot{x}}}}{\partial\overline{z}}+\bar{p}_{\dot{x}}\bar{H}_0^3\dfrac{\partial\overline{p_0}}{\partial\overline{z}}+3\bar{p}_0\bar{H}_0^2\bar{H}_{\dot{x}}\dfrac{\partial\overline{p_0}}{\partial\overline{z}}\right) \\[3mm] \qquad =\Lambda\dfrac{\partial}{\partial\theta}\left(\bar{p}_x\bar{H}_0+\bar{p}_0\bar{H}_{\dot{x}}\right)+2\Lambda\gamma\left(\bar{p}_x\bar{H}_0+\bar{p}_0\bar{H}_x\right) \\[3mm] \bar{p}_{\dot{x}}-\bar{k}_e\bar{H}_{\dot{x}}-\gamma C_e\bar{H}_x=-\gamma C_e\cos\theta \end{cases} \tag{5.31}$$

$$\begin{cases} \dfrac{\partial}{\partial\theta}\left(\bar{p}_0\bar{H}_0^3\dfrac{\partial\overline{p_y}}{\partial\theta}+\bar{p}_y\bar{H}_0^3\dfrac{\partial\overline{p_0}}{\partial\theta}+3\bar{p}_0\bar{H}_0^2\bar{H}_y\dfrac{\partial\overline{p_0}}{\partial\theta}\right) \\[3mm] \qquad +\dfrac{\partial}{\partial\overline{z}}\left(\bar{p}_0\bar{H}_0^3\dfrac{\partial\overline{p_y}}{\partial\overline{z}}+\bar{p}_y\bar{H}_0^3\dfrac{\partial\overline{p_0}}{\partial\overline{z}}+3\bar{p}_0\bar{H}_0^2\bar{H}_y\dfrac{\partial\overline{p_0}}{\partial\overline{z}}\right) \\[3mm] \qquad =\Lambda\dfrac{\partial}{\partial\theta}\left(\bar{p}_y\bar{H}_0+\bar{p}_0\bar{H}_y\right)-2\Lambda\gamma\left(\bar{p}_y\bar{H}_0+\bar{p}_0\bar{H}_{\dot{y}}\right) \\[3mm] \bar{p}_y-\bar{k}_e\bar{H}_y+\gamma C_e\bar{H}_{\dot{y}}=-\bar{k}_e\sin\theta \end{cases} \tag{5.32}$$

$$\begin{cases} \dfrac{\partial}{\partial\theta}\left(\bar{p}_0\bar{H}_0^3\dfrac{\partial\overline{p_{\dot{y}}}}{\partial\theta}+\bar{p}_{\dot{y}}\bar{H}_0^3\dfrac{\partial\overline{p_0}}{\partial\theta}+3\bar{p}_0\bar{H}_0^2\bar{H}_{\dot{y}}\dfrac{\partial\overline{p_0}}{\partial\theta}\right) \\[3mm] \qquad +\dfrac{\partial}{\partial\overline{z}}\left(\bar{p}_0\bar{H}_0^3\dfrac{\partial\overline{p_{\dot{y}}}}{\partial\overline{z}}+\bar{p}_{\dot{y}}\bar{H}_0^3\dfrac{\partial\overline{p_0}}{\partial\overline{z}}+3\bar{p}_0\bar{H}_0^2\bar{H}_{\dot{y}}\dfrac{\partial\overline{p_0}}{\partial\overline{z}}\right) \\[3mm] \qquad =\Lambda\dfrac{\partial}{\partial\theta}\left(\bar{p}_{\dot{y}}\bar{H}_0+\bar{p}_0\bar{H}_{\dot{y}}\right)+2\Lambda\gamma\left(\bar{p}_{\dot{y}}\bar{H}_0+\bar{p}_0\bar{H}_y\right) \\[3mm] \bar{p}_y-\bar{k}_e\bar{H}_{\dot{y}}-\gamma C_e\bar{H}_y=-\gamma C_e\sin\theta \end{cases} \tag{5.33}$$

在以上五组方程中，式(5.29)为雷诺方程的稳态解。式(5.29)～式(5.33)采用 5.1.1 节中的有限差分法离散并使用 Newton-Raphson 法迭代求解，箔片气体动压径向轴承动态系数求解流程如图 5.12 所示。

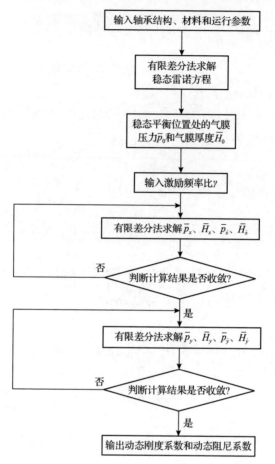

图 5.12　箔片气体动压径向轴承动态系数求解流程

采用有限差分法和 Newton-Raphson 法求解雷诺方程，耦合波箔变形方程进行迭代，并根据收敛判断条件得到稳态平衡位置处的气膜压力和气膜厚度。输入激励频率比 γ 并采用有限差分法求解 $\bar{p}_x$、$\bar{H}_x$、$\bar{p}_{\dot{x}}$、$\bar{H}_{\dot{x}}$，判断计算结果是否满足收敛条件，如果收敛则进入下一步计算，如果不收敛则继续迭代。采用有限差分法和 Newton-Raphson 法求解 $\bar{p}_y$、$\bar{H}_y$、$\bar{p}_{\dot{y}}$、$\bar{H}_{\dot{y}}$，判断计算结果是否满足收敛条件，如果收敛则进入下一步计算，如果不收敛则继续迭代。根据动态刚度系数和动态阻尼系数表达式对以上计算结果进行处理，输出动态刚度系数和动态阻尼系数。

5.2.2　箔片气体动压径向轴承动态特性分析

本节对箔片气体动压径向轴承的动态特性进行分析讨论，其中，箔片气体动压径向轴承参数和材料参数如表 5.1 所示。

表 5.1　箔片气体动压径向轴承参数和材料参数

轴承参数	参数取值
箔片节距/mm	4.572
波箔宽度/mm	1.778
箔片高度/mm	0.508
顶箔和凸箔厚度/μm	101.6
箔片弹性模量/GPa	214
泊松比	0.29
轴承半径/mm	19.05
轴承长度/mm	38.1
轴承名义间隙/μm	31.8
波箔数	26

当静载荷为 50N、转速为 45kr/min 时，箔片气体动压径向轴承在静态平衡位置的气膜压力和气膜厚度如图 5.13 所示。沿周向方向的气膜压力逐渐上升并且在

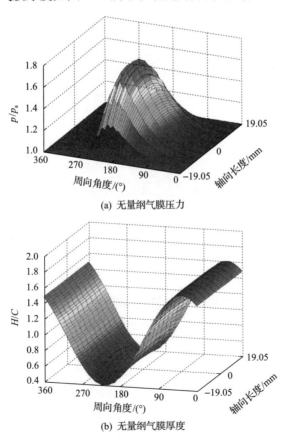

(a) 无量纲气膜压力

(b) 无量纲气膜厚度

图 5.13　箔片气体动压径向轴承在静态平衡位置的气膜压力和气膜厚度

接近最小气膜厚度的位置处达到最大值,中截面的气膜压力大于边缘的气膜压力。顶箔在两个连续的波箔之间向下凹陷,为气膜的高压区域创造了更多空间,同时导致气膜厚度的局部隆起和局部凹陷,预测的气膜厚度呈现出波浪状分布。当前的静态平衡位置预测结果用作轴承动态系数计算的初始值。

当激励频率等于轴颈的旋转频率即 $\gamma = 1$ 时,得到箔片气体动压径向轴承的同步动态系数。在不同转速下的箔片气体动压径向轴承预测的同步动态刚度系数和动态阻尼系数如图 5.14 所示。其中,轴承上的静载荷恒定为 50N,接触面的摩擦系数为 0.1。从图 5.14(a) 可以看出,轴承的动态直接刚度系数 k_{xx}、k_{yy} 与转速无关,这是因为施加在轴承上的载荷在所有转速下均相同。动态交叉刚度系数 k_{xy}、k_{yx} 随着轴颈转速的增大而趋于零。因为动态交叉刚度是导致轴承失稳的主要原因,所以 k_{xy}、k_{yx} 的减小表明箔片气体动压径向轴承在高转速下的运行更稳定。同

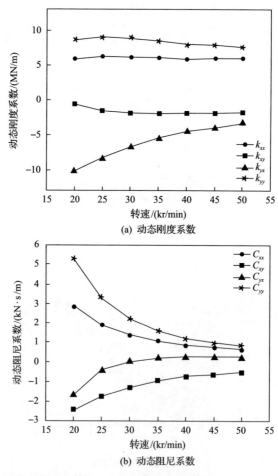

(a) 动态刚度系数

(b) 动态阻尼系数

图 5.14　同步动态刚度系数和动态阻尼系数(静载荷为 50N,$\eta = \mu = 0.1$)

时，由于 Y 方向是轴承载荷的方向，动态直接刚度系数 $k_{yy} > K_{xx}$。从图 5.14(b) 可以看出，动态直接阻尼系数和动态交叉阻尼系数随轴颈转速的增大而明显下降。

　　轴承的动态刚度系数和动态阻尼系数与激励频率比的关系如图 5.15 所示。其中，动态直接刚度系数 k_{xx} 和 k_{yy} 随激励频率比的增大而增大。这是由空气膜的变化(挤压效应)导致的，高激励频率有助于高气压的产生。在 $\gamma < 1$ 的区域，动态直接阻尼系数 C_{xx} 和 C_{yy} 随激励频率比的增大而增大，然而，在高激励频率比时动态直接阻尼系数迅速下降。动态交叉刚度系数随激励频率比的变化趋势与动态交叉阻尼系数相似，它们均随激励频率比的增大逐渐趋向于定值。

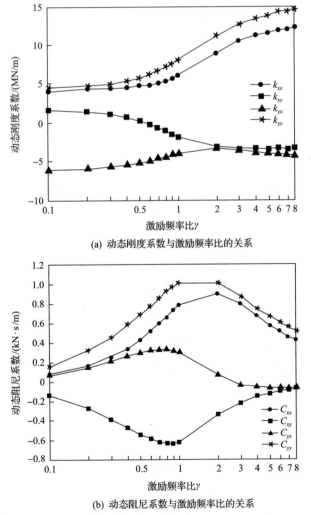

(a) 动态刚度系数与激励频率比的关系

(b) 动态阻尼系数与激励频率比的关系

图 5.15　轴承的动态刚度系数和动态阻尼系数与激励频率比的关系
(转速为 45kr/min，静载荷为 50N，$\eta = \mu = 0.1$)

图 5.14 和图 5.15 中预测的轴承动态系数是由沿圆周方向的 104 个节点和沿轴向的 10 个节点组成的网格计算获得的。不同网格密度对应的计算结果如表 5.2 所示，其中，误差表示使用四种不同的网格密度计算出的动态系数之间的最大相对误差。使用不同的网格密度预测的动态系数显示出良好的一致性，这表明计算模型与网格密度无关，并且模型所使用的网格数量是足够的。

表 5.2　不同网格密度对应的计算结果（转速为 45kr/min，$\eta = \mu = 0.1$，静载荷为 50N）

周向节点数	104	104	156	156	误差/%
轴向节点数	4	10	4	10	
k_{xx}	5559.453	6093.526	5594.261	6143.243	4.81
k_{xy}	−1672.14	−1839.7	−1837.43	−2035.98	8.55
k_{yx}	−3363.13	−3941.99	−3338.84	−3926.89	7.71
k_{yy}	7122.596	7966.687	7190.103	8056.512	5.87
C_{xx}	0.677201	0.787031	0.681232	0.791612	7.24
C_{xy}	−0.52145	−0.62673	−0.53237	−0.63988	9.17
C_{yx}	0.27524	0.298984	0.263803	0.286028	6.01
C_{yy}	0.840888	1.015502	0.855851	1.035739	9.53

因为波箔的刚度不仅取决于波箔的几何形状，还取决于波箔的箔片变形[5]，所以要准确计算波箔刚度，就应该从自由状态(无预紧状态)下计算出波箔变形。由于存在以下两个因素，这里需要先讨论箔片气体动压径向轴承的轴承测量间隙：其一，需要确定的轴承测量间隙用于动态系数的计算；其二，需要使用轴承测量间隙确定波箔是否为自由状态并准确计算波箔刚度。通常，箔片气体动压径向轴承测量间隙由静态推拉试验测量确定[3]。如图 5.16 所示，箔片气体动压径向轴承的轴承名义间隙小于轴承测量间隙(C_{mea})。箔片气体动压径向轴承的轴承测量间隙不仅可以直接改变气膜厚度，还可以间接改变波箔刚度。在后续计算中，假设施加在轴承上的静载荷为 50N，转子转速为 30kr/min，摩擦系数 μ 从 0.1 变为 0.5，且轴承测量间隙由 C_{mea} 减小至 $0.3C_{mea}$。

图 5.17 给出了摩擦系数对轴承同步动态特性的影响。当摩擦系数 $\mu < 0.3$ 时，所有动态系数(包括刚度和阻尼)都随着摩擦系数的增大而减小。当摩擦系数 $\mu > 0.3$ 时，所有动态系数(包括刚度和阻尼)几乎保持不变。这是因为在低摩擦系数下，摩擦力的增大导致波箔固定，与可以自由滑移的波箔相比，固定的波箔刚度显著增加。预测的动态直接刚度系数 k_{xx}、k_{yy} 大于动态交叉刚度系数 k_{xy}、k_{yx}，并且沿载荷方向的动态直接刚度系数 $k_{yy} > k_{xx}$。

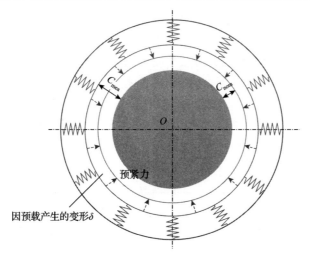

图 5.16　轴承测量间隙和轴承名义间隙

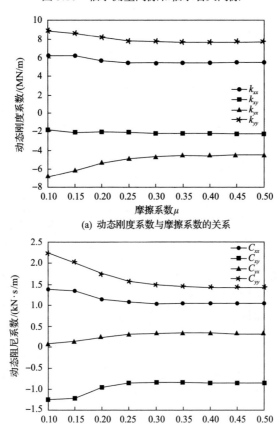

(a) 动态刚度系数与摩擦系数的关系

(b) 动态阻尼系数与摩擦系数的关系

图 5.17　同步动态特性与摩擦系数的关系(静载荷为 50N，转子转速为 30kr/min)

　　图 5.18 给出了轴承名义间隙对轴承动态系数的影响。在轴承名义间隙较大时,预测的动态刚度系数都保持稳定。当轴承名义间隙小于 $0.6C_{\mathrm{mea}}$ 时,随着轴承名义间隙的减小,预测的动态刚度系数会急剧增大。如图 5.18(b) 所示,两个动态直接阻尼系数 C_{xx}、C_{yy} 具有和动态直接刚度系数相似的变化趋势。随着轴承名义间隙变小,动态交叉阻尼系数 C_{xy}、C_{yx} 变为负值,且其绝对值增大。动态交叉刚度系数 k_{xy}、k_{yx} 和动态交叉阻尼系数 C_{xy}、C_{yx} 都是箔片气体动压径向轴承失稳的原因,因此当轴承名义间隙小于 $0.6C_{\mathrm{mea}}$ 时,箔片气体动压径向轴承可能会不稳定。对箔片气体动压径向轴承而言,最佳的装配预紧力不是能够带来最大承载力的预紧力,

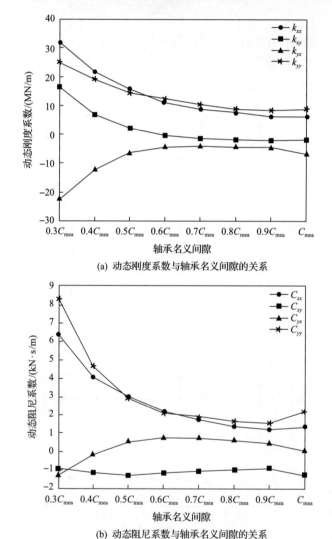

(a) 动态刚度系数与轴承名义间隙的关系

(b) 动态阻尼系数与轴承名义间隙的关系

图 5.18　同步动态特性与轴承名义间隙的关系(静载荷为 50N,转子转速为 30kr/min)

而是能够提供相对较大的承载力并保持轴承稳定的预紧力。因此，最终给出的箔片气体动压径向轴承的最佳装配预紧力对应的间隙为 $0.6C_{\mathrm{mea}}$。

5.3　箔片气体动压径向轴承的热弹流润滑特性研究

本节将建立箔片气体动压径向轴承的热弹流耦合润滑理论模型，通过耦合求解轴承润滑气膜的稳态非等温雷诺方程和能量方程，考虑弹性支承结构复杂的温度边界条件，计算轴承在不同转速和冷却气体流量下的温度分布，分析不同承载力和间隙对轴承温度的影响，为轴承温度设计提供指导方向。

5.3.1　润滑气膜的稳态非等温雷诺方程和能量方程

在之前计算分析箔片气体动压径向轴承的静态特性时，忽略了温度变化对轴承性能的影响，采用等温理想气体的雷诺方程来求解气膜压力和气膜厚度等轴承参数。在建立箔片气体动压径向轴承的热弹流润滑理论模型时，需要考虑润滑气膜由于黏性剪切能量耗散和外部环境传热而导致的气膜温度升高及气体黏度变化，因此采用非等温雷诺方程来计算润滑气膜压力和气膜厚度分布。箔片气体动压径向轴承结构示意图如图 5.19 所示。光滑的顶箔作为轴承的表面，由波箔支承，使轴承具有适当的柔性和摩擦阻尼。

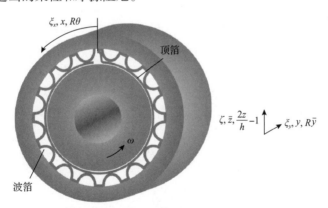

图 5.19　箔片气体动压径向轴承结构示意图

为了加快求解雷诺方程和能量方程的计算效率，本节采用 Lobatto 点积分算法来求解润滑气膜的压力和温度分布，其运算速度要快于常用的等距网格算法[6]，并且使用勒让德多项式简化方程中的积分和微分过程。下面将采用 Lobatto 点积分算法和勒让德多项式重新推导雷诺方程和能量方程[7]。

在 Lobatto 点处使用勒让德多项式表示，气膜的流动性 ξ_{f}、温度 T 和密度 ρ 的表达式为

$$\begin{cases} \xi_{\mathrm{f}} = \dfrac{1}{\mu_0} = \displaystyle\sum_{j=1}^{n}(\underline{\xi_{\mathrm{f}}})_j P_j(\zeta) \\[2mm] T = \displaystyle\sum_{j=1}^{n}\underline{T}_j P_j(\zeta) \\[2mm] \rho = \displaystyle\sum_{j=1}^{n}\underline{\rho}_j P_j(\zeta) \end{cases} \tag{5.34}$$

式中，$(\underline{\xi_{\mathrm{f}}})_j$、$\underline{T}_j$ 和 $\underline{\rho}_j$ 为变量系数。

四次勒让德多项式用于对 Lobatto 点上的压力变量进行插值，即

$$\begin{cases} P_0(\zeta) = 1 \\ P_1(\zeta) = \zeta \\ P_2(\zeta) = \dfrac{1}{2}(3\zeta^2 - 1) \\ P_3(\zeta) = \dfrac{1}{2}(5\zeta^3 - 3\zeta) \\ P_4(\zeta) = \dfrac{1}{8}(35\zeta^4 - 30\zeta^2 + 3) \end{cases} \tag{5.35}$$

通过对气膜厚度的动量方程进行二次积分，得到了沿周向和轴向的气流速度，即

$$\begin{cases} u = \dfrac{\omega R_{\mathrm{b}} - \dfrac{2}{3}B_u(\underline{\xi_{\mathrm{f}}})_1}{2(\underline{\xi_{\mathrm{f}}})_0}\displaystyle\int_{-1}^{\zeta}\xi_{\mathrm{f}}\mathrm{d}\zeta + \dfrac{\partial p}{\partial \xi_x}\dfrac{H^2}{4}\displaystyle\int_{-1}^{\zeta}\zeta\xi_{\mathrm{f}}\mathrm{d}\zeta \\[4mm] v = -\dfrac{B_v(\underline{\xi_{\mathrm{f}}})_1}{3(\underline{\xi_{\mathrm{f}}})_0}\displaystyle\int_{-1}^{\zeta}\xi_{\mathrm{f}}\mathrm{d}\zeta + \dfrac{\partial p}{\partial \xi_y}\dfrac{H^2}{4}\displaystyle\int_{-1}^{\zeta}\zeta\xi_{\mathrm{f}}\mathrm{d}\zeta \end{cases} \tag{5.36}$$

将可压缩流体沿气膜厚度的连续性方程在计算域内积分，得到沿气膜厚度方向的流量为

$$\rho\omega = \dfrac{1}{2}\dfrac{\partial H}{\partial \xi_x}\rho u(\zeta+1) - \dfrac{1}{2}\dfrac{\partial}{\partial \xi_x}H\int_{-1}^{\zeta}\rho u\mathrm{d}\zeta + \dfrac{1}{2}\dfrac{\partial H}{\partial \xi_y}\rho v(\zeta+1) - \dfrac{1}{2}\dfrac{\partial}{\partial \xi_y}H\int_{-1}^{\zeta}\rho v\mathrm{d}\zeta \tag{5.37}$$

式中，ξ_x、ξ_y 和 ζ 为计算坐标系 X、Y 和 Z 方向的计算域。

假设气体的密度在气膜厚度方向是恒定的,沿气膜厚度方向积分连续性方程,可表示为

$$\frac{\partial}{\partial x}\left(\rho\int_0^H u\mathrm{d}z\right)+\frac{\partial}{\partial y}\left(\rho\int_0^H v\mathrm{d}z\right)-u_U\frac{\partial\rho H}{\partial x}=0 \tag{5.38}$$

将气体在周向和轴向的流动速度式(5.36)代入方程(5.38),得到如下雷诺方程:

$$\frac{\partial}{\partial\xi_x}\left\{\frac{\rho H^3}{12}\left\{(\xi_\mathrm{f})_0+\frac{2}{5}(\xi_\mathrm{f})_2-\frac{\left[(\xi_\mathrm{f})_1\right]^2}{3(\xi_\mathrm{f})_0}\right\}\frac{\partial p}{\partial\xi_x}\right\}$$

$$+\frac{\partial}{\partial\xi_y}\left\{\frac{\rho H^3}{12}\left\{(\xi_\mathrm{f})_0+\frac{2}{5}(\xi_\mathrm{f})_2-\frac{\left[(\xi_\mathrm{f})_1\right]^2}{3(\xi_\mathrm{f})_0}\right\}\frac{\partial p}{\partial\xi_y}\right\}=\frac{u}{2}\frac{\partial(\rho H)}{\partial\xi_x}-\frac{u}{6}\frac{\partial}{\partial\xi_x}\left[\rho H\frac{(\xi_\mathrm{f})_1}{(\xi_\mathrm{f})_0}\right]$$

$$\tag{5.39}$$

在高温高速涡轮机械中,通常采用空心转子来降低轴承-转子系统的重量并通过在空心转子内通入冷却气体的方法来降低轴系的温度。由于高速旋转时空心转子的径向离心伸长量会随着轴壁厚度的减小而迅速变大,在轴系设计时必须考虑空心转子的离心效应,同时,必须考虑空心转子的热膨胀量对气膜厚度的影响,因此轴承无量纲的气膜厚度表达式可写为

$$\overline{H}=1+\varepsilon\cos(\theta-\theta_0)+\overline{\delta}-\overline{\delta}_\mathrm{gc}-\overline{\delta}_\mathrm{tem} \tag{5.40}$$

空心转子的离心伸长量和内外表面的直径、角速度和材料参数相关,可表示为[8]

$$\delta_\mathrm{gc}=\frac{\rho_\mathrm{r}R_\mathrm{out}\omega^2}{4E}\left[R_\mathrm{out}^2(1-\nu)+R_\mathrm{in}^2(3+\nu)\right] \tag{5.41}$$

从式(5.41)可以看出,离心伸长量与角速度的平方成正比,所以在高转速区域,离心效应对气膜厚度的影响更加明显。空心转子的热膨胀量与平均温升、热膨胀系数和轴径相关,可表示为

$$\delta_\mathrm{T}=\Delta T\alpha_\mathrm{r}R_\mathrm{out} \tag{5.42}$$

式(5.40)~式(5.42)中,E 为转子弹性模量,GPa;R_in 为空心转子的内圆半径,m;R_out 为空心转子的外圆半径,m;ΔT 为转子的温升,K;α_r 为转子的热膨胀系数,

・86・ 先进箔片气体动压轴承技术及其工程应用

K^{-1}；δ 为支承结构变形，m；ν 为转子材料的泊松比；ρ_{r} 为空心转子的材料密度，kg/m^3；ω 为转子角速度，rad/s。

在箔片气体动压径向轴承正常工作中，润滑气膜黏性剪切产生能量耗散，其中一部分热量使气膜的温度升高，另一部分则通过热传导和热对流方式扩散出去，直到润滑气膜产生的热量和轴承传出的热量达到动态平衡。根据箔片气体动压径向轴承的结构尺寸和润滑气膜厚度分布的特点，对三维能量方程进行简化，得到适用于箔片气体动压径向轴承气膜的稳态可压缩流体润滑能量方程为

$$u\frac{\partial T}{\partial x}+v\frac{\partial T}{\partial y}+w\frac{\partial T}{\partial z}=\frac{\lambda_{\mathrm{a}}}{\rho c_{\mathrm{p}}}\frac{\partial^2 T}{\partial z^2}+\frac{\beta T}{\rho c_{\mathrm{p}}}\left(u\frac{\partial p}{\partial x}+v\frac{\partial p}{\partial y}\right)+\frac{\mu_0}{\rho c_{\mathrm{p}}}\left[\left(\frac{\partial u}{\partial z}\right)^2+\left(\frac{\partial v}{\partial z}\right)^2\right] \quad (5.43)$$

式中，c_{p} 为气体的定压比热容，J/(kg·K)；λ_{a} 为气体的导热系数，W/(m·K)。

润滑气膜的黏度系数和局部温度分布的关系为

$$\mu_0(T)=\beta(T-T_{\mathrm{ref}}) \quad (5.44)$$

式中，β 为常系数；T_{ref} 为参考温度。

当轴承温度 T 以℃为单位时，$\beta=4\times10^{-8}$，$T_{\mathrm{ref}}=-458.75\mathrm{K}$。将气流速度式(5.36)代入能量方程(5.43)，再进行坐标转换得到最终的能量方程为

$$u\frac{\partial T}{\partial \xi_x}+v\frac{\partial T}{\partial \xi_y}+\frac{2}{\rho H}\frac{\partial T}{\partial \zeta}\left[(\rho\omega)_L-\frac{1}{2}\frac{\partial}{\partial \xi_x}\left(H\int_{-1}^{\zeta}\rho u\mathrm{d}\zeta\right)-\frac{1}{2}\frac{\partial}{\partial \xi_y}\left(H\int_{-1}^{\zeta}\rho v\mathrm{d}\zeta\right)\right]$$

$$=\frac{\lambda_{\mathrm{a}}}{\rho c_{\mathrm{p}}}\frac{4}{H^2}\frac{\partial^2 T}{\partial \zeta^2}+\frac{\beta T}{\rho c_{\mathrm{p}}}\left(u\frac{\partial p_{\mathrm{a}}}{\partial \xi_x}+v\frac{\partial p_{\mathrm{a}}}{\partial \xi_y}\right)+\frac{\mu_0}{\rho c_{\mathrm{p}}}\frac{4}{H^2}\left[\left(\frac{\partial u}{\partial \zeta}\right)^2+\left(\frac{\partial v}{\partial \zeta}\right)^2\right] \quad (5.45)$$

5.3.2 润滑气膜的边界条件

1. 结构表面的温度边界条件

如图 5.20 所示，气膜域产生的热量沿径向通过转子和顶箔传递到冷却空气或周围空气中。因此，为了计算气膜内部的温度分布，需要确定轴外表面和顶箔的边界条件。由于波箔的结构和冷却空气的作用，顶箔处的热传递路径变得较为复杂。除了从顶箔和波箔与冷却空气的热对流，还有一些热量从波箔传递到轴承并最终传递到周围的空气。因此，箔片处的传热包括三个路径，从顶箔背面传递到冷却空气(区域 C→区域 D)，通过波箔从气膜层传递到轴承套，最后通过周围的空气(区域 C→区域 D→区域 E→区域 F)，从波箔传递到冷却空气(区域 D)。

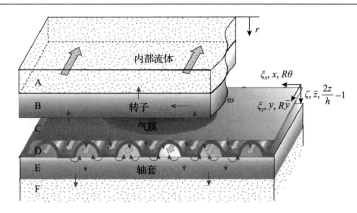

图 5.20　冷却气体流过空心转子和箔片结构层时的轴承热流动示意图

　→ 热流；　⇨ 冷却流

热流动的平衡方程可表示为

$$Q_{\text{C}\to\text{foil}} = Q_{\text{C}\to\text{D}} + Q_{\text{E}\to\text{F}} + Q_{\text{D}} \tag{5.46}$$

式中，$Q_{\text{C}\to\text{foil}}$ 为从顶箔处传递到波箔的全部热量。

如 5.3.1 节所述，假设顶箔和波箔沿径向没有温度梯度存在，即顶箔和波箔径向的温度是相同的。为了简化计算过程，波箔用厚度为 t_{f} 的圆柱形箔片表示，冷却空气通过顶箔和波箔之间的箔片结构。箔片处的传热路径示意图如图 5.21 所示，包含三种传热途径的导热系数，箭头表示热传递路径。

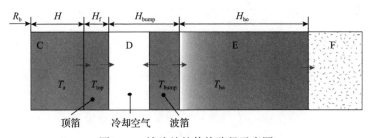

图 5.21　箔片处的传热路径示意图

式(5.46)中每个区域的温度表达式为

$$-\frac{\lambda_{\text{a}}}{H}\frac{\partial T_{\text{a}}}{\partial \varsigma}\bigg|_{\varsigma=-1} = h_{\text{top}}\left(T_{\text{top}} - T_0\right) + h_{\text{ho}}\left(T_{\text{ho}}\big|_{r=R_{\text{b}}+H+H_{\text{f}}+H_{\text{bump}}+H_{\text{ho}}} - T_0\right)$$
$$+ h_{\text{bump}}\left(T_{\text{bump}}\big|_{R_{\text{b}}+H+H_{\text{f}}} - T_0\right) \tag{5.47}$$

式中，h_{bump} 为波箔表面的对流换热系数；h_{ho} 为轴承套外表面的对流换热系数；h_{top} 为轴承壳顶箔背面的对流换热系数；H 为气膜厚度；H_{bump} 为波箔厚度；H_{f}

为箔片厚度；H_{ho} 为轴承套厚度；R_b 为轴承半径；T_0 为假设冷却气流沿轴向的恒温；T_a 为气膜的温度分布；T_{bump} 为波箔的温度分布；T_{ho} 为轴承套的温度分布；T_{top} 为顶箔的温度分布。

采用与文献[9]相同的推导方法，通过耦合顶箔背表面、波箔表面和轴承套外表面的热对流，得到了等效的箔边换热系数。因此，箔边的边界条件为

$$\left(T_a - T_0 + \chi \frac{\partial T_a}{\partial \varsigma} \right)\bigg|_{\varsigma=-1} = 0 \tag{5.48}$$

式中，

$$\chi = \frac{2\lambda_a}{\dfrac{\lambda_f H(1+B)}{R_b + H + H_f} + \dfrac{\lambda_{ho} H A}{R_b + H + H_f + H_{bump} + H_{ho}}} \left[\ln \frac{R_b + H}{R_b + H + H_f} - \frac{\lambda_f}{(R_b + H + H_f) h_{top}} \right]$$

$$A = \frac{\ln \dfrac{R_b + H}{R_b + H + H_f} - \dfrac{\lambda_f}{h_{top}} \dfrac{1}{R_b + H + H_f}}{\ln \dfrac{R_b + H + H_f + H_{bump}}{R_b + H + H_f + H_{bump} + H_{ho}} - \dfrac{\lambda_{ho}}{h_{ho}} \dfrac{1}{R_b + H + H_f + H_{bump} + H_{ho}}}$$

$$B = \frac{\ln \dfrac{R_b + H}{R_b + H + H_f} - \dfrac{\lambda_f}{h_t} \dfrac{1}{R_b + H + H_f}}{\ln \dfrac{R_b + H + H_f + H_{bump}}{R_b + H + H_f} - \dfrac{\lambda_{bump}}{h_{bump}} \dfrac{1}{R_b + H + H_f}}$$

式中，λ_a 为气体的导热系数；λ_f 为波箔的导热系数；λ_{ho} 为轴承套的导热系数。

当冷却空气流进入波箔层，促使顶箔表面与波箔表面之间发生热传导，顶箔表面和波箔表面可以简化成一个等温平板与层流的传导模型[10]。此外，在没有冷却空气流动的情况下，箔片的热传导可利用管的自由对流热传导模型来计算。下面给出平板与层流之间强迫对流的经验关系式。

当箔片气体动压径向轴承支承结构的外部冷却通道中冷却气体流量不为零时，冷却气体流过顶箔背部表面并通过强制对流换热带走其表面的热量。通过将顶箔对流换热机制简化为平板层流强制对流换热模型，则外部冷却通道的强制对流换热系数可表示为

$$h_{co} = \frac{Nu_s \lambda_a}{W} \tag{5.49}$$

式中，

$$Nu_\mathrm{s} = 0.3387 Re_\mathrm{s}^{1/2} Pr^{1/3} \left[1 + \left(\frac{0.0468}{Pr} \right)^{2/3} \right]^{-1/4} , \quad Re_\mathrm{s} = \frac{LU}{\mu_0} , \quad Pr = \frac{c_\mathrm{p}\mu_0}{\lambda_\mathrm{t}}$$

箔片气体动压径向轴承中轴承套外表面和箔片结构表面在无冷却气体情况下的自然对流换热系数可表示为

$$h_\mathrm{cf} = \frac{Nu_\mathrm{d}\lambda_\mathrm{h}}{2R_\mathrm{h}} \tag{5.50}$$

式中,

$$Nu_\mathrm{d} = 0.53(Gr_\mathrm{d}Pr)^{1/4} , \quad Pr = \frac{c_\mathrm{p}\mu_0}{\lambda_\mathrm{h}} , \quad Gr_\mathrm{d} = g\beta(T_\mathrm{h} - T_0)\frac{D^3}{\mu_0^2}$$

空心转子两端伸出轴承边缘部分扩散到环境气体中的热量可以由旋转圆柱对流换热模型计算,其对流换热系数可表示为

$$h_\mathrm{e} = 0.133 Re^{2/3} Pr^{1/3} \frac{\lambda_\mathrm{a}}{2R_\mathrm{out}} \tag{5.51}$$

式中, $Re = \dfrac{\omega D^2}{v_\mathrm{a}}$; $Pr = 0.713$ 。

空心转子的内部冷却通道表面在无冷却气体时通过轴的转动来搅动环境气体,使热量扩散到环境中,在有冷却气体时,内表面的热量扩散作用更加明显。在无冷却气体和有冷却气体情况下,旋转空心转子内表面的对流换热系数计算公式可表示为

$$h_\mathrm{ci} = \frac{\lambda_\mathrm{r}Nu_\mathrm{d}}{2R_\mathrm{in}} \tag{5.52}$$

空心转子的局部努塞特数 Nu_d 为[11]

$$Nu_\mathrm{d} = 0.01963 Re_\mathrm{a}^{0.9285} + 8.5101 \times 10^{-6} Re_\mathrm{r}^{1.4513} \tag{5.53}$$

式中, Re_a 和 Re_r 为轴向雷诺数和旋转雷诺数, $Re_\mathrm{a} = \dfrac{2\pi U R_\mathrm{in}}{\mu_0}$, $Re_\mathrm{r} = \dfrac{2\omega R_\mathrm{in}^2}{\mu_0}$, 且 $0 < Re_\mathrm{a} < 3 \times 10^4$, $1.6 \times 10^3 < Re_\mathrm{r} < 2.77 \times 10^5$ 。

另外,由于高速转子既经过气膜的高温区,又经过气膜的低温区,假设轴表面沿圆周方向温度恒定,并以轴面热流作为迭代计算的最终判据。假设附在轴上的气膜单元与轴外表面温度相同,作为能量方程求解的初始条件,即

$$T_a\big|_{\zeta=-1} = T_s\big|_{r=R} = T_{ss} \tag{5.54}$$

因此，通过对各表面气膜沿圆周方向的温度分布进行积分，可以计算出轴外表面的热流密度（从 C 区域传递到 B 区域的热量）。

$$Q_{\mathrm{C}\to\mathrm{B}} = \int_0^L \int_0^{2\pi R} \lambda_a \frac{1}{2H} \frac{\partial T_a}{\partial \zeta}\bigg|_{\zeta=-1} \, \mathrm{d}\xi_x \mathrm{d}\xi_y \tag{5.55}$$

2. 入口温度

如图 5.22 所示，箔片气体动压径向轴承内的流体流动不同于刚性轴承内的流体流动。由于流体动压力大于环境压力，部分空气从轴承两侧泄漏，而剩余的气体在环境压力作用下以循环流动的形式通过该区域，进入顶箔自由端。在箔片自由端，环境气体补充由于流体流动而损失的气体。因此，根据循环流动的流体与环境中补充的气体之间的能量平衡关系，气体入口处的温度边界条件可表示为

$$T_{\mathrm{in}} = \frac{T_{\mathrm{rec}} q_{\mathrm{rec}} + T_{\mathrm{suc}} q_{\mathrm{suc}}}{q_{\mathrm{rec}} + q_{\mathrm{suc}}} \tag{5.56}$$

式中，q_{rec} 为循环流量；q_{suc} 为环境气体在顶箔前缘端的吸力流量，其大小等于两侧空气的泄漏量；T_{rec} 为循环流体的温度，等于上一次迭代的温度 $T_a\big|_{y=2\pi}$；T_{suc} 为吸入气体的温度，等于外界环境中的温度（T_0）。

图 5.22　波箔轴承气体流动示意图

$$\begin{cases} q_{\text{rec}} = \dfrac{\omega R_{\text{b}}}{2}\int_0^{L/2} H \mathrm{d}\xi_y - \dfrac{1}{12}\int_0^{L/2} \dfrac{H^3}{\mu_0}\dfrac{\partial p}{\partial \xi_x}\bigg|_{\zeta_x = \xi_x^{\text{cr}}} \mathrm{d}\xi_y \\[3mm] q_{\text{suc}} = q_{\text{lea}} = \dfrac{1}{12}\int_0^{\xi_x^{\text{cr}}} \dfrac{1}{\mu_0} H^3 \dfrac{\partial p}{\partial \xi_y}\bigg|_{\xi_y = 0} \mathrm{d}\xi_x \end{cases} \tag{5.57}$$

式中，q_{lea} 为端泄气体流量；ξ_x^{cr} 为在顶箔片上沿气膜厚度方向脱离的起始位置。

3. 转子和轴承套热传导模型

由于沿轴向传导的热量远小于沿径向传导的热量，特别是当冷却气体被迫进入轴承时，为了简化计算，忽略沿轴向的对流换热。此外，由于转子沿圆周方向无温度梯度，稳态轴承的热传导方程简化为沿径向的一维温度计算，即

$$\frac{\partial^2 T_{\text{s}}}{\partial r^2} + \frac{1}{r}\frac{\partial T_{\text{s}}}{\partial r} = 0 \tag{5.58}$$

转子的热边界条件如下。

在气膜界面处，有

$$T_{\text{ss}}\big|_{r=R} = T_{\text{ss}} \tag{5.59}$$

在转子的内表面，有

$$-\lambda_{\text{s}}\frac{\partial T_{\text{s}}}{\partial r}\bigg|_{r=R_{\text{in}}} = h_{\text{s}}\left(T_{\text{s}}\big|_{r=R_{\text{in}}} - T_0\right) \tag{5.60}$$

式中，h_{s} 为转子内表面的对流换热系数。

因此，通过对转子沿圆周方向的温度积分计算转子内表面的热流(从 B 区域传递到 A 区域的热量)，即

$$Q_{\text{B}\to\text{A}} = \int_0^L \int_0^{2\pi} \lambda_{\text{s}}\frac{\partial T_{\text{s}}}{\partial r}\bigg|_{r=R_{\text{in}}} \mathrm{d}\theta\mathrm{d}y = 2\pi\lambda_{\text{s}}\frac{\partial T_{\text{s}}}{\partial r}\bigg|_{r=R_{\text{in}}} L \tag{5.61}$$

假设轴承套没有热量沿轴向传导，则轴承套内的热传导方程为

$$\frac{\partial^2 T_{\text{h}}}{\partial r^2} + \frac{1}{r^2}\frac{\partial^2 T_{\text{h}}}{\partial \theta^2} + \frac{1}{r}\frac{\partial T_{\text{h}}}{\partial r} = 0 \tag{5.62}$$

在轴承套的外表面，有

$$-\lambda_h \frac{\partial T_h}{\partial r}\bigg|_{r=R_b+H+H_f+H_{bump}+H_{ho}} = h_h \left(T_s \big|_{r=R_b+H+H_f+H_{bump}+H_{ho}} - T_0 \right) \quad (5.63)$$

在波箔的内表面与波箔接触的位置被认为与波箔具有相同的温度。

5.3.3 模型验证

1. 非冷却条件下的温度分布和模型验证

为了验证箔片气体动压径向轴承的热弹流耦合润滑理论数值模型，这里计算一个第三代箔片气体动压径向轴承的热弹流温度特性，然后对比文献[12]的温度测量结果说明模型的正确性。文献[12]中给定的轴承半径为 25mm，轴承长度为41mm，但是没有给出详细的箔片几何参数，包括波形高度、波形数量、箔片厚度和轴承名义间隙。为了简化，本节采用与第一代箔片气体动压径向轴承相同的参数，如表 5.3 所示。假设波形高度为 0.58mm，轴承名义间隙为 20μm[13]。轴承的环境变量如表 5.4 所示。

表 5.3 第一代箔片气体动压径向轴承参数

轴承参数	参数取值
绝对黏度/(N·s/mm²)	$1.837 \times 10^{11} \dfrac{T_0 + 120}{T + 120} \left(\dfrac{T}{T_0} \right)^{3/2}$
空气比热容/[N·mm/(kg·K)]	$(0.0996T + 1009.3) \times 10^3$
空气导热系数/[W/(m·K)]	$7 \times 10^{-5} T + 0.0042$
空气密度	$\dfrac{p}{TR_{con}}$
箔片弹性模量/GPa	$-0.0667(T - 273.15) + 220.52$
转子密度/(kg/m³)	8000
转子弹性模量/GPa	200
转子半径/mm	25
轴承长度/mm	41
名义间隙/μm	20
波形数量	39
箔片厚度/mm	127
波形节距/mm	4.064
半波长/mm	1.778
波形高度/mm	0.58

表 5.4　轴承环境变量

结构	热膨胀系数和导热系数	数值
波箔 （Inconel X-750 镍基高温合金）	α_f /K^{-1}	12.1×10^{-6}
	$\lambda_f /[\text{W}/(\text{m} \cdot \text{K})]$	16.9
	$\lambda_{bump} /[\text{W}/(\text{m} \cdot \text{K})]$	16.9
转子 （AISI 4140 钢）	α_s /K^{-1}	12.3×10^{-6}
	$\lambda_s /[\text{W}/(\text{m} \cdot \text{K})]$	42.7
轴承套 （不锈钢）	α_h /K^{-1}	15.9×10^{-6}
	$\lambda_h /[\text{W}/(\text{m} \cdot \text{K})]$	16.2

图 5.23 为不同转速下最高温度计算值与测量值的比较[14]。可以看出，最高温度出现在轴承载荷处且接近顶箔。计算值与测量值吻合较好，验证了模型的正确性。温度与载荷的关系不大，但随着转速的增加明显升高，说明转速对轴承温度的影响比轴承载荷的影响大。

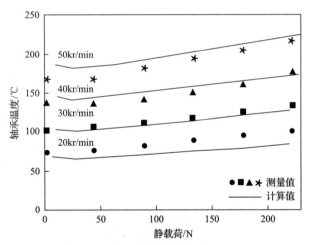

图 5.23　不同转速下最高温度计算值与测量值的比较[14]

2. 冷却条件下的温度分布和模型验证

将计算结果与 Salehi 等[15]的试验数据进行对比，以验证冷却空气的热模型。Salehi 等[15]测量了不同轴承载荷、转速和冷却气体流量下的箔片气体动压径向轴承的热特性和气膜温度分布。本节使用文献[9]中描述的箔片气体动压径向轴承参数，如表 5.5 所示。假设轴承套的外半径为 63mm，转子的内半径为 13mm。顶箔的前端即吸气口固定在左上角的机壳上，假设顶箔前端与轴承载荷的夹角为 45°。

表 5.5　箔片气体动压径向轴承参数[9]

轴承参数	参数取值
转子半径/mm	50
轴承长度/mm	75
名义间隙/μm	100
波形数量	76
箔片厚度/μm	76.2
波形节距/mm	4.064
半波长/mm	1.717
波形高度/mm	0.63
环境温度℃	20

图 5.24 和图 5.25 为气膜横截面和中截面的计算温度分布图,计算条件为转速 30kr/min,载荷 398N,冷却气体流量 $1.3m^3/min$,最小气膜厚度为 18.2μm。结果表明,气体温度在进入气膜后迅速升高,并在施加载荷位置附近达到最大值。环境气体在箔片自由端进入气膜以补充轴承两侧泄漏的气体流量,并与高温气流混合。气膜沿圆周方向被黏性剪切加热,直到最小气膜厚度处,随后气压降低,气体膨胀,温度略有降低。在箔片气体动压径向轴承中,顶箔与波箔没有固定,所以一旦出现负压,顶箔会脱离波箔而发生翘起,这导致箔片气体动压径向轴承在气膜区域内不会出现负压区域。

轴表面的温度沿圆周方向保持恒定,如图 5.26 所示。因为转子交替通过气膜的高温和低温区域,所以其表面温度稳定在恒定值。然而,顶箔处的气体温度变

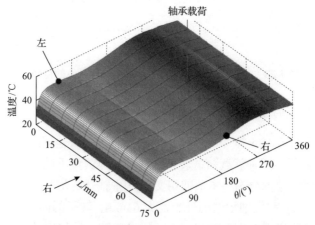

图 5.24　气膜横截面($y=H/2$)的计算温度分布

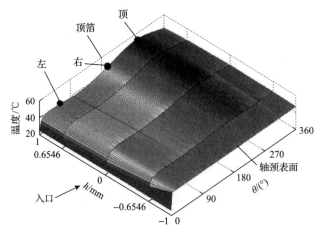

图 5.25　气膜中截面($y=L/2$)的计算温度分布(气膜厚度方向仅有 5 个节点)

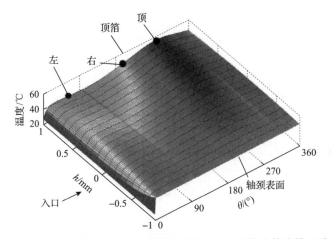

图 5.26　气膜中截面($y=L/2$)的计算温度分布(20 个节点传统模型计算)

化明显，在温度达到最大值之前，在圆周方向约 90°出现了温度降低，而温度下降幅度最大的地方接近顶箔。其原因是冷却气流经箔片结构，将热量从顶箔表面带走，降低了顶箔的温度。同时，在约 340°处有一个小的温度变化，这是因为在负压区顶箔与波箔发生了分离。

　　为了计算轴承的三维温度分布，对能量方程进行了沿气膜厚度方向和沿圆周方向的离散化。如图 5.24 所示，Lobatto 点积分算法仅用 5 个不均匀间隔的网格点对整个薄膜进行插值，以提供各个参数在整个气膜上的积分。由于稀疏网格模型仅在空气膜厚度方向使用 5 个网格，与网格较多的算法相比，计算时间更短。将该方法与采用 20 个节点的算法进行比较，结果如图 5.25 所示。两种模型计算得到的温度分布吻合较好。计算结果表明，该方法可以在较少节点的情况下实现高精度的轴承温度计算。

为了验证模型的正确性，表 5.6 对比分析了不同轴承载荷、转速和冷却气体流量下计算得到的轴承温度分布与实测轴承温度。选取圆周方向三个位置的温升进行对比，测点位置相对于箔片自由端的角度分别为 45°、225°和 315°[15]。顶部和右侧位置的计算温度与实测结果非常一致，偏差小于 9.29%。左侧位置的计算值与实测值有显著差异，这可能是因为放置在左侧位置的热电偶阻碍了冷却气体的流动，导致局部温度升高。

表 5.6　不同轴承载荷、转速和冷却气体流量下计算得到的轴承温度分布与实测轴承温度[15]

转速 /(kr/min)	载荷 /N	冷却气体流量		试验数据 ΔT/℃			预测数据 ΔT/℃				峰值偏差/%
		m³/min	kg/s	ΔT_l	ΔT_{top}	ΔT_r	ΔT_l	ΔT_{top}	ΔT_r	ΔT_{max}	
10	471.5	0.3	0.006	10.4	9.8	9.3	8.12	10.71	8.80	10.90	9.29
15	418.8	0.5	0.010	15.2	15.2	13.5	10.99	15.54	12.03	15.79	2.24
20	386.4	0.7	0.0141	21.3	21.3	16.9	14.30	20.41	15.47	21.05	−4.18
25	550.7	1.3	0.0261	25.2	29.6	19.6	19.75	29.78	21.64	30.79	−0.61
30	475.9	1.3	0.0261	35.0	38.3	27.2	24.72	36.05	26.71	37.58	−5.87
30	741.9	1.3	0.0261	40.2	45.7	33.0	29.14	43.20	32.27	45.11	−5.47

5.3.4　环境温度对轴承承载力的影响

本节研究环境温度对承载力的影响。Ruscitto 等[2]测量了不同转速和轴承载荷下的轴承温度和气膜厚度，所测箔片气体动压径向轴承参数如表 5.7 所示。室温为 25℃，整个试验过程中没有对轴承进行冷却。

表 5.7　箔片气体动压径向轴承参数

轴承参数	参数取值
轴承半径/mm	19.05
轴承长度/mm	38.1
名义间隙/μm	31.5
箔片厚度/μm	101.6
波形节距/mm	4.572
半波长/mm	1.778
波形高度/mm	0.508
轴承套半径/μm	38.1
环境温度/℃	25

图 5.27 为在 30kr/min 和 45kr/min 转速下,基于热弹流模型和等温模型的最小气膜厚度与轴承载荷的关系[16]。结果表明,热弹流模型和等温模型的计算结果与试验数据均吻合较好,但考虑温度后的轴承温度计算结果和实测轴承温度更加接近。其中低载荷下试验数据与预测结果不一致的原因是箔片气体动压径向轴承的轴承测量间隙有可能存在偏差(在计算中假设的名义间隙是 38.1μm[17])。在一定的气膜厚度下,考虑温度影响的轴承载荷的计算结果要大于等温模型的计算结果。这是因为气压随着温度的升高而升高,从而导致其动压效应增强。

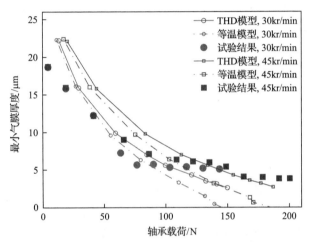

图 5.27　基于热弹流模型和等温模型的最小气膜厚度与轴承载荷的关系[16]

箔片气体动压径向轴承在涡轮机械中的应用要求其具有在高温环境下的工作能力。环境温度通过改变气膜压力、箔片弹性模量和轴承部件的膨胀量来影响箔片气体动压径向轴承的性能。环境温度的升高会导致气膜压力升高,同时也会降低箔片的刚度。此外,轴、壳体和箔片也会随着温度的升高而发生热膨胀,从而改变箔片气体动压径向轴承的间隙。

为了讨论轴承温度变化对箔片气体动压径向轴承的轴承名义间隙的影响,假设转子由 AISI 4140 钢制成(热膨胀系数为 $12.3 \times 10^{-6} K^{-1}$),箔片由 Inconel X-750 制成(热膨胀系数为 $12.1 \times 10^{-6} K^{-1}$)。通过改变轴承壳体的热膨胀系数,计算不同环境温度下箔片气体动压径向轴承的间隙。图 5.28 为不同环境温度下箔片气体动压径向轴承的轴承名义间隙随壳体热膨胀系数的变化。可以看出,箔片气体动压径向轴承的轴承名义间隙随环境温度变化明显,其变化与壳体的热膨胀系数有关。当轴承壳体的热膨胀系数较小时,轴承名义间隙随温度升高而增大,而当轴承壳体的热膨胀系数较大时,轴承名义间隙反而随温度升高而减小。壳体的热膨胀系数存在一个临界值,在该临界值处轴承名义间隙不随环境温度的变化而变化。

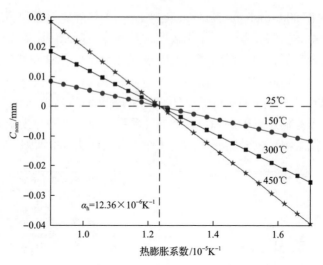

图 5.28　不同环境温度下箔片气体动压径向轴承的轴承名义间隙随壳体热膨胀系数的变化

　　选择三种轴承套材料，其热膨胀系数分别为 $10.4\times10^{-6}\mathrm{K}^{-1}$、$12.36\times10^{-6}\mathrm{K}^{-1}$ 和 $15.9\times10^{-6}\mathrm{K}^{-1}$，轴承承载力与环境温度的关系如图 5.29 所示。在轴承名义间隙恒定的情况下（$\alpha_\mathrm{h}=12.36\times10^{-6}\mathrm{K}^{-1}$），轴承载荷随环境温度的升高而增大，这是因为较高的环境温度导致较高的气膜压力和较大的轴承载荷。然而，当箔片气体动压径向轴承的轴承名义间隙随环境温度发生变化（$\alpha_\mathrm{h}=15.9\times10^{-6}\mathrm{K}^{-1}$ 或 $10.4\times10^{-6}\mathrm{K}^{-1}$）时，轴承承载力不会随着温度的升高一直增加，而是在 250℃ 附近达到最大值，这表明高温时的承载力甚至可能比低温时还要小。在文献[17]的试验研究中，也发现了箔片气体动压径向轴承承载力存在类似变化趋势，随着环境

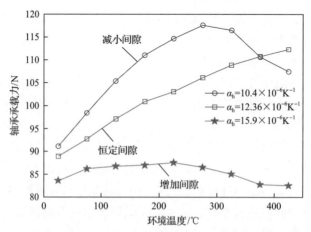

图 5.29　不同热膨胀系数下轴承承载力与环境温度的关系

（30kr/min，$H_\mathrm{min}=5.5\mathrm{\mu m}$，$\alpha_\mathrm{s}=12.3\times10^{-6}\mathrm{K}^{-1}$，$\alpha_\mathrm{f}=12.1\times10^{-6}\mathrm{K}^{-1}$）

温度的升高，支承结构的弹性减小，因此轴承承载力降低。基于以上讨论，发现随着环境温度的升高，轴承部件的热膨胀导致轴承名义间隙发生变化，从而影响轴承的承载能力。箔片气体动压轴承的承载力对轴承名义间隙有很强的关联性，存在一个使轴承达到最大承载力的最优名义间隙值。

5.4　箔片气体动压推力轴承静态特性求解及分析

5.4.1　静态特性计算

箔片气体动压推力轴承静态特性的计算和箔片气体动压径向轴承非常类似。由于箔片气体动压推力轴承的弹性结构是周期性的，在计算中将针对一个推力瓦作为求解域进行求解。箔片结构数值网格和整体刚度等效模型如图 5.30 所示，采用有限差分法来求解平衡位置的稳态雷诺方程，周向的网格数设置为 $N=48$，径向的网格数设置为 $M=30$。采用有限差分法和 Newton-Raphson 迭代法耦合求解平衡位置的雷诺方程和箔片结构的变形方程，从而获得气膜压力分布和气膜厚度分布。将各个推力瓦的静态特性参数进行求和可获得整个轴承的静态性能。

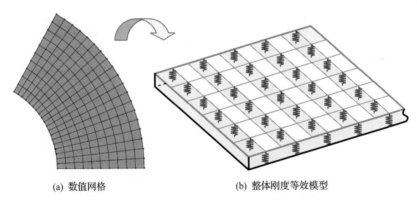

(a) 数值网格　　　　　　　(b) 整体刚度等效模型

图 5.30　箔片结构数值网格和整体刚度等效模型

通过计算预测箔片气体动压推力轴承无量纲气膜压力分布以及单片顶箔在受载情况下的变形，结果如图 5.31 所示。计算中采用的箔片气体动压推力轴承的几何参数和材料参数如表 5.8 所示，其他参数设置为膜厚比 $\beta_1=2$、$H_2=0.026\text{mm}$、$n=30\text{kr/min}$、$\mu=\eta=0.1$。计算中推力盘的偏移率和倾斜角设置为 0。由于箔片气体动压推力轴承结构的对称性，轴承压力呈周期对称性分布，如图 5.31(a)所示。箔片结构在气膜压力的作用下会发生变形，从而直接影响气膜厚度分布。顶箔的变形对轴承的性能有非常重要的影响[18]。因此，在箔片变形计算的模型中，必须考虑顶箔的变形。

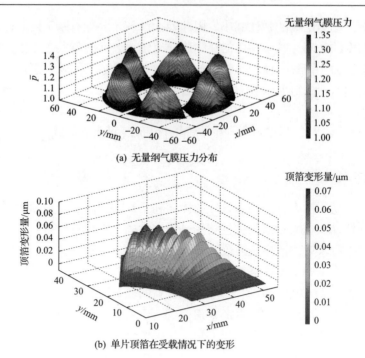

(a) 无量纲气膜压力分布

(b) 单片顶箔在受载情况下的变形

图 5.31　箔片气体动压推力轴承无量纲气膜压力分布和单片顶箔在受载情况下的变形

表 5.8　箔片气体动压推力轴承的几何参数和材料参数

轴承参数	参数取值
内径/mm	25.4
外径/mm	50.8
推力瓦块数	6
顶箔展角/(°)	60
波箔展角/(°)	60
倾斜平面展角/(°)	30
波形突起数目	12
波形突起角距/(°)	5
波形突起半宽/mm	0.9
波形突起高度/mm	0.4
顶箔厚度/mm	0.1524
波箔厚度/mm	0.1016
推力盘厚度/mm	5
推力板厚度/mm	2
箔片弹性模量/GPa	214
泊松比	0.29

　　由于波箔上波形突起对箔片的支承是间断的，箔片气体动压推力轴承箔片结构的整体刚度不均匀。因此，顶箔在与相邻波箔接触之间的部分会发生局部变形。本节采用有限元中的壳单元，建立一个简单实用的理论模型来计算顶箔的局部变形。如图 5.31(b) 所示，由于箔片结构的刚度分布不均匀，箔片结构变形不平滑，顶箔发生明显的局部变形。

　　在求解域中，对气膜压力和气膜厚度进行积分，可获得箔片气体动压推力轴承的承载力和摩擦力矩，即

$$
\begin{cases}
\overline{W} = \dfrac{W}{p_{\mathrm{a}} r_0^2} = \displaystyle\int_0^\beta \int_{r_{\mathrm{i}}/r_{\mathrm{o}}}^1 (\overline{p}-1)\overline{r}\,\mathrm{d}\overline{r}\,\mathrm{d}\theta \\[4mm]
\overline{T} = \dfrac{T}{p_{\mathrm{a}} H_2 r_0^2} = \displaystyle\int_0^\beta \int_{r_{\mathrm{i}}/r_{\mathrm{o}}}^1 \left(\dfrac{\overline{r}\,\overline{H}}{2}\dfrac{\partial \overline{\rho}}{\partial \theta} + \dfrac{\Lambda}{6}\dfrac{\overline{r}^3}{\overline{H}} \right)\mathrm{d}\overline{r}\,\mathrm{d}\theta
\end{cases}
\tag{5.64}
$$

　　为了和试验条件相吻合，计算中采用表 5.9 所列试验轴承参数，从最外侧波箔条到最内侧波箔条上的波形突起数分别取 5、6、5、4 和 3。在模型中，对每一个波箔条的结构刚度分别进行计算，并加到顶箔相应的节点上。假设楔形高度 $H_{\mathrm{we}}=0.508\mathrm{mm}(H_{\mathrm{we}}=H_1-H_2)$，将箔片的固定位置设置为和试验情况一致。计算中倾斜平面展角与推力瓦张角的比值为 $b=1/3$。为了获得更加可信的数值模拟解，各接触表面的摩擦系数近似取值为 $\mu=\eta=0.2$。

表 5.9　试验轴承参数

轴承参数	参数取值
顶箔展角/(°)	45
波箔展角/(°)	45
平行面展角/(°)	30
波箔条数	5
波形突起半径/mm	1.5875
波形突起高度/mm	0.508

　　将本节计算得到的轴承承载力与文献[19]在低速箔片气体动压推力轴承试验台所获得的试验值进行对比，如图 5.32 所示，二者吻合较好，从而验证了模型的正确性，轴承的承载力随着转速的升高而增大。

　　气膜厚度分布对轴承的性能有非常大的影响。Ruscitto 等[2]通过试验测量了箔片气体动压径向轴承在不同工作情况下的最小气膜厚度。结果显示，箔片气体动

压径向轴承的最小气膜厚度的实际值为几微米。由于转子表面和轴承表面存在一定的光洁度，当润滑气膜厚度小于其最小气膜厚度时，转子表面和轴承表面间会发生局部接触，最终会引起轴承的失效。

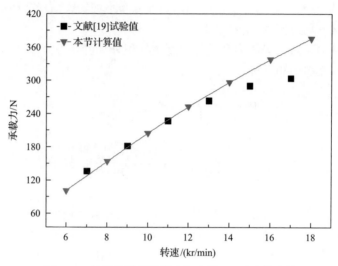

图 5.32　计算的轴承承载力与文献[19]试验值比较

因此，在与试验对比的数值计算中，假设最小气膜厚度为 $H_{min}=5\mu m$。在每一个转速下，通过逐渐增加轴承所受的载荷，反求轴承的最小气膜厚度，当轴承的最小气膜厚度 H_{min} 达到假设的最小气膜厚度时，计算终止。如图 5.32 所示，当转速低于 15kr/min 时，计算所得的理论承载力与试验数据具有良好的一致性。转速继续增大，试验测得的轴承承载力增速下降。文献[19]认为这种现象是由于在较高的转速下，箔片结构的部分区域不能及时将热量散出，顶箔发生热变形，最终导致轴承的承载力下降。然而，本节分析模型没有考虑润滑气体的热效应，因此在较高转速时，计算所得的轴承承载力大于试验值。

5.4.2　工作参数对轴承静态性能的影响

图 5.33 表示在不同转速下，初始最小气膜厚度 H_2 对轴承静态性能的影响，计算中选取 $H_{we}=2.6\mu m$。可以看出，随着 H_2 的减小，轴承承载力快速增大，摩擦力矩的增大速度相对较缓慢。以上结果说明当箔片气体动压推力轴承工作在一个尽可能小的气膜厚度时，可在相对较小的功率损耗下获得最大的承载力[1]。

平滑的顶箔由一个倾斜平面和一个水平平面构成，与转子表面一起形成楔形收敛间隙，实际上充当了柔性支承的作用。因此，膜厚比 $\beta_1=H_1/H_2$ 对动压效应的形成有非常大的影响，计算中选取 $H_2=6.5\mu m$。

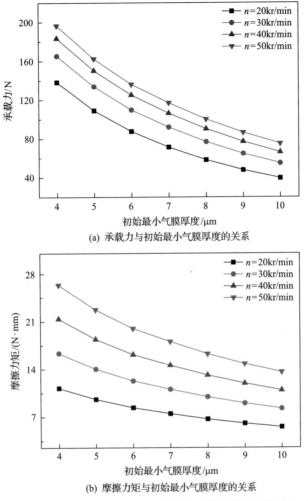

(a) 承载力与初始最小气膜厚度的关系

(b) 摩擦力矩与初始最小气膜厚度的关系

图 5.33　不同转速下初始最小气膜厚度对轴承静态性能的影响

如图 5.34(a) 所示，计算的轴承承载力随着转速的升高呈非线性增长。可以看出，当转速增大到一定程度时，计算的轴承承载力最终会达到一个稳定值。然而在较低的转速下(低于 30kr/min)，当膜厚比超过一定的值($\beta_1=8$)时，轴承承载力将随着 β_1 的增加而减小，这可能是润滑气体在楔形收敛区域发生回流，从而使得气体难以通过狭窄的气膜间隙[19]。这种气体回流现象降低了轴承的承载力。

如图 5.34(b) 所示，摩擦力矩随着转速的增加接近线性增大。然而，与轴承的承载力受膜厚比 β_1 的影响不同，摩擦力矩随着 β_1 的增大而减小。这是因为摩擦力矩主要来源于库埃特流摩擦损耗，而不是泊肃叶流摩擦损耗。随着膜厚比 β_1 的增大，箔片气体动压推力轴承楔形收敛区域的库埃特流摩擦损耗快速降低，从而导致摩擦力矩减小[20]。

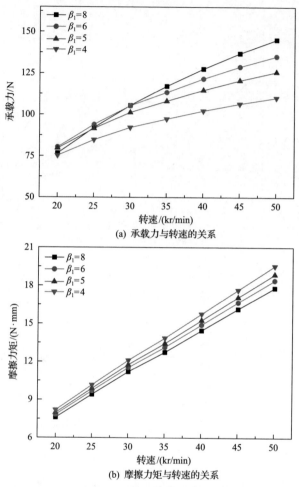

(a) 承载力与转速的关系

(b) 摩擦力矩与转速的关系

图 5.34　不同膜厚比下转速对轴承静态性能的影响

5.4.3　转子推力盘倾斜对轴承静态性能的影响

本节研究转子不对中对箔片气体动压推力轴承性能的影响。当转子发生不对中时，转子上的推力盘和箔片气体动压推力轴承配合表面之间的气膜分布发生变化。转子-轴承系统坐标系示意图如图 5.35 所示，由于推力盘相对于轴承发生倾斜，转子和轴承表面之间的气膜厚度在圆周方向分布不均匀。在逆时针方向，将推力瓦从 1# 到 6# 进行编号。当推力盘发生倾斜时，气膜厚度分布为

$$\overline{H} = 1 + \overline{g}(\overline{r}, \theta) + \overline{z} + \Psi \overline{r} \sin\theta + \overline{\xi} r \cos\theta + \overline{\delta}(\overline{r}, \theta) \tag{5.65}$$

图 5.36 为推力盘倾斜对不同瓦块性能的影响。计算所用的参数为 $b = 0.5$、$H_{we} = 26\mu m$、$H_2 = 10\mu m$、$n = 30kr/min$。

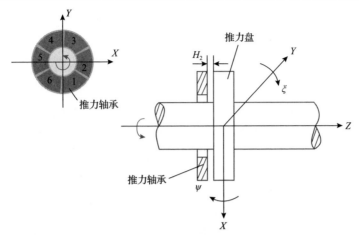

图 5.35　转子-轴承系统坐标系示意图

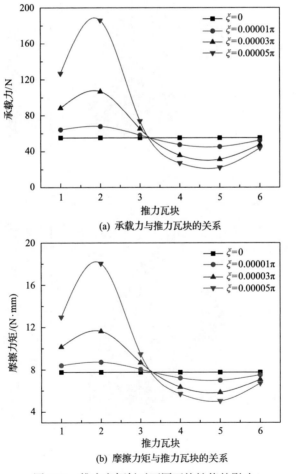

(a) 承载力与推力瓦块的关系

(b) 摩擦力矩与推力瓦块的关系

图 5.36　推力盘倾斜对不同瓦块性能的影响

　　将推力盘有无倾斜情况下的计算结果进行对比。1#～3#推力瓦的承载力和摩擦力矩随着倾斜角的增大而增大。从图 5.36 可以看出，2#推力瓦的承载力和摩擦力矩最大，这是因为转子发生倾斜导致 2#推力瓦和转子表面之间的气膜厚度最小。4#～6#推力瓦的承载力和摩擦力矩随着倾斜角的增大而减小，且 5#推力瓦的承载力和摩擦力矩最小。

　　图 5.37 为在推力盘倾斜情况下不同圆周位置瓦块的气膜压力分布，并与推力盘不发生倾斜时的情况进行对比，倾斜角（ξ）设定为 0.00003π。

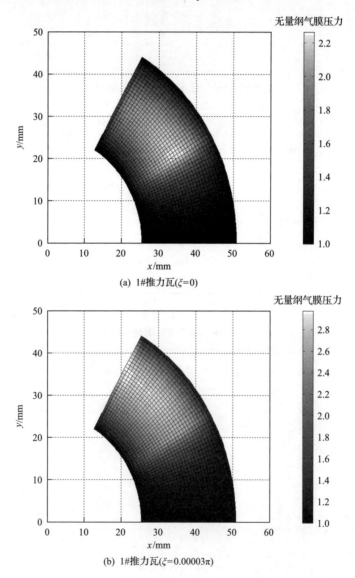

(a) 1#推力瓦($\xi=0$)

(b) 1#推力瓦($\xi=0.00003\pi$)

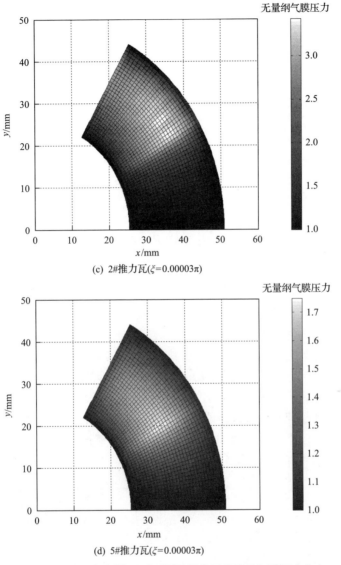

图 5.37　推力盘倾斜情况下不同圆周位置瓦块的气膜压力分布

　　从图 5.37(b) 和图 5.37(c)可以看出，当推力盘的倾斜导致转子表面和推力瓦表面之间的气膜厚度减小时，气膜压力升高。从图 5.37(c)可以看出，气膜压力分布的高压区靠近推力瓦的外边缘，这是因为转子的倾斜导致该部分区域的气膜厚度减小。从图 5.37(d)可以看出，当推力盘的倾斜导致推力盘表面和推力瓦表面之间的气膜厚度增大时，气膜压力分布减小。

　　如图 5.38 所示，在一定程度上，轴承的承载力和摩擦力矩随着推力盘相对于轴承的倾斜角的增大而快速增大，这一趋势与 Park 等[21]的研究结果一致。

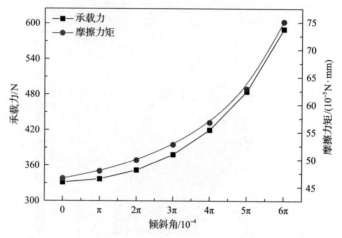

图 5.38　不同倾斜角对箔片气体动压推力轴承性能的影响

5.5　箔片气体动压推力轴承动态特性求解及分析

箔片气体动压推力轴承动态系数的求解方法与箔片气体动压径向轴承的求解方法非常类似。图 5.39 为不同转速下初始最小气膜厚度对同步动态刚度系数和动态阻尼系数的影响，计算中选取 H_{we}=2.6μm。计算结果显示，轴承的同步动态刚度系数随着初始最小气膜厚度的增大而急剧减小，随着转速的增加而增大。初始最小气膜厚度和转速对同步动态刚度系数的影响与其对轴承承载力的影响具有相同的趋势。同步动态阻尼系数同样随着初始最小气膜厚度的增大而急剧减小，但随着转速的升高而降低。

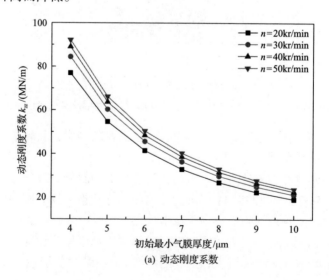

(a) 动态刚度系数

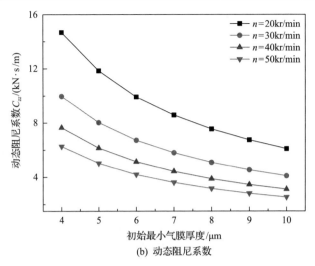

(b) 动态阻尼系数

图 5.39　不同转速下初始最小气膜厚度对同步动态刚度系数和动态阻尼系数的影响

图 5.40 为不同膜厚比下转速对箔片气体动压推力轴承动态特性的影响，计算中选取 $H_2=6.5\mu m$。可以看出，同步动态刚度系数随着转速的升高而增大，随着膜厚比 β_1 的增大而增大。然而，同步动态阻尼系数随着转速的升高而快速降低，随着膜厚比 β_1 的增大而减小。

箔片气体动压推力轴承的动态特性主要由润滑气膜和箔片结构决定。在较低的转速下，轴承的动态刚度主要由润滑膜的刚度决定。随着转速的升高，气膜刚度显著增大，从而引起同步动态刚度系数 k_{zz} 快速增大。当转速超过一定的值时，其动态刚度系数趋于一个固定值。这是因为在高转速时，润滑气膜刚度变大，箔片气体动压轴承的动态刚度主要由箔片支承结构决定[22]。此外，高转速下的刚性

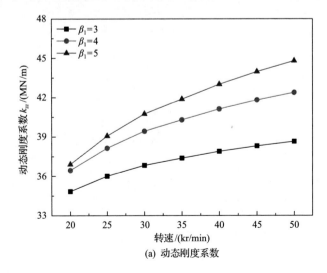

(a) 动态刚度系数

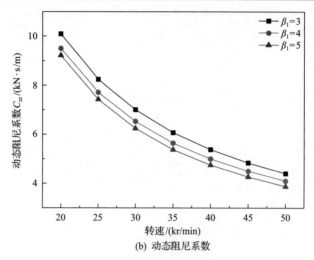

(b) 动态阻尼系数

图 5.40 不同膜厚比下转速对箔片气体动压推力轴承动态特性的影响

润滑气膜阻碍了气膜能量的耗散，从而导致同步动态阻尼系数降低。

图 5.41 和图 5.42 分别给出了不同转速和膜厚比下激励频率比对箔片气体动压推力轴承动态特性的影响。从图 5.41 可以看出，在初始阶段，动态刚度系数随着激励频率比的增大而快速增大。这是因为激励频率升高使得润滑气体所受的挤压效应增大，从而增大了润滑气膜的压力[23]。当激励频率比较大时，动态刚度系数随着激励频率比增大的增速放缓。然而，当激励频率比较低时，动态阻尼系数随着激励频率比的增大而急剧减小。当激励频率比进一步增大时，动态阻尼系数将趋于一个稳定值。这可能是因为在较高的转速和激励频率下，润滑气体被压缩并挤出轴承，从而引起润滑气膜黏性阻尼系数降低。如图 5.42 所示，在较高的激励频率下，不同膜厚比 β_1 对动态刚度系数和动态阻尼系数的影响较小。这说明箔片气体动压推力轴承在较高的激励频率下对膜厚比的变化不敏感。

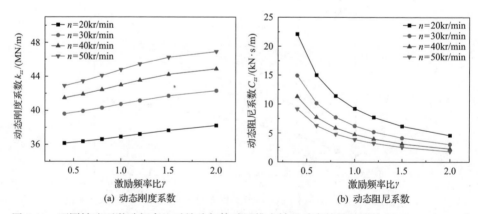

(a) 动态刚度系数   (b) 动态阻尼系数

图 5.41 不同转速下激励频率比对箔片气体动压推力轴承动态特性的影响 (β_1=5, H_2=6.5μm)

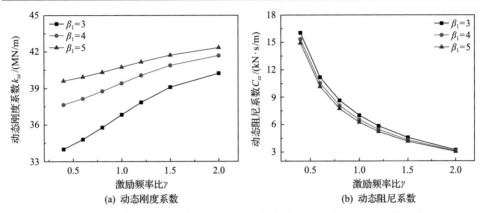

图 5.42　不同膜厚比下激励频率比对箔片气体动压推力轴承动态特性的影响
(H_2=6.5μm，n=30kr/min)

5.6　箔片气体动压推力轴承的热弹流润滑特性研究

本节将建立由广义的雷诺方程、膜厚方程、能量方程、黏温方程、固体热传导方程和固体热膨胀方程联立得到箔片气体动压推力轴承的三维热流体动力润滑模型，对箔片气体动压推力轴承的热特性进行分析。

5.6.1　气膜非等温雷诺方程和能量方程

对箔片气体动压推力轴承进行热分析时，需要考虑气体黏性剪切耗能导致气膜温度升高的现象，而气膜温度变化又会造成气体黏度参数的改变，因此要想得到稳定状态下的气膜压力分布，需求解非等温可压缩气体的雷诺方程，即

$$\frac{1}{\bar{r}}\frac{\partial}{\partial\bar{r}}\left(\bar{r}\bar{H}^3\bar{p}\frac{\partial\bar{p}}{\partial\bar{r}}\right)+\frac{1}{\bar{r}^2}\frac{\partial}{\partial\theta}\left(\bar{H}^3\bar{p}\frac{\partial\bar{p}}{\partial\theta}\right)=\Lambda\frac{\partial(\bar{p}\bar{H})}{\partial\theta} \tag{5.66}$$

式中，$\bar{H}$ 为无量纲气膜厚度，$\bar{H}=\dfrac{H}{H_{we}}$，$H_{we}$ 为楔形高度；$\bar{p}$ 为无量纲气膜压力，$\bar{p}=\dfrac{p}{p_a}$，p_a 为环境气体压力；$\bar{r}$ 为无量纲径向位置同，$\bar{r}=\dfrac{r}{R_{out}}$，$R_{out}$ 为箔片气体动压推力轴承外半径；$\Lambda=\dfrac{6\mu_0(T)\omega R_{out}^2}{p_a H_{we}^2}$，$\mu_0$ 为气体黏度系数，是气膜温度 T 的函数，ω 为推力盘角速度。

为了便于后续试验结果与仿真计算结果进行对比，本节所预测的是箔片气体动压推力轴承与推力盘匹配工作时的温度特性，如图 5.43 所示。

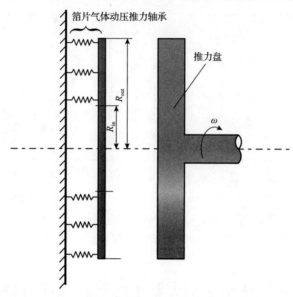

图 5.43　箔片气体动压推力轴承工作示意图

在圆柱坐标系下，箔片气体动压推力轴承气膜的简化无量纲能量方程为

$$\overline{\rho}\left(\overline{v}_r\frac{\partial \overline{T}}{\partial \overline{r}}+\frac{\overline{v}_\theta}{\overline{r}}\frac{\partial \overline{T}}{\partial \theta}+\frac{\overline{v}_z}{\overline{H}}\frac{\partial \overline{T}}{\partial \overline{z}}\right)$$

$$=b_2\frac{1}{\overline{H}^2}\frac{\partial^2 \overline{T}}{\partial \overline{z}^2}+b_3\left(\overline{v}_r\frac{\partial \overline{p}}{\partial \overline{r}}+\frac{\overline{v}_\theta}{\overline{r}}\frac{\partial \overline{p}}{\partial \theta}\right)+b_4\mu_0\frac{1}{\overline{H}^2}\left[\left(\frac{\partial \overline{v}_r}{\partial \overline{z}}\right)^2+\left(\frac{\partial \overline{v}_\theta}{\partial \overline{z}}\right)^2\right] \quad (5.67)$$

式中，

$$b_2=\frac{\lambda_a}{H_{we}^2\rho_0 c_p\omega}\ ,\quad b_3=\frac{p_a}{\rho_0 c_p(T_0-273.15-T_{ref})}\ ,\quad b_4=\frac{\omega R_{out}^2}{H_{we}^2\rho_0 c_p(T_0-273.15-T_{ref})}$$

$$\overline{\rho}=\frac{\rho}{\rho_o},\quad \overline{r}=\frac{r}{R_{out}},\quad \overline{v}_r=\frac{v_r}{\omega R_{out}},\quad \overline{v}_\theta=\frac{v_\theta}{\omega R_{out}},\quad \overline{v}_z=\frac{v_z}{\omega R_{out}}\frac{R_{out}}{H_{we}}$$

$$\overline{z}=\frac{z}{H}=\frac{z}{\overline{H}H_{we}},\quad \overline{p}=\frac{p}{p_a},\quad \overline{T}=\frac{T-T_0}{T_0-273.15-T_{ref}}$$

式中，c_p 为气体定压比热容；T_0 为环境气体温度；v_r 为气体径向速度；v_z 为气体轴向速度；v_θ 为气体周向速度；λ_a 为气体的导热系数；μ_0 为气体黏度系数；ρ_0 为环境气体密度；ρ 为气体密度。

5.6.2　气膜速度场

为了求解无量纲能量方程(5.67)，需要得到气膜各点位置三个方向的速度分量及其变化梯度。

气膜径向和圆周方向的无量纲速度分量为

$$
\begin{cases}
\overline{v}_r = b_5 \, \overline{H} \dfrac{\partial \overline{p}}{\partial \overline{r}}(\overline{z}^2 - \overline{z}) \\
\overline{v}_\theta = b_5 \dfrac{1}{\overline{r}} \dfrac{\partial \overline{p}}{\partial \theta} \overline{H}^2 (\overline{z}^2 - \overline{z}) + \overline{r}\,\overline{z}
\end{cases}
\tag{5.68}
$$

式中，$b_5 = \dfrac{p_a H_{we}^2}{2\mu_0 \omega R_{out}^2}$。

根据气膜连续性方程，可得

$$
\frac{\partial(\rho v_r)}{r \partial r} + \frac{1}{r}\frac{\partial(\rho v_\theta)}{\partial \theta} + \frac{\partial(\rho v_z)}{\partial z} = 0
\tag{5.69}
$$

将式 (5.69) 进行无量纲化，并代入式 (5.68) 即可得到气膜轴向速度分量 $\overline{v}_z$，即

$$
\overline{v}_z = -b_5 \overline{H}^2 \left(\frac{\overline{z}^3}{3} - \frac{\overline{z}^2}{2} \right) \left[\frac{\overline{H}}{\overline{r}} \frac{\partial \overline{p}}{\partial \overline{r}} + \overline{H} \frac{\partial^2 \overline{p}}{\partial r^2} + 2 \frac{\partial \overline{p}}{\partial \overline{r}} \frac{\partial \overline{H}}{\partial \overline{r}} + \frac{1}{\overline{r}^2} \left(\overline{H} \frac{\partial^2 \overline{p}}{\partial \theta^2} + 2 \frac{\partial \overline{p}}{\partial \theta} \frac{\partial \overline{H}}{\partial \theta} \right) \right]
$$

$$
- \frac{1}{\overline{\rho}} b_5 \left(\frac{\overline{z}^3}{3} - \frac{\overline{z}^2}{2} \right) \left(\frac{\partial \overline{p}}{\partial \overline{r}} \frac{\partial \overline{\rho}}{\partial \overline{r}} + \frac{1}{\overline{r}^2} \frac{\partial \overline{p}}{\partial \theta} \frac{\partial \overline{\rho}}{\partial \theta} \right) - \frac{\overline{H}}{\overline{\rho}} \frac{\partial \overline{\rho}}{\partial \theta} \frac{\overline{z}^2}{2}
\tag{5.70}
$$

5.6.3 固体传热方程

1. 顶箔一侧传热模型

润滑气膜由于黏性摩擦产生的热量一部分通过顶箔一侧往外流出，一部分通过转子推力盘往外流出。气膜厚度与轴承的径向和周向尺寸相比极小，因此可忽略通过气膜直接传递到周围环境中的热量。从顶箔一侧流出的热量一部分通过顶箔传递给冷却气体，另一部分通过热传导传递至波箔，如图 5.44 所示。箔片结构的热传递方程可表示为

$$
\lambda_a A_{top} \left. \frac{\partial T}{\partial z} \right|_{z=0} = Q_{top,channel} + \frac{1}{R_{top,bump}} (T_{top} - T_{bump})
\tag{5.71}
$$

$$
Q_{top,channel} = h_{top,ch} A_{top} (T_{top} - T_{cooling})
\tag{5.72}
$$

式中，A_{top} 为顶箔面积，m^2；$h_{top,ch}$ 为顶箔和冷却气体之间的对流换热系数，

W/(m²·K)；$Q_{top,channel}$ 为从顶箔对流到冷却气体的热流量，W；$R_{top,bump}$ 为顶箔和波箔之间的热阻，K/W；T_{bump} 为波箔温度，K；$T_{cooling}$ 为冷却气体温度，K；T_{top} 为顶箔温度，K。

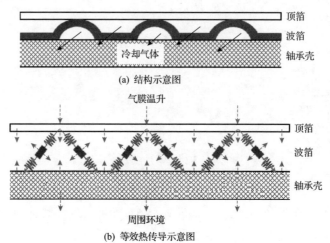

(a) 结构示意图

(b) 等效热传导示意图

图 5.44　考虑冷却时箔片结构部分传热示意图

--▸ 热传导；──▸ 热对流

假设顶箔、波箔以及推力板采用相同的材料 SS316，具有相同的热阻，利用 Lee 等[24]提出的公式进行计算可得

$$R_{top,bump} = R_{bump,plate} = \left(\frac{R_c''}{w_c} + \frac{l_b}{4k_{bump}H_{bump}} \right) \frac{1}{l_{bump}} \tag{5.73}$$

式中，l_b 为传热路径上波形的长度；H_{bump} 为波箔厚度；l_{bump} 为波形的径向长度；R_c'' 为接触热阻，对于 SS316 金属箔片，$R_c'' = 0.633 \times 10^{-3}\,\mathrm{m^2 \cdot K/W}$；$w_c$ 为波箔和顶箔、波箔和推力板的接触长度，在计算中选取 $w_c = 0.2\,\mathrm{mm}$。

从顶箔传导至波箔的热量一部分与冷却气体发生热对流，另一部分传导至推力板。采取以下方程计算波箔的温度：

$$\frac{1}{R_{top,bump}}(T_{top} - T_{bump}) = \frac{1}{R_{bump,plate}}(T_{bump} - T_{plate}) + Q_{bump,channel} \tag{5.74}$$

$$Q_{bump,channel} = h_{bump,ch}A_{bump}(T_{bump} - T_{cooling}) \tag{5.75}$$

式中，A_{bump} 为波箔等效面积，m²；$h_{bump,ch}$ 为波箔和冷却气体之间的对流换热系数，W/(m²·K)；$Q_{bump,channel}$ 为从波箔对流到冷却气体的热流量；$R_{bump,plate}$ 为波和推力板之间的热阻，K/W；T_{plate} 为推力板温度，K。

从波箔传导至推力板的热量一部分与冷却气体发生对流换热，一部分传导至周围环境。计算波箔温度的能量平衡方程为

$$\frac{1}{R_{\text{bump,plate}}}(T_{\text{bump}}-T_{\text{plate}})+h_{\text{plate,ch}}A_{\text{plate}}(T_{\text{plate}}-T_{\text{housing}})=Q_{\text{plate,out}} \tag{5.76}$$

$$Q_{\text{plate,out}}=\lambda_{\text{plate}}A_{\text{plate}}(T_{\text{plate}}-T_{\text{housing}}) \tag{5.77}$$

式中，A_{plate} 为推力板等效面积，m^2；$h_{\text{plate,ch}}$ 为推力板和冷却气体之间的对流换热系数，$W/(m^2\cdot K)$；$Q_{\text{plate,out}}$ 为从推力板对流到冷却气体的热流量，W；T_{housing} 为轴承壳温度，K。

采用平板对流传热模型计算冷却气体与箔片结构之间的热对流，通过联立式 (5.71)～式 (5.77)，可以求得顶箔的温度 T_{top}。

2. 推力盘传热模型

从气膜传导至推力盘的热量通过推力盘内外径表面与周围环境发生热对流扩散出去。将推力盘从内径到外径划分节点，对于推力盘内点，有

$$\frac{\lambda_{\text{disc}}A_{\text{cir}}}{\Delta r^2}\left(T_{\text{disc}}^{j+1}+T_{\text{disc}}^{j-1}-2T_{\text{disc}}^{j}\right)+Q_{\text{conv}}^{j}=0 \tag{5.78}$$

$$Q_{\text{conv}}^{j}=\frac{\lambda_{\text{a}}}{t_{\text{disc}}}A_{\text{disc},i}\frac{T_{\text{film}}^{j}-T_{\text{disc}}^{j}}{2\Delta z} \tag{5.79}$$

式中，A_{cir} 为推力盘径向方向单元长度的整周面积，m^2；$A_{\text{disc},i}$ 为推力盘单元面积，m^2；Q_{conv}^{j} 为第 j 个节点从气膜传到推力盘的热流量，W；t_{disc} 为推力盘厚度，m；T_{disc}^{j} 为第 j 个节点推力盘温度，K；T_{film}^{j} 为第 j 个节点气膜温度，K；Δr 为推力盘径向方向单元长度，m；Δz 为轴向方向单元长度，m；λ_{disc} 为推力盘导热系数，$W/(m\cdot K)$。

推力盘外边缘与周围环境接触，其传热方程为

$$\frac{\lambda_{\text{disc}}}{\Delta r^2}\left(T_{\text{disc}}^{M}-2T_{\text{disc}}^{M-1}+T_{\text{disc}}^{M-2}\right)+h_{\text{out}}\frac{T_{\text{cooling}}-T_{\text{disc}}^{M}}{2\Delta r}=0 \tag{5.80}$$

h_{out} 采用旋转圆柱体的导热系数进行计算，即

$$h_{\text{out}}=0.133Re_{\text{o}}^{2/3}Pr^{1/3}\frac{\lambda_{\text{a}}}{D_{\text{R}}} \tag{5.81}$$

式中，Pr 为气体普朗特数；Re_{o} 为以 $D_{\text{R}}=2r_{\text{o}}$ 为特征长度的流动雷诺数；冷却气

体温度 $T_{\text{cooling}}=20\,^{\circ}\mathrm{C}$。

推力盘内边缘传热方程为

$$\lambda_{\text{disc}}\frac{\partial T}{\partial r}=h_{\text{in}}(T_1-T_0) \tag{5.82}$$

式中，h_{in} 为推力盘与环境气体的对流换热系数；T_1 为靠近推力盘内径处节点的温度。

5.6.4 润滑气体入口区温度边界条件

靠近顶箔前缘的润滑气体入口区温度 T_{in} 是能量方程求解的重要边界条件之一。图 5.45 为润滑气体入口区温度的气体混合模型示意图，扇形区域内润滑气体受高压作用会从推力盘内外径两侧流出。因此，下一个扇形推力瓦需要从周围的环境吸入同等质量的环境气体，并与从上一个扇形推力瓦后缘流出的润滑气体(流量为 Q_{rec})在顶箔前缘区域进行混合。遵循质量守恒原则，从顶箔前缘流入的气体流量为 $Q_{\text{in}}=Q_{\text{rec}}+Q_{\text{suc}}$。其中，$Q_{\text{rec}}$ 表示被转子从上一推力瓦带入下一推力瓦的润滑气体的流量，Q_{suc} 表示从周围环境吸入的流量。润滑气体控制体积的能量平衡关系式为

$$\bar{T}_{\text{in}}=\frac{\bar{T}_{\text{rec}}\bar{Q}_{\text{rec}}+\bar{T}_{\text{suc}}\bar{Q}_{\text{suc}}}{\bar{Q}_{\text{rec}}+\bar{Q}_{\text{suc}}} \tag{5.83}$$

式中，$\bar{Q}_{\text{rec}}$ 为回流气体的流量的无量纲值；$\bar{Q}_{\text{suc}}$ 为从周围环境吸入的气体质量的无量纲值；$\bar{T}_{\text{in}}$ 为入口区润滑气体温度的无量纲值；$\bar{T}_{\text{rec}}$ 为回流气体温度的无量纲值；$\bar{T}_{\text{suc}}$ 为从周围环境吸入的气体温度的无量纲值。

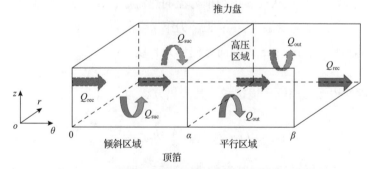

图 5.45 润滑气体入口区温度的气体混合模型示意图

$\bar{Q}_{\text{rec}}$ 和 $\bar{Q}_{\text{suc}}$ 的表达式为

$$\bar{Q}_{\text{rec}}=\frac{1}{\omega r_{\text{o}}^2 H_2}Q_{\text{rec}}=\int_{\bar{r}_{\text{i}}}^{1}\int_{0}^{\bar{H}}\bar{v}_{\theta}\big|_{\theta=\beta}\bar{H}\,\mathrm{d}\bar{r}\mathrm{d}\bar{z} \tag{5.84}$$

$$\overline{Q}_{\text{suc}} = \frac{1}{\omega r_{\text{o}}^2 H_2} Q_{\text{suc}} = \int_0^\beta \int_0^{\overline{H}} \overline{v}_r \bigg|_{\overline{r}=\overline{r}_i} \overline{r}_i \overline{H} \, \mathrm{d}\theta \mathrm{d}\overline{z} + \int_0^\beta \int_0^{\overline{H}} \overline{v}_r \bigg|_{\overline{r}=\overline{r}_{\text{o}}} \overline{r}_{\text{o}} \overline{H} \, \mathrm{d}\theta \mathrm{d}\overline{z} \quad (5.85)$$

5.6.5　箔片气体动压推力轴承的热特性分析

采用有限差分法耦合求解非等温雷诺方程和能量方程，可获得轴承内部的气膜压力、气膜厚度和温度分布。计算中最小初始气膜厚度 $H_2 = 20\mu\text{m}$，转速 $n = 30\text{kr/min}$，计算所采用的轴承结构参数如表 5.8 所示。

1. 气膜温度和气体密度分布

图 5.46(a) 为气膜厚度方向中间截面 $(z/2)$ 的气膜温度分布。可以看出，在转速

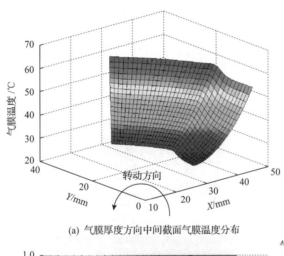

(a) 气膜厚度方向中间截面气膜温度分布

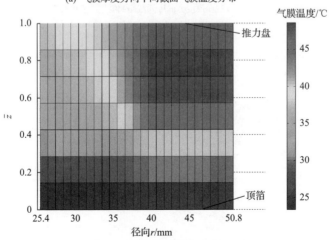

(b) 转速方向中间截面气膜温度分布

图 5.46　箔片气体动压推力轴承内部气膜厚度方向和转速方向中间截面气膜温度分布

方向，在推力盘表面和轴承表面的楔形收敛区域，气膜的温度呈抛物线上升，这是由该区域压力梯度 $\partial p / \partial \theta$ 不断增大引起的。在径向方向，整个扇形瓦区域，气膜温度从内径到外径处有一个明显的增大，且基本呈线性变化，这是由于推力盘的线速度 $v = \omega r$ 随着半径的增大呈线性增大。

图 5.46(b) 为转速方向中间截面($N/2$)的气膜温度分布。可以看出，在气膜厚度方向从静止的顶箔一侧到转动的推力盘一侧，气膜的温度不断升高。这是因为靠近转子一侧的气体流速大于靠近顶箔一侧的气体流速(不考虑滑移时，与顶箔接触的气体流速为零)。另外，靠近外径处的气膜温度大于靠近内径处的气膜温度，与图 5.46(a)分析结果一致。

润滑气膜的温升会引起润滑气体的密度变化。润滑气体密度与气体的压力 p 和温度 t 有关，即 $\rho = p / (t R_{\text{con}})$，其中 R_{con} 为常数。如图 5.47(a)所示，气膜厚度

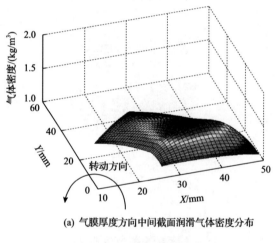

(a) 气膜厚度方向中间截面润滑气体密度分布

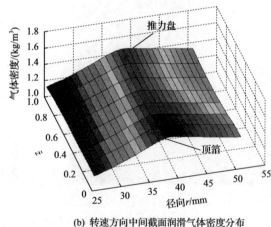

(b) 转速方向中间截面润滑气体密度分布

图 5.47　箔片气体动压推力轴承内部气膜厚度方向和转速方向中间截面气体密度分布

方向中间截面($z/2$)的气体密度分布与气膜压力分布的趋势一致。如图 5.47(b)所示，在径向方向，气体密度先增大后减小，这是因为在径向方向，气膜压力先增大后减小，而气膜温度在径向方向一直增大。另外，由于在计算压力分布时，忽略了气膜厚度方向的压力梯度，即 $\partial p / \partial z = 0$，而靠近顶箔一侧的温度低于靠近推力盘一侧的温度，因此在气膜厚度方向，靠近顶箔一侧的气体密度略大于靠近推力盘一侧的气体密度。

2. 箔片气体动压推力轴承热特性的参数分析

图 5.48 给出了轴向载荷为 100N，没有冷却的情况下，转速对箔片气体动压推力轴承顶箔、中间层气膜和推力盘转子平均温度的影响。可以看出，顶箔、中间层气膜和推力盘转子的温度都随着转速的提高呈抛物线升高。在相同转速、载荷和冷却条件下，推力盘的温度高于中间层气膜的温度，中间层气膜的温度又高于顶箔的温度，这种趋势在转速较大时更加明显。

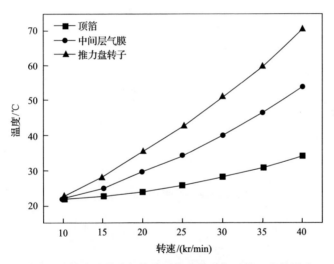

图 5.48　转速对箔片气体动压推力轴承各元件温度的影响

图 5.49 给出了不同初始最小气膜厚度 H_2 对箔片气体动压推力轴承顶箔、中间层气膜和推力盘转子平均温度的影响。计算中不考虑冷却气体的影响，转子转速为 30kr/min。可以看出，随着初始最小气膜厚度 H_2 的减小(轴向承载力增大)，顶箔、中间层气膜和推力盘转子的温度基本上呈线性增大，且增大的幅度较小，箔片气体动压推力轴承各元件的温度随着轴向载荷的增加呈线性缓慢增大。

图 5.50 为在不同的转速下推力盘径向方向的一维温度分布。可以看出，在同一转速下，推力盘的温度从内径到外径呈抛物线增长。随着转速的升高，推力盘转子的温度上升非常明显。

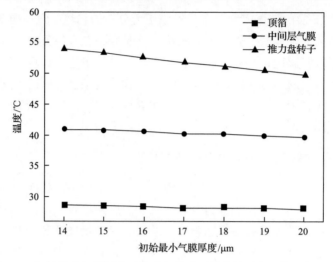

图 5.49　初始最小气膜厚度对箔片气体动压推力轴承各元件温度的影响

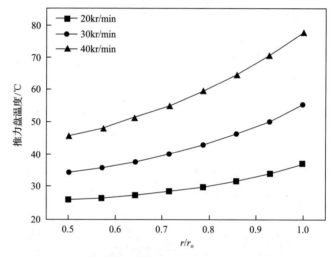

图 5.50　不同转速下推力盘径向方向的一维温度分布

　　箔片气体动压推力轴承由于润滑气膜黏性摩擦作用产生热量,可能会引起轴承的热变形,对其性能有非常大的影响。润滑气膜过高的温度甚至会导致轴承的热失效。在工程上,通常采用往顶箔底部通入冷却气体的方式降低轴承内部的温度。图 5.51 给出了在不同转速下,冷却气体流量对顶箔温度的影响。可以看出,顶箔平均温度在通入冷却气体时比不考虑冷却气体时有非常明显的下降趋势,且顶箔的平均温度随着冷却气体流量的增大而快速降低。计算结果显示,在不同的转速下,采用往顶箔底部通入冷却气体的方式来降低轴承内部温度的效果非常显著。

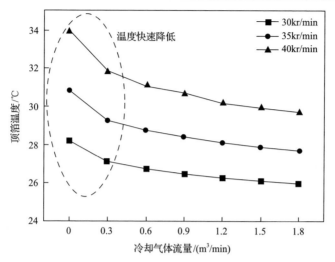

图 5.51　不同转速下冷却气体流量对顶箔温度的影响

参 考 文 献

[1] San Andrés L, Kim T H. Improvements to the analysis of gas foil bearings: integration of top foil 1D and 2D structural models//ASME Turbomachinery Technical Conference & Exposition: Power for Land, Sea, and Air, Montreal, 2007: 779-789.

[2] Ruscitto D, McCormick J, Gray S. Hydrodynamic air lubricated compliant surface bearing for an automotive gas turbine engine. I. Journal bearing performance. New York: Office of Scientific and Technical Information, 1978.

[3] Radil K, Howard S, Dykas B. The role of radial clearance on the performance of foil air bearing. New York: Office of Scientific and Technical Information, 2002.

[4] Iordanoff I. Analysis of an aerodynamic compliant foil thrust bearing: method for a rapid design. Journal of Tribology, 1999, 121(4): 816-822.

[5] Feng K, Kaneko S. Link-spring model of bump-type foil bearings//ASME Turbomachinery Technical Conference & Exposition: Power for Land, Sea, and Air, Orlando, 2009: 711-723.

[6] Moraru L, Keith T G. Lobatto point quadrature for thermal lubrication problems involving compressible lubricants//World Tribology Congress Ⅲ, Washington D. C., 2005: 171-172.

[7] Feng K, Kaneko S. Thermohydrodynamic study of multiwound foil bearing using lobatto point quadrature. Journal of Tribology, 2009, 131(2): 021702.

[8] Sim K, Kim D. Thermohydrodynamic analysis of compliant flexure pivot tilting pad gas bearings. Journal of Engineering for Gas Turbines and Power, 2008, 130(3): 032502.

[9] Khonsari M M, Jang J Y, Fillon M. On the generalization of thermohydrodynamic analyses for journal bearings. Journal of Tribology, 1996, 118(3): 571-579.

[10] Holman J P. Heat Transfer. 10th ed. New York: McGraw-Hill, 2010.

[11] San Andrés L, Kim T H. Thermohydrodynamic analysis of bump type gas foil bearings: A model anchored to test data. Journal of Engineering for Gas Turbines and Power, 2010, 132(4): 042504.

[12] Radil K, Zeszotek M. An experimental investigation into the temperature profile of a compliant foil air bearing. Tribology Transactions, 2004, 47(4): 470-479.

[13] Lee D, Kim D. Thermohydrodynamic analyses of bump air foil bearings with detailed thermal model of foil structures and rotor. Journal of Tribology, 2010, 132(2): 021704.

[14] Peng Z C, Khonsari M M. A thermohydrodynamic analysis of foil journal bearings. Journal of Tribology, 2006,128(3): 534-541.

[15] Salehi M, Swanson E, Heshmat H. Thermal features of compliant foil bearings—Theory and experiments. Journal of Tribology, 2001, 123(3): 566-571.

[16] Feng K, Kaneko S. Analytical model of bump-type foil bearings using a link-spring structure and a finite-element shell model. Journal of Tribology, 2010, 132(2): 021706.

[17] Dellacorte C,Valco M J. Load capacity estimation of foil air journal bearings for oil-free turbomachinery applications. Tribology Transactions, 2000, 43(4): 795-801.

[18] Arghir M, Benchekroun O. A simplified structural model of bump-type foil bearings based on contact mechanics including gaps and friction. Tribology International, 2019, 134:129-144.

[19] Dickman J R. An investigation of gas foil thrust bearing performance and its influencing factors. Cleveland: Case Western Reserve University, 2010.

[20] Gad A M, Kaneko S. Performance characteristics of gas-lubricated bump-type foil thrust bearing. Proceedings of the Institution of Mechanical Engineers, Part J: Journal of Engineering Tribology, 2015, 229(6): 746-762.

[21] Park D J A, Kim C H, Jang G H, et al. Theoretical considerations of static and dynamic characteristics of air foil thrust bearing with tilt and slip flow. Tribology International, 2008, 41(4): 282-295.

[22] Peng J P, Carpino M. Calculation of stiffness and damping coefficients for elastically supported gas foil bearings. Journal of Tribology, 1993, 115(1): 20-27.

[23] Lee D, Kim D. Design and performance prediction of hybrid air foil thrust bearings. Journal of Engineering for Gas Turbines and Power, 2011, 133(4): 042501.

[24] Lee D, Kim D. Three-dimensional thermohydrodynamic analyses of Rayleigh step air foil thrust bearing with radially arranged bump foils. Tribology Transactions, 2011, 54(3): 432-448.

第6章　高阻尼箔片气体动压轴承性能分析

由于润滑气体黏性小，箔片气体动压轴承存在系统阻尼不足、高速稳定性差等问题。本章提出一种高阻尼箔片气体动压轴承，采用金属丝网结构作为阻尼器来提高轴承耗散机械振动能量的能力，大幅提高轴承-转子系统的高速稳定性。本章通过耦合金属丝网结构的刚度模型和波箔计算模型，提出高阻尼箔片气体动压轴承的气弹耦合润滑模型，研究轴承结构和工作参数对轴承静动态特性的影响规律，为高阻尼箔片气体动压轴承弹性支承结构的设计提供重要的参考。同时，针对气浮轴承非线性特性强的问题，本章建立高阻尼箔片气体动压轴承的非线性理论模型，计算轴心轨迹并分析摩擦系数和金属丝网结构相对密度对轴承临界质量的影响，证明金属丝网结构中较高的摩擦系数能够提高轴承-转子系统的稳定性。最后，本章利用传热学基本理论对高阻尼箔片气体动压轴承弹性支承结构和空心轴的复杂温度边界条件进行分析，建立高阻尼箔片气体动压轴承的热弹流润滑理论模型，计算高阻尼箔片气体动压轴承在不同转速和冷却方式下的周向和轴向温度分布，并搭建温度测试试验台测量箔片气体动压轴承在各种工况下的温度分布，验证理论模型计算结果并分析不同冷却方式的有效性，证明在支承结构内冷却时波箔区域散热的主导作用。

6.1　高阻尼箔片气体动压轴承的结构设计

高阻尼箔片气体动压轴承的结构如图 6.1 所示，包含顶箔、波箔、金属丝网结构和轴承套。顶箔为圆弧形，其一端自由，另一端通过轴承套上的窄槽固定。波箔具有两种结构：

（1）第一种波箔主结构与箔片气体动压轴承的波箔类似，其区别为在高阻尼箔片气体动压轴承中波箔为沿径向反向铺设，在相邻的弧形波箔之间有一定长度的平面部分。

（2）第二种波箔包含弧形波箔和梯形波箔两种形状，两种不同形状的波箔沿轴承圆周方向交错排列，梯形波箔的顶部也具有特定长度的平面部分。

在高阻尼箔片气体动压轴承中，金属丝网结构被设计为具有较小正方形横截面的立方体，其长度与轴承轴向长度相同，使用小尺寸立方体的金属丝网结构有

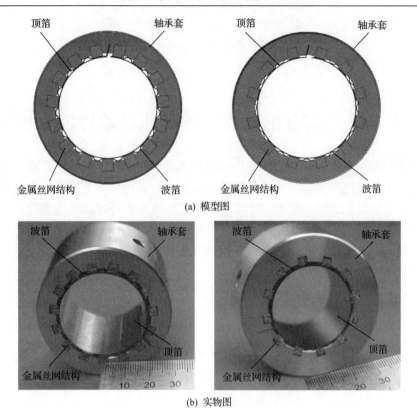

(a) 模型图

(b) 实物图

图 6.1　高阻尼箔片气体动压轴承的结构

利于材料的加工成型并具有较高的成型精度和尺寸稳定性。轴承套内表面上具有沿圆周方向均匀分布的矩形通槽，其槽宽与金属丝网结构的截面尺寸相同。轴承装配时，金属丝网立方体被均匀安装在轴承套中的矩形槽中并与波箔平面部分的底部表面接触，起到支承波箔部分区域的作用。波箔覆盖在金属丝网结构上并起到支承顶箔、形成箔片气体动压轴承的柔性内表面的作用。该高阻尼箔片气体动压轴承的主要结构阻尼来源于金属丝网结构中金属丝干摩擦节点之间的相互滑动，也就是说金属丝网结构为轴承提供部分结构刚度的同时，在轴承-转子系统中起到了干摩擦金属阻尼器的作用。波箔中弧形箔片区域形成的通道有利于冷却气体的通过，使高阻尼箔片气体动压轴承能用于高温高速涡轮机械中。

　　金属丝网结构中金属丝的材料有多种选择，如铜丝、不锈钢丝等。San Andrés 等[1]在设计金属丝网型箔片气体动压轴承时选择直径为 0.3mm 的铜丝作为原材料，并对该类型箔片轴承做了大量的试验研究。试验结果表明，铜丝能满足轴承的工作要求，但是也暴露出一些问题。以铜丝作为材料的金属丝弹性模量小、丝径较大，加工成型后的片状金属丝网结构相对密度偏小、厚度偏大且成型精度较差，在长期使用后，金属丝网结构的膨胀和蠕变严重，降低了轴承的性能稳定性。

Lee 等[2]选择直径为 0.15mm 的不锈钢丝作为原材料，显著降低了金属丝网结构的径向厚度，同时提高了其结构刚度和加工精度。本章在设计高阻尼箔片气体动压轴承时，根据以上经验选取直径为 0.15mm 的不锈钢丝作为金属丝网的原材料，经过机械绕制，层叠并放入成型模具中压制成型。为了提高加工精度，金属丝网结构压制时使用的成型模具压力大约为 400kN，并经数个小时的高频振动定型。高阻尼箔片气体动压轴承中的金属丝网结构被设计为尺寸较小的长方体且具有较高的相对密度，以防止蠕变和脱丝等问题。加工成品表明该设计保证了金属丝网结构长期的尺寸精度和性能稳定。

6.2　弹性支承结构的理论模型及试验验证

6.2.1　弹性支承结构的理论模型

　　成型模具中施加的压力和最终成型的结构尺寸决定了金属丝网结构的相对密度。相对密度定义为金属丝网结构的质量与同体积实心金属材料的质量之比。圆弧形的金属丝在一层金属丝网原材料中均匀分布，相邻圆弧金属丝之间相互搭接。金属丝网结构中弹性微元的物理模型如图 6.2 所示，把金属丝网结构中的部分重复单元视为弹性微元，其中包括两个相互交错搭接的金属丝弹性曲梁和一个干摩擦节点。Lee 等[2]认为，这个弹性微元可以简化为包含两个相互并联的弹簧和干摩擦节点的组合物理模型。作为典型的多孔材料，金属丝网结构中金属丝之间的连接关系相当复杂且不可测量，在考虑材料实际结构的情况下，研究过程中需要做

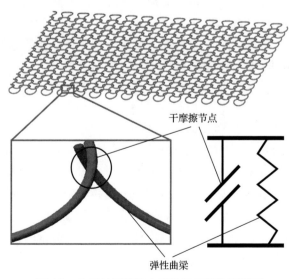

干摩擦节点

弹性曲梁

图 6.2　金属丝网结构中弹性微元的物理模型

出合理的简化和假设。由于在机械编织和铺设过程中保证了材料的均匀性和层与层之间的平行关系，可以假设金属丝网结构为均匀的多层弹性结构[2]。

图 6.3 为金属丝网结构组合弹簧和阻尼器模型示意图。假设在金属丝网结构垂直于厚度方向的截面内具有特定数目的并联弹性微元，在厚度方向具有特定数目的串联弹性微元层，形成组合弹簧-阻尼器结构物理模型。当外力作用于组合弹簧-阻尼器结构时，弹簧产生变形为支承结构提供支承力，同时金属丝之间的干摩擦节点互相滑动形成阻尼器耗散能量，为箔片气体动压轴承提供结构刚度和阻尼机制。

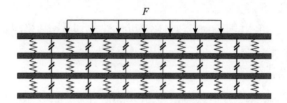

$$F$$

图 6.3　金属丝网结构组合弹簧和阻尼器模型示意图

在弹簧-阻尼器结构组合物理模型中，每一层中的弹性微元结构完全相同且所有弹性微元在同一层中都是并联关系，则原材料中一层组合微元弹簧的等效刚度系数为

$$k_j = \sum_{i=1}^{m} k_i \tag{6.1}$$

式中，k_i 为单个弹性微元的等效刚度系数，N/m；k_j 为单层原材料的等效刚度系数，N/m；m 为单层原材料中弹性微元的数目。

同时，各层原材料之间为串联关系，所以金属丝网结构的总等效刚度系数与一层组合微元弹簧等效刚度系数之间的关系可表示为

$$k_m^{-1} = \sum_{j=1}^{n} k_j^{-1} \tag{6.2}$$

式中，k_m 为金属丝网结构的总等效刚度系数，N/m；m 为单层原材料中弹性微元的数目；n 为金属丝网结构中弹性微元的层数。

由于金属丝网结构中金属丝经机械编织形成并均匀分布在材料中，假设所有弹性微元尺寸和结构完全相同。在每个弹性微元中，弹性曲梁被视为半径为 r_m 的圆环的一部分。在编织完成的金属丝网原材料中，弹性曲梁的初始极角可表示为

$$\theta_{\text{ini}} = 2\pi \eta_{\text{ini}} \tag{6.3}$$

式中，θ_{ini} 为圆弧形弹性曲梁的初始极角；η_{ini} 为弹性曲梁占整个圆环角度的初始

比例。

r_{m}（金属丝单元半径）和 η_{ini} 由机械缠绕和编织金属丝的加工过程决定，其大小可由设计值确定并可在金属丝网结构样品中测量得到。一般来说，由设计和测量得到的 η_{ini} 范围为 $0.25\sim0.35$。在原材料压制过程中，金属丝网结构的相对密度会随着材料尺寸变小而逐渐升高，金属丝之间的干摩擦节点也会随着相对密度的升高而增加，这会导致 η_{ini} 值和弹性曲梁的极角随之减小。总而言之，在金属丝网结构受压而体积变小的过程中，弹性曲梁的极角是相对密度的函数。

金属丝网原材料在未经模具压制时，单层编织金属丝具有一定的初始厚度，则材料中弹性曲梁的平均极角为初始极角，通过试验测量得到初始相对密度和初始极角的对应关系，弹性曲梁极角随相对密度的变化趋势如图 6.4 所示。另外，当成型模具的压力增大到一定程度时，金属丝网结构的相对密度不再随着压力的增大而升高，也就是说金属丝网结构的相对密度具有最大值。根据加工经验，即使将成型模具压力增大到 400kN 以上，相对密度也很难超过 50%。另外，当相对密度为 100% 时，极角的理论值为零，但是这需要极高的压力，实际加工中不可能实现。在试验测量时，由于相对密度 50% 的金属丝网结构具有极高的结构刚度，其在箔片气体动压轴承中已经可以视为刚性结构。为了简化计算模型，假设当相对密度达到最大值时弹性曲梁的极角也趋于零，且极角随相对密度的升高呈线性变化，可表示为

$$\theta_{\mathrm{m}} = \theta_{\mathrm{ini}} \frac{\rho_{\max} - \rho_{\mathrm{m}}}{\rho_{\max} - \rho_0} \tag{6.4}$$

式中，θ_{m} 为弹性曲梁的极角，rad；ρ_{m} 为金属丝网结构的相对密度；$\rho_{\max}$ 为金属丝网结构的最大相对密度；ρ_0 为金属丝网结构的初始相对密度。

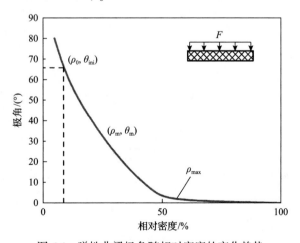

图 6.4　弹性曲梁极角随相对密度的变化趋势

在具有确定相对密度的金属丝网结构中，弹性微元中单个曲梁的质量已知，则弹性微元的总数目可由材料总质量与弹性微元质量的比值得到，可表示为

$$N_{\text{all}} = \frac{2V_{\text{M}}\rho_{\text{m}}}{\pi d^2 \theta_{\text{m}} r_{\text{m}}} \tag{6.5}$$

式中，d 为金属丝直径；V_{M} 为金属丝网结构的体积。

由于弹性微元在金属丝网结构长度、宽度和厚度三个方向均匀分布，式(6.1)和式(6.2)中的 m 和 n 可表示为

$$m = \left(\frac{N_{\text{all}}}{V_{\text{M}}}\right)^{2/3} A \tag{6.6}$$

$$n = \left(\frac{N_{\text{all}}}{V_{\text{M}}}\right)^{1/3} H_{\text{mess}} \tag{6.7}$$

式中，A 为垂直于此厚度方向的截面积；H_{mess} 为金属丝网结构的厚度。

考虑弹性微元中曲梁之间的搭接和干摩擦节点之间的相互滑动关系，可将其简化为一个由弹性滑块和可旋转底座组成的复合物理模型。弹性滑块在其滑动面的法向和平行方向具有两个不同的等效刚度系数，旋转底座具有一个与滑动面垂直的等效刚度系数。因此，弹性微元的物理模型可以进一步简化为由等效弹簧和干摩擦力组合而成的等效力学模型，弹性微元的等效刚度模型如图 6.5 所示。弹性曲梁局部坐标系和不同方向等效刚度示意图如图 6.6 所示。由卡氏定理计算弹性微元和底座的三个等效刚度系数，可得

$$\begin{cases} k_{11} = \dfrac{4\pi E d^4}{r_{\text{m}}^3 \left[2\theta_{\text{m}} - \sin(2\theta_{\text{m}})\right]} \\[4mm] k_{12} = \dfrac{4\pi E d^4}{r_{\text{m}}^3 \left\{8\theta_{\text{m}} - 8\sin\theta_{\text{m}} + \left[6\theta_{\text{m}} - 8\sin\theta_{\text{m}} + \sin(2\theta_{\text{m}})\right]v\right\}} \\[4mm] k_{21} = k_{11} = \dfrac{4\pi E d^4}{r_{\text{m}}^3 \left[2\theta_{\text{m}} - \sin(2\theta_{\text{m}})\right]} \end{cases} \tag{6.8}$$

式中，E 为金属丝结构的弹性模量，GPa；k_{11} 为弹性滑块法向等效刚度系数，N/m；k_{12} 为弹性滑块平行等效刚度系数，N/m；k_{21} 为旋转底座法向等效刚度系数，N/m；v 为金属丝网结构的泊松比。

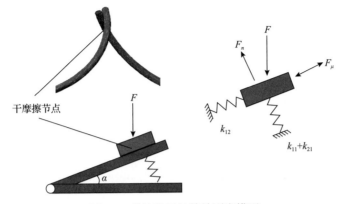

图 6.5　弹性微元的等效刚度模型

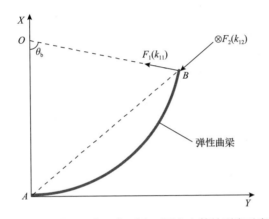

图 6.6　弹性曲梁局部坐标系和不同方向等效刚度示意图

根据弹性微元的力学模型，可得其垂直于材料厚度方向的等效刚度系数为

$$
\begin{cases}
k_1 = \dfrac{(k_{11}+k_{21})k_{12}}{k_{12}\cos^2\alpha+(k_{11}+k_{21})(\sin^2\alpha-\mu_{\mathrm{f}}\sin\alpha\cos\alpha)} \\[4mm]
k_{\mathrm{u}} = \dfrac{(k_{11}+k_{21})k_{12}}{k_{12}\cos^2\alpha+(k_{11}+k_{21})(\sin^2\alpha+\mu_{\mathrm{f}}\sin\alpha\cos\alpha)}
\end{cases}
\tag{6.9}
$$

式中，k_1 为弹性微元的等效加载刚度系数；k_{u} 分别为弹性微元的等效卸载刚度系数；α 为旋转底座和水平面的夹角；μ_{f} 为金属丝网结构中金属丝接触面间的摩擦系数；下标 l 表示加载过程，u 表示卸载过程。

金属丝网结构中阻尼机制的来源可由式 (6.9) 中弹性微元的等效加载和卸载刚度系数计算公式来阐述。两个等效刚度系数计算公式的唯一区别为 $\mu_{\mathrm{f}}\sin\alpha\cos\alpha$ 项的符号。由于摩擦系数方向不同，弹性微元的加载刚度系数比卸载刚度系数大。

弹性微元在加载和卸载过程受力示意图如图 6.7 所示，当弹性微元中弹簧和阻尼器的组合具有向下的位移或速度时，摩擦节点(阻尼器)中摩擦力的方向向上，与位移或速度的方向相反，能够抑制弹性微元的变形。同理，当弹性微元具有向上的位移或速度时，摩擦力的方向同样与位移或速度的方向相反，抑制弹性微元的回弹。在弹性微元的一个加载-卸载受力循环中，摩擦节点不断消耗系统的振动能量，为轴承提供有效的阻尼机制。

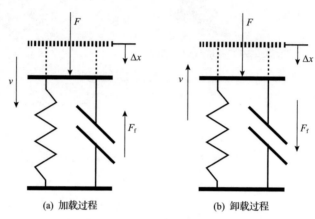

(a) 加载过程　　　　　　　　(b) 卸载过程

图 6.7　弹性微元在加载和卸载过程受力示意图

在式(6.9)中，旋转底座的角度可由每一层中的曲梁平面和水平面之间的夹角计算，表示为

$$\alpha = \arcsin \frac{H_n}{2r_{\mathrm{m}} \sin(\theta_{\mathrm{m}}/2)} \tag{6.10}$$

式中，H_n 为金属丝网结构中每一层弹性微元沿加载方向的等效厚度，$H_n = H_{\mathrm{mess}}/n$。

将式(6.6)～式(6.10)代入式(6.1)和式(6.2)，整理得到金属丝网结构的总等效刚度系数为

$$\begin{cases} k_{\mathrm{gl}} = \dfrac{A}{H_{\mathrm{mess}}} \left(\dfrac{2\rho_{\mathrm{m}}}{\pi^2 d^2 \eta_{\mathrm{ini}} r_{\mathrm{m}}} \right)^{1/3} \dfrac{(k_{11}+k_{21})k_{12}}{k_{12}\cos^2\alpha + (k_{11}+k_{21})\left(\sin^2\alpha - \mu_{\mathrm{f}}\sin\alpha\cos\alpha\right)} \\[4mm] k_{\mathrm{gu}} = \dfrac{A}{H_{\mathrm{mess}}} \left(\dfrac{2\rho_{\mathrm{m}}}{\pi^2 d^2 \eta_{\mathrm{ini}} r_{\mathrm{m}}} \right)^{1/3} \dfrac{(k_{11}+k_{21})k_{12}}{k_{12}\cos^2\alpha + (k_{11}+k_{21})\left(\sin^2\alpha + \mu_{\mathrm{f}}\sin\alpha\cos\alpha\right)} \end{cases} \tag{6.11}$$

式中，k_{gl} 为金属丝网结构的总等效加载刚度系数；k_{gu} 为金属丝网结构的总等效卸载刚度系数。

令

$$a_1 = \frac{A}{H_{\mathrm{mess}}} \tag{6.12}$$

$$a_2 = \left(\frac{2\rho_{\mathrm{m}}}{\pi^2 d^2 \eta_{\mathrm{ini}} r_{\mathrm{m}}} \right)^{1/3} \tag{6.13}$$

则金属丝网结构总等效刚度系数可写为

$$k_{\mathrm{gl}} = a_1 a_2 k_1 \tag{6.14a}$$

$$k_{\mathrm{gu}} = a_1 a_2 k_{\mathrm{u}} \tag{6.14b}$$

式中，a_1 为尺寸系数，由金属丝网结构在受力方向的横截面积和厚度的比值决定，与材料的几何结构和尺寸相关；a_2 为材料系数，由金属丝网结构的相对密度、丝径、弹性曲梁半径等参数决定，与原材料和加工方式相关。

在加载和卸载过程中，材料厚度随着金属丝网结构的变形而减小或增加，这也会导致相对密度的升高或降低，所以在等效刚度系数的计算中要计入结构变形对相对密度的影响。

由式 (6.14) 可知，金属丝网结构的总等效刚度系数与材料横截面积成正比，与厚度成反比。在文献 [3] 中，一系列具有不同径向厚度的圆形金属丝网阻尼器被安置在静态载荷试验台上进行静态载荷和变形关系测试。试验结果证明，在其他参数不变的情况下，随着阻尼器厚度的增加，阻尼器的结构刚度系数降低。

图 6.8 为轴承弹性支承结构整体刚度模型组装示意图。波箔和金属丝网结构分别简化为并联弹簧和阻尼器来支承顶箔，为轴承提供结构刚度和阻尼。顶箔、波箔和金属丝网结构的刚度系数矩阵分别计算，最后根据支承结构中相应的位置进行总刚度系数矩阵的组装。在梯形波箔区域，由波箔和金属丝网结构形成并联关系来共同支承顶箔。在弧形波箔区域，由波箔刚度单独支承顶箔。金属丝网结构的阻尼远大于波箔，所以波箔与顶部、波箔和轴承套之间相互滑动带来的阻尼可以忽略，只在金属丝网结构中考虑阻尼的作用。轴承支承结构总刚度系数矩阵装配完成后形成了密集支承和稀疏支承相互交替分布的形式，在密集支承区域，弹簧和阻尼器交替分布。这种分布形式和箔片中梯形和弧形波箔区域所在的具体位置相对应。

为了验证高阻尼箔片气体动压轴承支承结构的结构刚度和阻尼模型，部分支承结构被放置在静态载荷试验台上进行加载试验，获取该部分支承结构的位移-载荷关系，即可估算其结构刚度系数。通过对比相同参数下的计算结果和试验数据，可以验证理论模型的正确性。同时，考虑波箔和金属丝网结构的非线性结构刚度系数，通过对理论结果和试验数据之间的误差分析，可以对该模型的有效性及适用范围进行一定的预估。图 6.9 为轴承弹性支承结构静态载荷加载试验台，

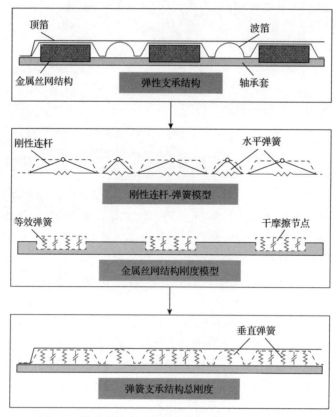

图 6.8　轴承弹性支承结构整体刚度模型组装示意图

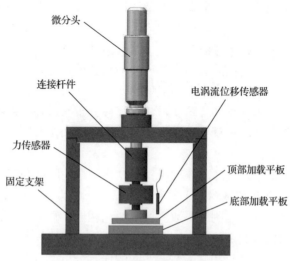

图 6.9　轴承弹性支承结构静态载荷加载试验台

包括固定支架、微分头、连接杆件、力传感器、电涡流位移传感器和两个加载平板。微分头的芯轴为非旋转型且被固定在底座支架上，其底端和连接杆件连接在一起。力传感器的一端和连接杆件连接在一起，另一端和顶部加载平板连接，用来测量微分头施加在测试部件上的静态载荷。轴承弹性支承结构被放置在顶部和底部加载平板之间且通过螺栓固定在底部加载平板上。

高阻尼箔片气体动压轴承部分弹性支承结构测试部件如图 6.10 所示，弹性支承结构测试部件包括顶箔、四个金属丝网结构和波箔。波箔包含四个梯形波箔和四个弧形波箔。考虑连接杆件、力传感器和顶部加载平板之间螺纹连接的精度不足，在底部加载平板下不同位置塞入不同厚度的金属垫片可以调整顶部和底部加载平板之间的平行度。

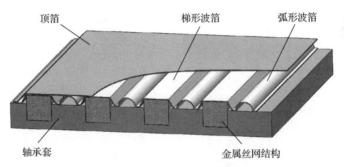

图 6.10　高阻尼箔片气体动压轴承部分弹性支承结构测试部件

6.2.2　弹性支承结构的试验验证

高阻尼箔片气体动压轴承支承结构静态载荷加载的计算结果和试验数据如图 6.11 所示。在第一组试验中，弹性支承结构测试部件中只包含波箔，波箔底部的金属丝网结构被移除，用来单独测量波箔的结构刚度。试验中通过顶部加载平板施加的静态载荷为 30N。在理论计算中，取位移方向和干摩擦系数的转折点为最大变形值。试验结果显示，随着静态载荷的增加，波箔的最大位移约为 0.03mm 并呈现出轻微的非线性特性。同时，波箔载荷的计算值随位移的增加基本上呈线性增长，因此在最大位移处载荷的计算结果比试验数据偏小。考虑波箔的非线性特性，计算结果和试验数据吻合较好。在第二、三和四组试验中，对只包含金属丝网结构的支承结构进行静态载荷测试时，三组试验中相对密度分别为 25%、32.5% 和 40%。与波箔相比，三种相对密度的金属丝网结构都具有较大的滞回曲线面积，意味着较高的结构阻尼系数。由于在理论模型中考虑了金属丝网结构中的干摩擦效应，计算结果中同一个滞回曲线的加载、卸载循环曲线不重合。当施加载荷分别为 107.9N、100.5N 和 99.5N 时，三种相对密度金属丝网结构最大载荷的计算值分别为 133.0N、115.6N 和 93.6N。当相对密度小于 32.5%时，计算结果中滞回曲线面积小于试验数据，这是由于理论模型未考虑材料由于塑性变形而损失的部分能量。

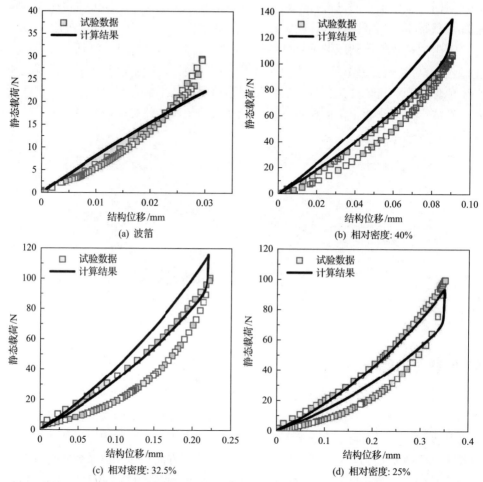

图 6.11　高阻尼箔片气体动压轴承支承结构静态载荷加载的计算结果和试验数据

由最大载荷和最大位移估算的波箔的刚度系数约为 1.01MN/m，如表 6.1 所示。三种相对密度的金属丝网结构的刚度系数分别为 0.28MN/m、0.45MN/m 和 1.19MN/m。试验数据表明，随着相对密度的增加，金属丝网结构的结构刚度呈现出明显的非线性特性。综上所述，由于梯形波箔区域的顶箔由金属丝网结构和波箔共同支承，为了使轴承不出现局部过大的结构刚度，必须选择合适相对密度的金属丝网结构，沿轴承圆周方向合适的结构刚度分布能够使轴承保持均匀的气膜厚度，避免出现过大的温度梯度和顶箔的局部碰磨。

表 6.1　测试结构的结构刚度系数

测试结构	最大施加载荷/N	最大位移/μm	结构刚度系数/(MN/m)
波箔	30.1	29.7	1.01
相对密度 25%	99.5	351.5	0.28
相对密度 32.5%	100.5	223.3	0.45
相对密度 40%	107.9	90.9	1.19

6.3　高阻尼箔片气体动压轴承静态特性分析

　　具有第二种波箔结构的高阻尼箔片气体动压轴承参数如表 6.2 所示。轴承设计内径为 30mm，长径比为 1。

表 6.2　高阻尼箔片气体动压轴承参数

轴承参数	参数取值
轴承套外径/mm	50
轴承套内径/mm	31.4
轴承轴向长度/mm	30
顶箔厚度/mm	0.11(测量值)
波箔厚度/mm	0.11(测量值)
波箔高度/mm	0.62(测量值)
弧形波箔直径/mm	3.2
弧形波箔数目	11
梯形波箔长度/mm	3.6(顶部平面)
梯形波箔数目	12
矩形槽深度/mm，数目	2.5, 12
金属丝直径/mm	0.15
金属丝网结构相对密度/%	25, 32.5, 40
金属丝网结构设计尺寸/(mm×mm×mm)	3×3×30
箔片弹性模量/GPa	213
金属丝网结构弹性模量/GPa	195
金属丝网结构泊松比	0.3
轴承质量/kg	0.324

图 6.12 为高阻尼箔片气体动压轴承在启停循环中的阻力矩变化趋势。在试验中，施加到轴承上的静态载荷为 26N，最高转速为 20kr/min。转子从零加速到 20kr/min 所用的时间为 2.8s，转速稳定并保持一段时间，最后在 3.5s 内降低到零转速。当转子开始转动时，轴承阻力矩随之迅速升高，出现了一个约为 75N·mm 的峰值，表明顶箔和转子表面之间处于干摩擦状态。随着转速的继续升高，阻力矩在特定转速位置处出现了急剧降低现象，这表明转子表面和顶箔之间由于气膜压力的作用开始分离。在本次试验中，当转速达到 13kr/min 时，阻力矩从 75N·mm 减小到 11N·mm 并保持稳定，说明轴承处于完全气膜润滑状态。当转速稳定在 20kr/min 时，轴承阻力矩的大小仅为起飞前的 14.6%。最后，随着转速开始降低，阻力矩又出现了 82N·mm 的峰值，表明轴承内部表面之间重新进入干摩擦状态。

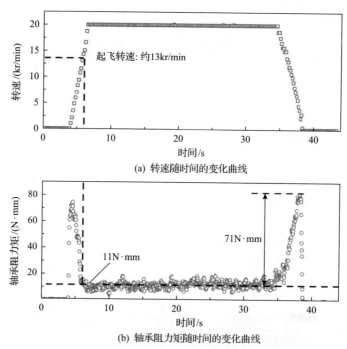

(a) 转速随时间的变化曲线

(b) 轴承阻力矩随时间的变化曲线

图 6.12　高阻尼箔片气体动压轴承在启停循环中的阻力矩变化趋势

高阻尼箔片气体动压轴承温度变化如图 6.13 所示，此时静态载荷为 11.5N、转速为 20kr/min、环境温度为 27.5℃、运行时间为 300s。当轴承开始运行时，温度随着时间增加，从环境温度略升高到 28℃，但是 150s 后温度基本保持不变。整个测试循环中轴承的稳定温升仅为 0.5℃，表明该高阻尼箔片气体动压轴承实现了完全气膜润滑状态。

高阻尼箔片气体动压轴承气膜压力分布、支承结构变形和气膜厚度分布如

图 6.14 所示。计算中给定的轴承静态载荷为 50N，转速为 60kr/min，金属丝网结构相对密度为 40%，相应的轴承在稳态平衡位置的偏心率为 0.99，偏位角为 20.5°，给定名义间隙为 30μm。

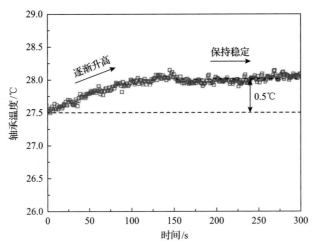

图 6.13　高阻尼箔片气体动压轴承温度变化

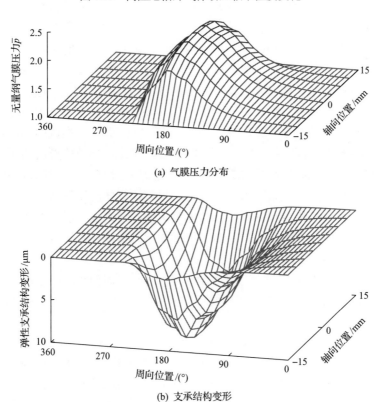

(a) 气膜压力分布

(b) 支承结构变形

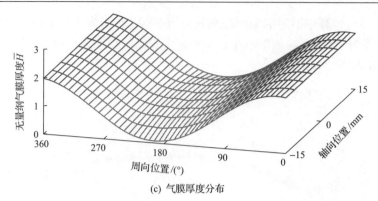

(c) 气膜厚度分布

图 6.14　高阻尼箔片气体动压轴承气膜压力分布、支承结构变形和气膜厚度分布

从图 6.14(a)可以看出，顶箔表面的气膜压力沿圆周方向从环境压力开始逐渐升高，在 $\theta = 187.5°$ 附近出现峰值并随着周向角度的增加开始迅速下降。考虑偏位角对气膜厚度分布的影响，计算结果显示周向压力峰值位置比最小气膜厚度位置提前出现，这是由最小气膜厚度位置之后的气膜厚度发散区域引起的。同时，气膜压力的轴向峰值出现在轴向对称面，并在轴承端面附近迅速下降为环境压力。结合图 6.14(a)和(b)可以看出，在高压区附近，气膜压力和结构变形沿周向分布出现了明显的波动，这是由弧形波箔和梯形波箔区域的结构刚度差异引起的。当金属丝网结构相对密度为 40%时，梯形波箔区域的结构刚度等于梯形波箔和金属丝网结构刚度的叠加，由于金属丝网结构刚度随相对密度的变化具有很强的非线性，较高密度的金属丝网结构使梯形波箔区域的结构刚度大于弧形波箔区域，在气膜压力作用下，弧形波箔区域的变形比梯形波箔区域的变形更为明显，所以气膜厚度分布也在两种波箔区域出现波动，如图 6.14(c)所示。在试验和计算过程中发现，低密度金属丝网结构(如相对密度 25%)的刚度会导致梯形波箔区域刚度比弧形波箔区域小。气膜厚度的显著波动导致气膜厚度出现多处局部极小值，有可能会导致顶箔出现点状或条状磨损。在高阻尼箔片气体动压轴承的设计中，应根据理论计算和试验结果合理选择金属丝网结构的相对密度，以得到相对均匀分布的结构刚度和气膜厚度，防止顶箔出现局部磨损，提高轴承运行的可靠性和使用寿命。

金属丝网结构相对密度、轴承载荷和转速对气膜厚度沿周向分布的影响如图 6.15 所示。其中，金属丝网结构的相对密度分别为 25%、32.5%和 40%，轴承的径向名义间隙取 30μm。

从图 6.15(a)可以看出，在相同的轴承载荷和转速下，随着相对密度的升高，最小气膜厚度有逐渐减小的趋势，同时最小气膜厚度附近气膜厚度的周向波动也随相对密度的升高而趋于平缓，这是由于具有较高相对密度金属丝网结构的轴承在相同载荷下的变形更小。同时，计算结果显示在最小气膜厚度附近，支承结构在相

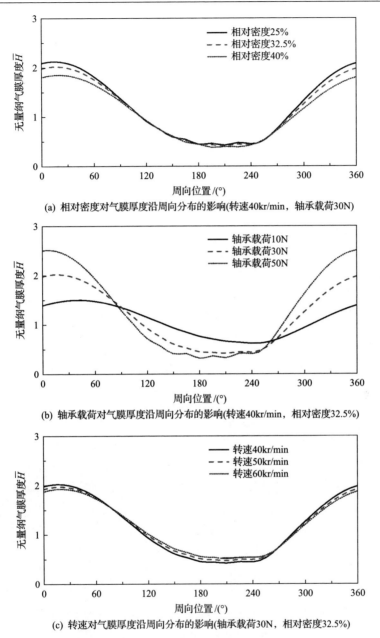

(a) 相对密度对气膜厚度沿周向分布的影响(转速40kr/min，轴承载荷30N)

(b) 轴承载荷对气膜厚度沿周向分布的影响(转速40kr/min，相对密度32.5%)

(c) 转速对气膜厚度沿周向分布的影响(轴承载荷30N，相对密度32.5%)

图 6.15　金属丝网结构相对密度、轴承载荷和转速对气膜厚度沿周向分布的影响

对密度为 25%和 40%时的变形导致气膜厚度的波动呈现相反的特征。在相对密度为 25%时，梯形波箔区域的气膜厚度较大；在相对密度为 40%时，梯形波箔区域的气膜厚度最小。这是由于随着相对密度的升高，金属丝网结构的刚度也迅速增加，导致弧形波箔区域和梯形波箔区域的结构刚度分布出现了反转。

　　从图 6.15(b)可以看出,轴承载荷对气膜厚度沿周向分布的影响非常明显,这是由于在特定转速和结构刚度下,轴承载荷决定了偏心率和结构变形这两项重要参数。当轴承载荷为 10N 时,气膜厚度沿周向变化比较平缓。当轴承载荷升高时,气膜厚度沿周向的变化开始明显,而且最小气膜厚度区域开始变宽。当轴承载荷为 50N 时,最小气膜厚度附近出现较宽范围的波动,这说明轴承支承结构在重载下开始出现明显的变形,结构刚度的阶梯分布导致气膜厚度出现波动。

　　从图 6.15(c)可以看出,转速在最小气膜厚度附近区域使气膜厚度增加,但是对整体周向分布改变不大,说明转速改变不大时对气膜厚度周向分布的影响不明显。

　　图 6.16 为金属丝网结构相对密度、轴承载荷和转速对气膜厚度沿轴向分布的影响,图中轴向气膜厚度数据取自在各种工况下偏位角对应处的气膜厚度值。在特性的转速和轴承载荷下,轴承轴向中面处的气膜厚度远大于端面处的气膜厚度,这是由于轴承中面附近气膜压力较高引起支承结构较大的变形,如图 6.16(a)所示。随着金属丝网结构相对密度的升高,轴承轴向中面处的气膜厚度缓慢减小,但端面处的最小气膜厚度却呈迅速增大的趋势,计算结果表明,随着箔片气体动

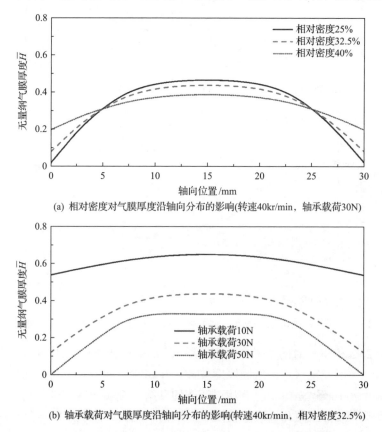

(a) 相对密度对气膜厚度沿轴向分布的影响(转速40kr/min,轴承载荷30N)

(b) 轴承载荷对气膜厚度沿轴向分布的影响(转速40kr/min,相对密度32.5%)

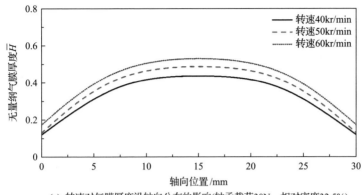

(c) 转速对气膜厚度沿轴向分布的影响(轴承载荷30N，相对密度32.5%)

图 6.16　金属丝网结构相对密度、轴承载荷和转速对气膜厚度沿轴向分布的影响

压轴承结构刚度的增加，轴承气膜厚度沿轴向趋于均匀分布。均匀的轴向气膜厚度分布能够防止顶箔和转子表面在端面附近过早出现碰磨，有利于箔片气体动压轴承极限承载力的提高。随着轴承载荷从 10N 提高到 50N，轴向气膜厚度从平缓分布开始向剧烈变化转变，说明轴承载荷对轴向气膜厚度分布的影响也非常明显。当轴承载荷为 50N 时，虽然轴承轴向中面处的气膜厚度为 9.6μm，但是在轴承端面处气膜厚度已经接近零，考虑顶箔表面涂层的粗糙度，可以认为在该轴承载荷下顶箔和转子表面开始磨损，轴承已经失效。通过改变轴承轴向结构刚度分布，降低端面位置附近支承结构的刚度，能够使气膜厚度分布更加均匀，从而提高箔片气体动压轴承的极限承载力。第二代和第三代箔片气体动压轴承沿轴向排列的多片式波箔验证了以上设计思想。当转速从 40kr/min 提高到 60kr/min 时，轴向气膜厚度呈现出升高的现象，这是由于动压效应的增强提高了气膜压力，在轴承力的作用下转子的偏心率减小，使气膜厚度变大，但是在以上讨论的三个参数中，转速对气膜厚度变化的影响最小。

　　高阻尼箔片气体动压轴承在稳态载荷下的偏心率、偏位角随轴承载荷、相对密度和转速的变化曲线如图 6.17 所示。可以看出，随着轴承载荷的升高，轴心偏心率也迅速增加，在金属丝网结构的相对密度较低时，由于轴承结构刚度较小，轴心在重载情况 (50N) 下的最大偏心率甚至可以达到 1.48。不同的金属丝网结构相对密度改变轴承结构刚度并显著影响轴心稳态平衡位置。与具有 40% 相对密度金属丝网结构的轴承相比，具有 32.5% 相对密度金属丝网结构的轴承偏心率在相同转速和载荷情况下增加明显。当相对密度从 32.5% 降到 25% 时，偏心率的增加却不明显。这是由于金属丝网结构具有明显的非线性刚度，相对密度越高，其结构刚度非线性越强，轴承总结构刚度增加越明显[4]。轴承偏心率在转速为 40kr/min 时比 60kr/min 时显著增大，尤其是在高相对密度情况下其差值更加明显，这说明较高的转速能够使轴承表面气膜压力增大从而使轴心向轴承中心移动，减小偏心率。图 6.17(b)显示轴心偏位角随轴承载荷的增加迅速减小，当轴承载荷从 10N 增加到 50N 时(转速 40kr/min，相对密度 40%)，偏位角从 57.5°降低到 18.0°，说明载荷对偏位角的影响非常显著。当转速从 40kr/min 增加到 60kr/min 时，所有工况下的轴心偏位角都明显变大。同时，轴心偏位角也随金属丝网结构刚度的增加而变大。

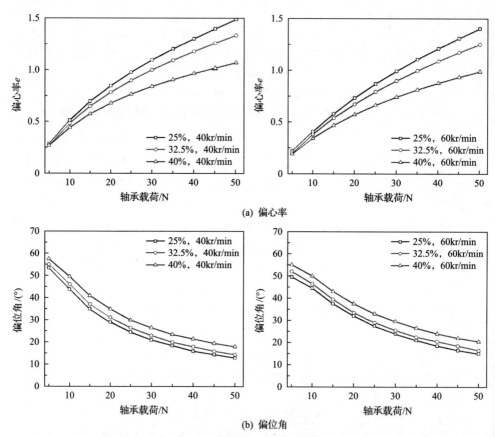

(a) 偏心率

(b) 偏位角

图 6.17 高阻尼箔片气体动压轴承在稳态载荷下的偏心率、偏位角随轴承载荷、相对密度和转速的变化曲线

高阻尼箔片气体动压轴承在各种工况下的轴心位置随金属丝网结构相对密度、轴承载荷和转速的变化趋势如图 6.18 所示，曲线 $e/C_{nom}=1$ 为名义间隙环，代表了支承结构未变形时轴承中径向间隙的范围，转子转动方向为顺时针。可以看出，在固定转速和轴承结构刚度情况下，轴心平衡位置随载荷增加的变化曲线为接近半圆弧形，这与油润滑动压轴承的性质相同[5]。同时，由于箔片气体动压轴承中的柔性支承结构，轴心的偏心可以超过名义间隙环，在本次计算结果中达到了 1.48，说明高阻尼箔片气体动压轴承在重载工况下有极强的适应性。在固定转

速下，随着相对密度的升高，轴心平衡位置曲线向轴承中心收缩，当金属丝网结构的相对密度极高时，箔片气体动压轴承的行为与刚性气体动压轴承类似，在重载情况下轴心位置曲线将紧贴名义间隙环运动。轴心位置曲线图能够直观地看出轴承参数的改变对轴心平衡位置变化曲线的影响，对轴承静态特性的直观理解有很好的参考价值。

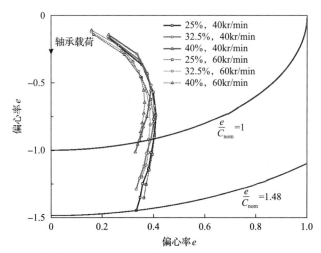

图 6.18　高阻尼箔片气体动压轴承在各种工况下的轴心位置随金属丝网结构相对密度、轴承载荷和转速的变化趋势

6.4　轴承动态系数计算结果及试验验证

高阻尼箔片气体动压轴承动态刚度系数和动态阻尼系数的计算结果与试验数据对比如图 6.19 和图 6.20 所示。理论计算中采用的转速为 24kr/min，金属丝网结构的相对密度为 25%、32.5% 和 40%。由于在试验中由力锤施加在轴承套上的冲击载荷沿水平方向，可用由 Y 方向的力引起的轴承动态系数 k_{yy}、k_{yx}、C_{yy} 和 C_{yx} 与试验测试结果进行对比。图 6.19(a) 计算结果显示，轴承动态直接刚度系数随激励频率和相对密度的增加缓慢升高，与试验结果一致。同时，计算结果和试验数据在激励频率较低(0～100Hz)和相对密度较低时吻合得不是很理想，在激励频率大于100Hz 时误差逐渐变小，但是在高频区域，高相对密度轴承的计算结果又出现误差增加的趋势。以上误差的出现可能是试验方法本身造成的，因为由时域转换到频域时，冲击载荷在 0～250Hz 的振动幅值并不稳定，其大小随频率升高而迅速减小，不同频率下的振动幅值不一致可能造成轴承结构的动态刚度系数测量的误差。图 6.19(b)中动态交叉刚度系数的计算结果与试验数据平均值吻合较好，并呈现出随相对密度的降低，动态交叉刚度系数的绝对幅值逐渐减小的趋势，这与试验数据一致。

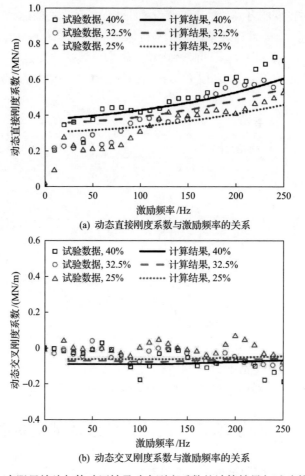

(a) 动态直接刚度系数与激励频率的关系

(b) 动态交叉刚度系数与激励频率的关系

图 6.19　高阻尼箔片气体动压轴承动态刚度系数的计算结果与试验数据对比

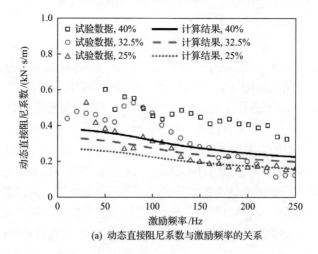

(a) 动态直接阻尼系数与激励频率的关系

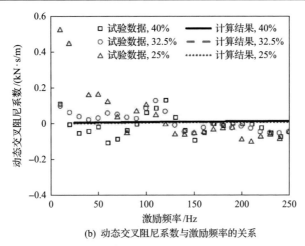

(b) 动态交叉阻尼系数与激励频率的关系

图 6.20　高阻尼箔片气体动压轴承动态阻尼系数的计算结果与试验数据对比

　　从图 6.20 可以看出，随着激励频率的升高，轴承的动态直接阻尼系数呈下降趋势，这是金属丝网结构的阻尼随频率升高而迅速下降，导致整个轴承阻尼系数降低，与试验数据趋势一致。与刚度系数数据误差分析同理，动态直接阻尼系数的计算结果在低频区域和试验数据偏差较大，在高频区域吻合较好。动态交叉阻尼系数的试验数据在零点附近波动，同时计算结果显示，三种相对密度轴承的动态交叉阻尼系数都接近于零，试验数据的平均值与计算结果接近。

　　轴承同步动态刚度系数随转速的变化趋势和轴承同步动态阻尼系数随转速的变化趋势如图 6.21 和图 6.22 所示。理论计算中轴承的名义间隙为 30μm，轴承载荷为 10N。图 6.21(a) 显示在固定载荷下，随着转速的升高，动态直接刚度系数 k_{yy} 呈几乎线性增加的趋势，而 k_{xx} 则先降低后趋于稳定值。X 和 Y 方向的动态直接刚度系数变化可以通过定载荷下轴心随转速变化的平衡位置来解释。当转速较低时，偏位角相对较小，偏心率较大，轴心平衡位置接近于 X 轴，则气膜在 X 轴方向的厚度比在 Y 轴方向的厚度小，导致 $k_{xx} \geqslant k_{yy}$；当转速较高时，偏位角增大，偏心率减小，轴心平衡位置向 Y 轴方向移动，导致 $k_{yy} \geqslant k_{xx}$，并且随着转速的升高，二者差值越来越大。计算结果显示，动态直接刚度系数随相对密度的升高而迅速增加，表明金属丝网结构的相对密度对轴承动态刚度系数的影响非常大。图 6.21(b) 显示轴承动态交叉阻尼系数随着转速的升高而减小，在高转速区域，金属丝网结构的相对密度对动态交叉刚度系数的影响越来越小。

　　图 6.22 的动态阻尼系数计算结果显示，随着转速的增加，动态直接阻尼系数和动态交叉阻尼系数都呈下降的趋势。具有不同金属丝网结构相对密度的轴承的动态阻尼系数在低转速区域具有较大的差值，随着转速的升高，其差值逐渐变小甚至消失。

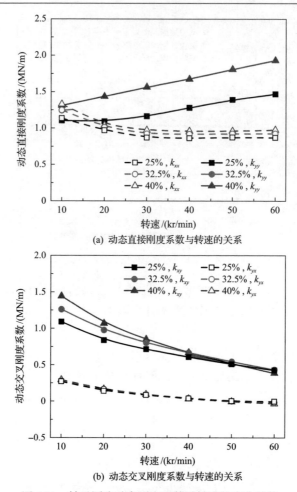

(a) 动态直接刚度系数与转速的关系

(b) 动态交叉刚度系数与转速的关系

图 6.21 轴承同步动态刚度系数随转速的变化趋势

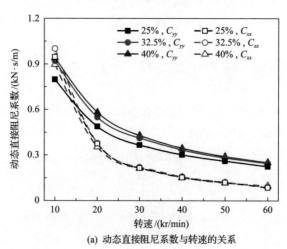

(a) 动态直接阻尼系数与转速的关系

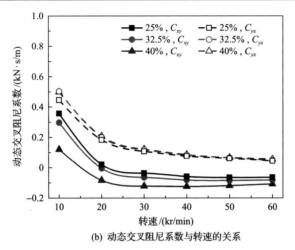

(b) 动态交叉阻尼系数与转速的关系

图 6.22　轴承同步动态阻尼系数随转速的变化趋势

具有高相对密度金属丝网结构的箔片气体动压轴承的动态直接阻尼系数较高，这是由于金属丝之间的干摩擦节点随相对密度的升高而迅速增加，能够有效地耗散振动能量，为系统提供更有效的阻尼效应。

6.5　非线性理论模型及结果分析

6.5.1　非线性理论模型

通过小扰动法求解的箔片气体动压轴承动态刚度系数和动态阻尼系数为理解轴承的动态行为和轴承-转子系统的设计提供了强有力的理论工具。虽然线性轴承模型在工程设计中具有广泛的应用，但由于其建立在线性化轴承参数的假设之上，当轴承参数趋于极端时，线性化假设不再适用，其应用范围就受到了极大的限制[5]。例如，当箔片气体动压轴承处于重载工况下时，轴心的偏心率较大，气膜厚度极小，轴承进入非线性区域，其位移与轴承力之间的关系具有明显的非线性特性。另外，当轴颈转速较高时，箔片气体动压轴承支承的高速旋转机械将跨过失稳阈值转速。在这种情况下，线性化轴承模型将无法对轴承真实的响应做出合理的预测[5]。因此，建立不受线性化假设约束的箔片气体动压轴承非线性模型对设计极端参数下的高速旋转机械非常重要。

为了准确预测轴心的运动轨迹，需要使用非线性的运动方程瞬态解，在此通过不断迭代计算轴心的加速度、速度和位移来实现求解。在轴心轨迹的迭代计算中，每一个时间步长下的轴承瞬态气膜力和支承结构变形都需要耦合计算。在转子具有外部恒定载荷、气膜力和不平衡载荷时，其运动方程的无量纲

形式为

$$
\begin{cases}
\bar{M}\ddot{\bar{x}} = \bar{F}_x - \bar{M}\bar{e}_u \sin(\omega t) - \bar{W}_0 \\
\bar{M}\ddot{\bar{y}} = \bar{F}_y + \bar{M}\bar{e}_u \cos(\omega t)
\end{cases}
\tag{6.15}
$$

无量纲参数为

$$
\bar{x} = \frac{x}{C}, \quad \bar{y} = \frac{y}{C}, \quad \varepsilon_u = \frac{e_u}{C}, \quad \bar{M} = \frac{MC\omega^2}{p_a R_b^2}, \quad \bar{F} = \frac{F}{p_a R_b^2}, \quad \bar{W}_0 = \frac{W_0}{p_a R_b^2}
$$

式中，e_u 为不平衡质量偏心距，m；F 为轴承瞬态气膜力，N；M 为转子质量，kg；W_0 为轴承载荷，N；ω 为转子角速度，rad/s。

在轴心轨迹的计算过程中，每一个时间步长下的轴心位移都在两个自由度上分别迭代计算。时间步长 Δt 取 $2\pi/(200\omega)$，轴心在每一个时间步长后的速度和位移为

$$
\begin{cases}
\bar{x}(t+\Delta t) = \bar{x}(t) + \Delta t \dot{\bar{x}}(t) + \frac{\Delta t^2}{2}\ddot{\bar{x}}(t) \\
\dot{\bar{x}}(t+\Delta t) = \dot{\bar{x}}(t) + \Delta t \frac{\ddot{\bar{x}}(t) + \ddot{\bar{x}}(t+\Delta t)}{2}
\end{cases}
\tag{6.16}
$$

假设轴颈的无量纲初始位置为 $(\bar{x}_0, \bar{y}_0)$，当其具有位移 $(\Delta\bar{x}_0, \Delta\bar{y}_0)$ 时，其气膜厚度的无量纲表达式为

$$
\bar{H} = 1 - \cos\theta(\bar{y}_0 + \Delta\bar{y}) + \sin\theta(\bar{x}_0 + \Delta\bar{x}) + \bar{\delta}
\tag{6.17}
$$

采用非线性轴承理论模型计算轴心轨迹的流程如下：

(1) 输入轴承结构、运行参数及轴心初始位置。

(2) 采用有限差分法求解轴承瞬态雷诺方程，获取 t 时刻气膜压力分布。

(3) 分别计算顶箔、波箔和金属丝网结构的结构刚度系数并组装得到轴承结构的整体刚度系数矩阵，由气膜压力和整体刚度系数矩阵计算支承结构的变形。

(4) 计算转子受到的轴承瞬态气膜力，由运动方程计算其加速度、速度和位移。

(5) 根据新的轴心位置重新求解雷诺方程，得到 $t+\Delta t$ 时刻气膜压力结果。

(6) 对比 $t+\Delta t$ 和 t 时刻的支承结构变形，判断其在 $t+\Delta t$ 和 t 时刻之间处于加载还是卸载阶段，确定金属丝网结构中摩擦系数的方向。

(7) 根据摩擦系数方向重新计算支承结构整体刚度系数矩阵，并由气膜压力的数据重新计算其变形。

(8) 不断循环迭代，直到轴心轨迹收敛或发散。

6.5.2　非线性特性计算结果与分析

非线性的轴心轨迹可以用来分析不同转速、载荷和转子质量下轴承-转子系统的稳定性[6]。转子临界质量可以引入作为评价轴承-转子系统稳定性的指标[7]。假设系统中转子由两个完全相同的箔片气体动压轴承支承,将转子视为刚性轴,系统呈对称分布且轴承和转子在轴向完全对中,转子质量为 $2M$,则每个箔片气体动压轴承上承载的质量为 M。因此,系统可以被简化为 2 自由度轴承-转子系统。在本章中,选择远离稳态平衡位置的轴承中心为转子初始位置。在给定的转速和转子质量情况下,经过数个运动周期之后,转子轴心轨迹会有三种趋势:收敛到稳态平衡位置点、稳定在临界极限位置或者形成振荡且幅值逐渐增大、转子表面与顶箔镀层产生碰摩。

高阻尼箔片气体动压轴承金属丝网结构的摩擦系数对轴承-转子系统临界质量的影响如图 6.23 所示。转速为 30kr/min,摩擦系数 $\mu = 0$ 和 0.1,相对密度为 40%,轴承沿竖直方向的静态载荷为 20N。当不考虑高阻尼箔片气体动压轴承中金属丝网结构内部金属丝之间的摩擦($\mu = 0$)时,转子由初始轴承中心位置释放后,由于重力的作用,其具有向下的位移,并且由于楔形效应的影响,其轴心轨迹向右侧偏转。当转子质量小于或等于 1.65kg 时,其轴心轨迹的振动幅值由于轴承中气膜的阻尼作用会逐渐收敛到一个极小的点状区域,可以视为轴承-转子系统在此时处于稳定状态。当转子质量达到 1.75kg 时,其轴心轨迹在多个运动周期后达到一个具有较大振动幅值的极限环状态。在这种情况下,若不改变系统参数,则此极限环状态将一致保持下去,轴心轨迹既不收敛也不发散,其相对应的转子质量即系统的临界质量。当转子质量大于 1.75kg 时,其轴心轨迹的幅值将在数个振动周期内迅速发散,其幅值持续增大并超出名义间隙,可以视为轴承-转子系统在此时处于失稳状态。计算结果显示,当支承结构中摩擦系数由 0 增加到 0.1 时,轴承-转子系统的临界质量从 1.75kg 增大到 2.20kg,增大了 25.7%。在给定轴承载荷且不考虑不平衡质量的情况下,转子质量越小,系统越稳定。因此,金属丝网结构内的干摩擦节点通过阻尼耗散振动能量,能够显著提高轴承-转子系统的稳定性。

高阻尼箔片气体动压轴承结构的动态刚度系数和动态阻尼系数在轴心振动引起的动态载荷作用下,其沿轴承圆周方向的分布决定了气膜厚度和气膜压力分布,影响轴承的轴心运动轨迹。由于支承结构金属丝网结构中干摩擦节点的影响,金属丝网结构的加载刚度系数和卸载刚度系数之间具有一定的差值,因此能够在振动循环中耗散能量[4]。转子在高阻尼箔片气体动压轴承中运动时支承结构中沿圆周方向的加载和卸载区域示意图如图 6.24 所示。当转子运动到其中一个位置时,支承结构的加载和卸载状态如图所示。图中指向轴承套的箭头表示加载状态,指

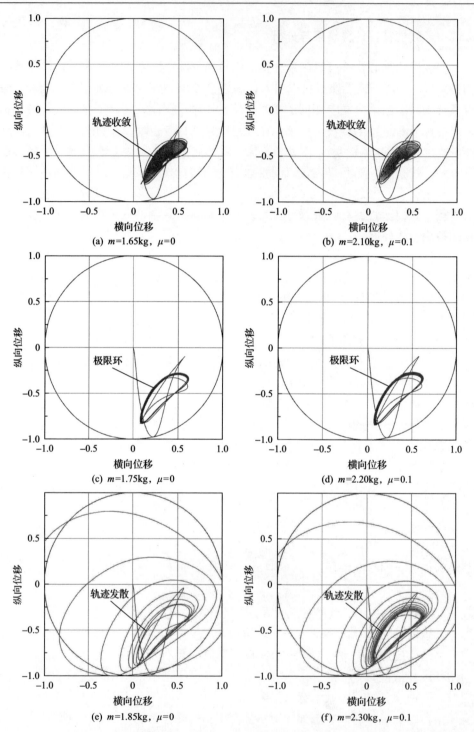

(a) m=1.65kg, μ=0

(b) m=2.10kg, μ=0.1

(c) m=1.75kg, μ=0

(d) m=2.20kg, μ=0.1

(e) m=1.85kg, μ=0

(f) m=2.30kg, μ=0.1

图 6.23　高阻尼箔片气体动压轴承金属丝网结构的摩擦系数对轴承-转子系统临界质量的影响

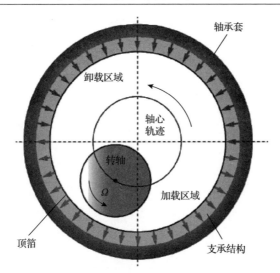

图 6.24　转子在高阻尼箔片气体动压轴承中运动时支承结构中沿圆周方向的
加载和卸载区域示意图

向轴承中心的箭头表示卸载状态。在轴承的下半部分，由动压和挤压效应形成的气膜压力比前一时刻高，支承结构变形增大，与前一时刻相比，支承结构中干摩擦节点处于加载状态。在轴承的上半部分，气膜压力比上一时刻小，支承结构的变形减小，支承结构中干摩擦节点处于卸载状态。

　　由于干摩擦的影响，支承结构的变形减小，进而导致气膜压力升高，在轴承的上半部分，情况与之相反。以上与轴心运动速度和位移相反的气膜压力变化使轴心逐渐趋于轴承中心并因此降低了高阻尼箔片气体动压轴承在高转速区域的次同步幅值，提高了轴承-转子系统的稳定性。

　　当轴承中转子涡动和气膜振动引起支承结构动态位移时，金属丝网结构内的摩擦系数影响其能量耗散效应的作用，较大的摩擦系数意味着系统在动态载荷下具有较大的等效黏性阻尼系数。高阻尼箔片气体动压轴承金属丝网结构的摩擦系数对轴承-转子系统临界质量的影响如图 6.25 所示。转子转速为 30kr/min，相对密度为 32.5%。在轴承载荷由 10N 增加到 20N 的过程中，计算结果显示，不同摩擦系数下的临界质量先呈现出线性增加的趋势，当载荷大于 17.5N 时，临界质量的增加出现了阶跃现象，表现出明显的非线性特性。这是由于当载荷较小时，轴承中轴心的偏心率很小且转子在平衡位置附近以微小的幅值振动，因此轴承的支承结构基本无变形，金属丝网结构中的干摩擦节点无滑移，所以在载荷小于 15N 时，不同摩擦系数下的临界质量没有明显增加。与此相反，当轴承载荷较大时，转子贴近轴承表面附近振动，支承结构具有较大的变形幅值，摩擦能够有效地耗散转子的振动能量并显著提高系统的临界质量。同时，轴承载荷较大情况下不同摩擦系数的临界质量之间的差值明显变大，说明临界质量和摩擦系数之间也具有明显的非线性关系。

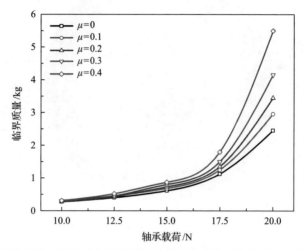

图 6.25　高阻尼箔片气体动压轴承金属丝网结构的摩擦系数对轴承-转子系统临界质量的影响

　　金属丝网结构的相对密度是高阻尼箔片气体动压轴承中的一个关键参数，其改变了轴承的动态刚度系数和动态阻尼系数，因此能够影响轴承-转子系统的稳定性。与相对密度较低的金属丝网结构相比，相对密度较高的金属丝网结构同时提高了箔片气体动压轴承的动态刚度系数和动态阻尼系数。高阻尼箔片气体动压轴承金属丝网结构的相对密度对轴承-转子系统临界质量的影响如图 6.26 所示。当相对密度从 25% 提高到 40% 时，临界质量呈现出下降的趋势，但这并不能说明高相对密度的金属丝网结构导致轴承-转子系统更不稳定。在相同的载荷情况下，转

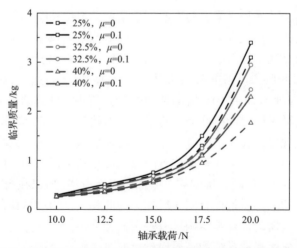

图 6.26　高阻尼箔片气体动压轴承金属丝网结构的相对密度对轴承-转子系统临界质量的影响

子偏心率随着轴承结构的动态刚度的增加而迅速减小，导致相对密度较高的轴承具有更小的偏心率，也就是说，较小偏心率的箔片气体动压轴承有失稳的趋势，所以是否考虑摩擦情况下临界质量预测值在不同相对密度下的增加比例可表征相对密度对箔片气体动压轴承稳定性的影响。在轴承载荷为 20N 时，考虑结构干摩擦后，相对密度为 40% 的金属丝网结构的高阻尼箔片气体动压轴承临界质量较相对密度为 25% 的增加 29%；而相对密度为 32.5% 和 25% 的金属丝网结构的高阻尼箔片气体动压轴承临界质量仅增加 19% 和 10%。计算结果证明，相对密度较高的金属丝网结构可以显著提高轴承-转子系统的临界质量。

6.6　高阻尼箔片气体动压轴承温度特性研究

对于箔片气体动压径向轴承，本节采用的计算模型中雷诺方程和能量方程与第 5 章是相同的。本节将搭建箔片气体动压轴承温度测试试验台，并测量不同工况下高阻尼箔片气体动压轴承的温度。根据新型弹性支承结构的温度边界条件，耦合求解轴承润滑气膜的稳态非等温雷诺方程和能量方程，计算高阻尼箔片气体动压轴承在不同转速和冷却气体流量下的温度分布情况。试验数据与理论计算结果有良好的吻合度，验证了理论模型的正确性。除此之外，还研究分析不同冷却方式的有效性。

6.6.1　轴承传热模型

当箔片气体动压轴承正常运行时，轴承中热量由润滑气膜的剪切能量耗散产生，部分热量通过顶箔、波箔、金属丝网结构传入轴承套并最终扩散到环境气体中。高阻尼箔片气体动压轴承弹性支承结构中的传热路径和传热路径模型热阻图如图 6.27 所示。波箔区域和金属丝网结构区域具有不同结构和材料属性，所以支承结构中有两条平行的传热路径：第一条是通过波箔区域传递到轴承套并扩散到环境气体中；第二条是通过金属丝网区域传递到轴承套并最终扩散到环境气体中。

在传热学中，可以将热流量视为传热材料中流动的流体。同时，考虑材料导热系数、厚度、材料属性和对流换热面积的参数可以被视为阻止该流体流动的阻力，称为热阻，表示为

$$R = \frac{\Delta T}{Q} \tag{6.18}$$

式中，Q 为通过传热材料特定面积区域的热流量；ΔT 为温差。

高阻尼箔片气体动压轴承支承结构和材料热阻如表 6.3 所示。

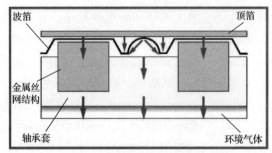

(a1) 轴承支承结构中无冷却气体

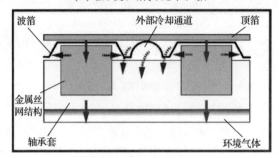

(a2) 轴承支承结构中有冷却气体

(a) 传热路径

➡ 热传导；╍➡ 热对流

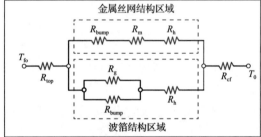

(b1) 轴承支承结构中无冷却气体

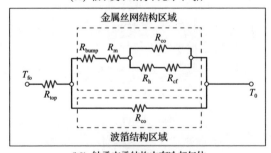

(b2) 轴承支承结构中有冷却气体

(b) 传热路径模型热阻图

〰 R 热阻

图 6.27　高阻尼箔片气体动压轴承弹性支承结构中的传热路径和传热路径模型热阻图

表 6.3　高阻尼箔片气体动压轴承支承结构和材料热阻

热阻	公式	参数解释
R_{top}	$\dfrac{t_{\text{t}}}{\lambda_{\text{t}} A}$	顶箔热阻
R_{bump}	$\dfrac{t_{\text{bump}}}{\lambda_{\text{bump}} A}$	波箔热阻(厚度方向或长度方向)
R_{m}	$\dfrac{\Delta T_{\text{m}}}{q_{\text{m}}}$	金属丝网结构的热阻(试验测得)
R_{h}	$\dfrac{t_{\text{h}}}{\lambda_{\text{h}} A}$	轴承套热阻
R_{co}	$\dfrac{1}{h_{\text{co}} A}$	外部冷却通道的热阻
R_{cf}	$\dfrac{1}{h_{\text{cf}} A}$	自然对流换热的热阻
R_{g}	$\dfrac{h_{\text{g}}}{\lambda_{\text{a}} A}$	波箔区域空气间隙热阻

注：A 为传热面积，m^2；h 为对流换热系数，$\text{W}/(\text{m}^2\cdot\text{K})$；$R$ 为热阻，K/W；t 为材料或结构在传热方向的厚度，m；λ 为导热系数，$\text{W}/(\text{m}\cdot\text{K})$；下标 a 为空气，bump 为波箔，cf 为自然对流换热，co 为外表面或外部冷却通道，轴承径向方向背向轴心为外，g 为波箔区域的空气间隙，h 为轴承套，m 为金属丝网结构，top 为顶箔。

当波箔中的外部冷却通道无冷却气体时(图 6.27(a))，波箔区域和金属丝网结构区域的传热路径具有不同的特征。在波箔区域，一部分热量通过顶箔传导到顶箔和轴承套之间的空气间隙中，并最终通过轴承套扩散到环境气体中。在箔片气体动压轴承中，空气间隙的高度等于波箔厚度。同时，另一部分热量将会通过顶箔和波箔的接触区域由顶箔传导到波箔，并通过弧形波箔的左右两半部分传导到轴承套中。在金属丝网结构区域，所有热量都将通过顶箔、波箔、金属丝网结构和轴承套并最终扩散到环境气体中。

在波箔和金属丝网结构区域，润滑气膜径向外表面和环境气体之间的总热阻如图 6.27(b)所示。在金属丝网结构区域，所有结构的热阻都是串联关系，则其总热阻可表示为

$$R_{\text{m,ass}} = R_{\text{top}} + R_{\text{bump}} + R_{\text{m}} + R_{\text{h}} + R_{\text{cf}} \tag{6.19}$$

在波箔区域，波箔中空气间隙的热阻和波箔材料的热阻之间为并联关系，与其他结构的热阻之间为串联关系，则其总热阻可表示为

$$R_{\text{f,ass}} = R_{\text{top}} + \cfrac{1}{\cfrac{1}{R_{\text{bump}}} + \cfrac{1}{R_{\text{g}}}} + R_{\text{h}} + R_{\text{cf}} \tag{6.20}$$

当波箔中的外部冷却通道有冷却气体(图 6.27(a))并且冷却气体的流量足够大使其能够保持温度基本恒定时,波箔区域内大部分热量将会由冷却气体带走,只有极少部分热量会传导到轴承套中,此时不考虑该区域轴承套中的传热路径,即热量经顶箔直接扩散到冷却气体中。在金属丝网结构区域,一部分热量最终通过顶箔、波箔、金属丝网结构和轴承套扩散到环境空气中。同时,另一部分热量将会通过顶箔和金属丝网结构的侧面暴露区域扩散到冷却气体中。

波箔区域的总热阻为

$$R_{mc,ass} = R_{top} + R_{co} \tag{6.21}$$

在金属丝网结构区域,侧面对流换热的热阻和径向热传导的热阻之间为并联关系,与其他结构的热阻为串联关系,则其总热阻为

$$R_{fc,ass} = R_{top} + R_{bump} + R_m + \cfrac{1}{\cfrac{1}{R_h + R_{cf}} + \cfrac{1}{R_{co}}} \tag{6.22}$$

当箔片气体动压轴承的温度稳定时,在局部受热面积区域,由润滑气膜传入顶箔的热量和顶箔经多层支承结构传入轴承套并最终扩散到环境气体中的热量将会处于动态平衡状态。在考虑或不考虑冷却气体情况下,波箔和金属丝网结构区域的热平衡方程可以表示为

$$-\lambda_a A \frac{\partial T_{fo}}{\partial z} = Q_{fo \to ti} = \frac{T_0 - T_{fo}}{R_{fc,ass}} \tag{6.23}$$

式中,$Q_{fo \to ti}$ 为润滑气膜传入顶箔内表面的热流量。

空心轴中传热路径示意图如图 6.28 所示。在由箔片气体动压轴承-转子系统中,箔片气体动压轴承中润滑气膜所产生的热量中一部分通过空心轴壁传入内部冷却通道并通过转子内表面的气体对流扩散到环境气体中。同时,另一部分热量沿空心轴壁内轴向传导并最终在转子的两个伸出端外表面经热对流扩散到环境气体中。在空心轴伸出端扩散到环境气体的热流量可表示为

$$\begin{cases} Q_{el} = \lambda_r A_r \hat{\lambda}(T_l - T_0) \ \tanh(\hat{\lambda}L_{el}) \\ Q_{er} = \lambda_r A_r \hat{\lambda}(T_r - T_0) \ \tanh(\hat{\lambda}L_{er}) \end{cases} \tag{6.24a}$$

$$\hat{\lambda} = \sqrt{\frac{2\pi R_{ro} h_e}{\lambda_r A_r}} \tag{6.24b}$$

$$A_r = \pi \left(R_{out}^2 - R_{in}^2 \right) \tag{6.24c}$$

式中,A_r 为空心轴的横截面积,m^2;h_e 为空心轴伸出端外表面的对流换热系数,

W/(m²·K)；L_{el} 为空心轴在轴承左侧的伸出长度，m；L_{er} 为空心轴在轴承右侧的伸出长度，m；Q_{el} 为空心轴左侧伸出端流出的热流量，W；Q_{er} 为空心轴右侧伸出端流出的热流量，W；R_{in} 为空心轴内表面半径，m；R_{out} 为空心轴外表面半径，m；T_1 为轴承左端面处的温度，K；T_r 为轴承右端面处的温度，K；λ_r 为空心轴的导热系数，W/(m·K)。

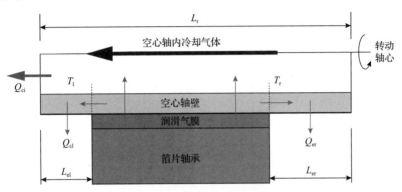

图 6.28　空心轴中传热路径示意图

由于金属丝网结构中金属丝之间复杂的分布形式和接触状况，目前不存在有效的金属丝网结构导热系数和热阻的理论计算方法。为了准确预测高阻尼箔片气体动压轴承的温度分布，本节采用试验测量的方法确定金属丝网结构的热阻。金属丝网结构热阻测量试验台示意图如图 6.29 所示。搭建试验台所需的材料有隔热材料、电加热器、金属丝网结构、试验台基座和 K 型热电偶温度传感器。电加热器和金属丝网结构具有相同的横截面积，在一定压力下紧密贴合。电加热器具有恒定的电阻，所以其在不同电压下的发热功率可以通过计算得到。隔热材料从三个方向包裹电加热器和金属丝网结构，其具有极低的导热系数来保证几乎全部热量都会通过金属丝网结构传入试验台基座。温度传感器被分别放置在金属丝网结构的上下表面来测量表面之间的温度差。热阻测试试验台的主要参数如表 6.4 所示。

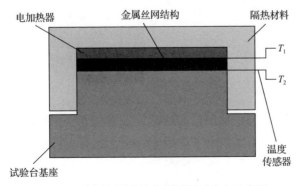

图 6.29　金属丝网结构热阻测量试验台示意图

表 6.4　热阻测试试验台的主要参数

热阻测试参数	参数取值
金属丝网结构尺寸/(mm×mm×mm)	30×30×3
相对密度/%	40
电加热器尺寸/(mm×mm×mm)	30×30×1.5
电加热器电阻/Ω	5
电压/V	2.5

试验测量温度曲线如图 6.30 所示。当电加热器开始加热金属丝网结构时，其上下表面之间产生热流并产生温度差，经过一段时间后，温度差会趋于稳定，金属丝网结构的热阻可以表示为

$$R_{\mathrm{m}} = \frac{T_1 - T_2}{Q_{\mathrm{m}}} = \frac{H_{\mathrm{m}}}{\lambda_{\mathrm{m}} A} \tag{6.25}$$

式中，A 为金属丝网结构截面面积；H_{m} 为金属丝网结构的厚度；Q_{m} 为流过金属丝网结构的热量，$Q_{\mathrm{m}} = U_{\mathrm{V}}^2 / R_{\mathrm{heat}}$，其中，$U_{\mathrm{V}}$ 为电加热器的电压，R_{heat} 为电加热器的电阻；T_1 为上表面温度；T_2 为下表面温度；λ_{m} 为金属丝网结构导热系数。

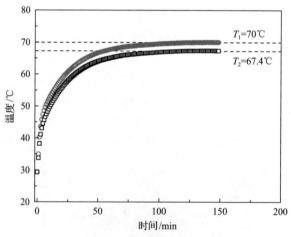

图 6.30　试验测量温度曲线（$R_{\mathrm{m}} = 2.08\mathrm{K/W}$）

试验结果显示，金属丝网结构的热阻约为其相同材料金属的 10 倍，这是由于金属丝网结构中金属丝之间无数的缝隙和接触点阻碍了热量在材料中的流动，显著提高了热阻。

6.6.2　测试轴承和温度测试试验台

　　箔片气体动压轴承温度测试试验中的测试轴承如图 6.31 所示。为了测量轴承轴向和周向的局部温度分布，在轴承套的加载区域附近分布有 5 个通孔，通孔的直径为 2mm，如图 6.31 (b) 所示。温度传感器的安装位置和安装方法示意图如图 6.32 所示，温度传感器通过通孔被固定在支承结构中弧形波箔的背面，用于测量并记录波箔的温度。在弧形波箔对应的区域，5 个通孔沿轴承轴向和周向分布，其位置对应弧形波箔的中线，通孔的周向位置为 135°、165° 和 190°，其轴向位置为 5mm、25mm 和 45mm。

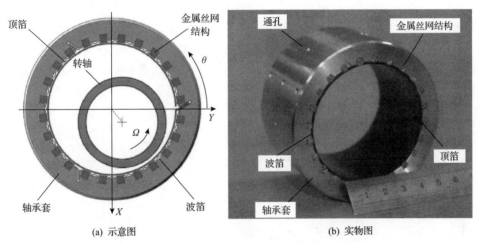

(a) 示意图　　　　　　　　　　　　　　　(b) 实物图

图 6.31　箔片气体动压轴承温度测试试验中的测试轴承

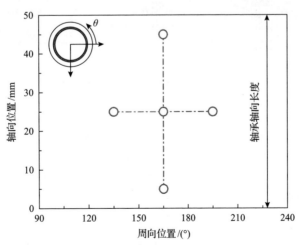

图 6.32　温度传感器的安装位置和安装方法示意图

○ 温度传感器

图 6.33 为箔片气体动压轴承温度测试试验台示意图，用来测量箔片气体动压轴承在不同轴承载荷、转速和冷却方式下由润滑气膜剪切能量耗散引起的轴承温升和温度分布状况。试验台包含以下主要部分：驱动电机、空心轴、测试轴承、力矩测试杆、支架、力传感器、温度传感器和加载机构等。驱动电机的最大转速为 30kr/min，由定子中的循环冷却水进行持续冷却以保持电机整体温度稳定。为了保持较高的旋转精度，驱动电机的轴承-转子系统的支承轴承为高速滚动轴承，由油气润滑系统为滚动轴承提供冷却和润滑。空心轴一端通过弹性卡盘固定在电机转子的伸出端，另一端为悬臂状态。测试轴承套装在空心轴上，在其顶部由力矩测试杆来固定以防止其沿轴向移动和周向旋转。当空心轴开始旋转时，轴承阻力通过力矩测试杆把载荷施加到力传感器上，则轴承的阻力矩可通过力传感器数据测出。当试验台运转时，通过检测轴承阻力矩数据可以监测并保证轴承正常运行，防止轴表面和轴承产生的碰摩对轴承温升产生干扰。轴承静载荷通过钢丝绳沿水平方向施加到轴承中面上。考虑轴承自重，温度传感器被放置在轴承自重和静载荷的合力方向附近。所有设备被安放在铸铁平台上以保持稳定并减小来自其他设备振动的影响。

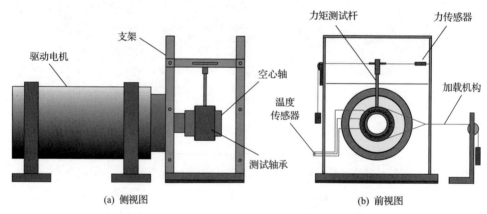

(a) 侧视图　　　　　　　　　　(b) 前视图

图 6.33　箔片气体动压轴承温度测试试验台示意图

在箔片气体动压轴承温度测试试验台中，冷却气体通过测试轴承时具有不同的冷却通道，包括空心轴中的内部冷却通道和支承结构中的外部冷却通道，如图 6.34所示。在空心轴中的内部冷却通道中，冷却气体被金属导管引导至空心轴底部并轴向流过轴内的空心区域。冷却气体通过空心轴的内部，提高了轴内表面的强制对流换热系数并带走轴承润滑气膜通过轴壁传入的热量。冷却气体的供气压力由位于导管另一端的气体压力计或流量计控制。在由支承结构中的外部冷却通道冷却时，测试轴承被放置在一个一端封闭的套筒中，冷却气体由套筒的一端流入并通过轴承的波箔区域流出。冷却气体轴向流过支承结构中箔片之间的缝隙，带走通过顶箔传入波箔区域的热量。在所有测试过程中，冷却气体的温度由导管表面的温度传感器测得。测试轴承和温度测试试验台主要参数如表 6.5 所示。

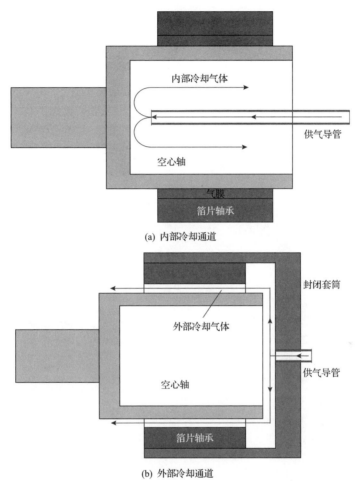

(a) 内部冷却通道

(b) 外部冷却通道

图 6.34　测试轴承中的内外冷却通道示意图

表 6.5　测试轴承和温度测试试验台主要参数

轴承参数	参数取值
轴承套外径/mm	82
轴承套内径/mm	61.8
轴承轴向长度/mm	50
轴承名义间隙/μm	67.5（测量值）
顶箔厚度/mm	0.22（测量值）
波箔厚度/mm	0.11（测量值）

轴承参数	参数取值
波箔高度/mm	0.62(测量值)
波箔数量	3
单片波箔周向延伸弧度/(°)	118
弧形波箔直径/mm	3.20
弧形波箔数量	21
梯形波箔长度/mm	3.60(顶部平面)
梯形波箔数量	24
波箔节距/mm	7.96
矩形槽槽深/mm	2.7
矩形槽数量	24
金属丝直径/mm	0.15
金属丝网结构相对密度/%	40
金属丝网结构设计尺寸/(mm×mm×mm)	3×3×50(设计值)
金属丝网结构高度测量值/mm	3.1±0.02
箔片弹性模量/GPa	213
金属丝网结构弹性模量/GPa	194
轴承质量/kg	0.89
箔片材料	Inconel X-750
箔片导热系数/[W/(m·K)]	16.9
轴承套材料	不锈钢
轴承套导热系数/[W/(m·K)]	16.2
空心轴外径/mm	60
空心轴内径/mm	48
空心轴长度/mm	80
转子左端伸出长度/mm	10
转子右端伸出长度/mm	20
转子导热系数/[W/(m·K)]	40.1
转子热膨胀系数/K^{-1}	$12.3×10^{-6}$
套筒质量/kg	0.416

6.6.3　轴承温度分布的理论预测和试验结果分析

1. 转子转速对高阻尼箔片气体动压轴承温度分布的影响

图 6.35 为转速对高阻尼箔片气体动压轴承温度在轴向和周向分布的影响。试

验测试中轴承承受的水平载荷为 20.4N，轴承自重为 8.72N，环境温度为 27.4℃。当转速为 25kr/min 时，试验数据和计算结果显示，轴承轴向最高温度位于轴向中间截面附近，而且轴承左端面附近温度高于右端面附近温度。这是由于转子右端伸出长度大于左端，从右侧流出的热量大于从左侧流出的热量。当转速从 15kr/min 增加到 25kr/min 时，因为气膜的黏性剪切耗散能量变大，所以轴承温度随转速的增加而升高。由于轴向中间截面附近气膜压力较高，而且该区域的对流换热情况较差，中间截面处的温度最高。同时，试验数据和计算结果显示，轴向温度的梯度随着转速的升高而明显变大。当转速为 25kr/min 时，轴承的轴向温度梯度最大。轴承温度的预测值与试验值具有较好的吻合程度，尤其是在较高转速区域。

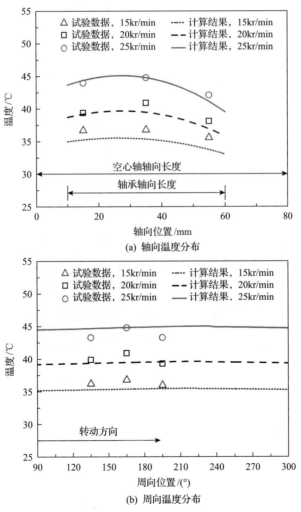

(a) 轴向温度分布

(b) 周向温度分布

图 6.35　转速对高阻尼箔片气体动压轴承温度在轴向和周向分布的影响

考虑轴承自重，测试轴承所受静态载荷的合力方向约为156°。与轴向温度分布相似，转速增加使周向温度整体升高。试验测量最高温度位于轴承周向位置约165°处。考虑轴承最小气膜厚度处会沿转动方向与静态载荷方向有一定的角度差，所以试验数据中的最高温度处与最小气膜厚度处接近。

2. 冷却气体对高阻尼箔片气体动压轴承温度分布的影响

空心轴和支承结构内冷却对箔片气体动压轴承温度在轴向和周向分布的影响如图6.36所示。试验中，空心轴转速为25kr/min，环境温度为27.4℃。为了研究冷却气体对轴承温升的影响，冷却气体的供气压力被分为三个等级：0MPa、0.025MPa和0.050MPa。位于供气导管上的温度传感器测量得到的数值表明冷却气体的温度与环境温度相同。

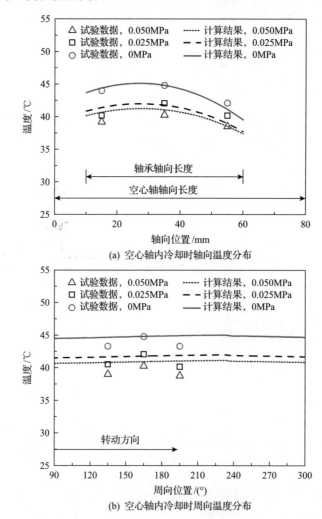

(a) 空心轴内冷却时轴向温度分布

(b) 空心轴内冷却时周向温度分布

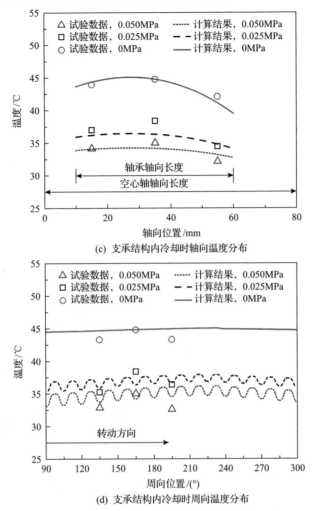

(c) 支承结构内冷却时轴向温度分布

(d) 支承结构内冷却时周向温度分布

图 6.36　空心轴和支承结构内冷却对箔片气体动压轴承温度在轴向和周向分布的影响

　　试验数据和计算结果表明，空心轴内和支承结构内冷却气体都能带走轴承中润滑气膜产生的热量，明显降低箔片气体动压轴承沿轴向和周向的温升。图 6.36(a)表明，当空心轴内冷却气体供气压力从 0MPa 升高到 0.025MPa 时，轴承沿轴向和周向温度迅速降低，但是当供气压力从 0.025MPa 升高到 0.050MPa 时，轴承温度却变化不明显。这是因为转子内表面上的强制对流换热系数在供气压力从 0MPa 升高到 0.025MPa 时迅速变大，但是当供气压力继续增大时，其变化量却不明显。

　　与空心轴内通冷却气体对流换热方法相比，箔片支承结构内冷却能够更有效地降低轴承的温升，如图 6.36(c)和(d)所示。试验数据表明，随着冷却气体供气压力从 0MPa 升高到 0.050MPa，轴承轴向中面温度从 44.8℃降低到 35.1℃，相比之下，在图 6.36(a)中，轴承轴向中面温度只是从 44.8℃降低到 40.3℃。这是由于在同样的供气压力情况下，箔片气体动压轴承支承结构面积较小，冷却气体流速较高，而且顶箔厚度小，从而导致其热阻极小，以上因素导致支承结构内的对流换热系数远大于空心轴内的对流换热系数，提高了对流换热效率。同时，与空心轴内冷却相比，支承结构内冷却还能有效地降低箔片气体动压轴承轴向温度梯度。从图 6.36(d) 可以看出，支承结构内的冷却气体供气压力不为零，这是波箔区域和金属丝网结构区域不同的总热阻分布引起的。周向温度分布为波浪形，当无冷却气体时，波箔和金属丝网结构的热阻差值不明显；当有冷却气体时，波箔区域的热阻明显小于金属丝网结构区域，导致周向温度分布曲线出现波动。

3. 冷却气体流量对高阻尼箔片气体动压轴承结构对流换热的影响

空心轴和支承结构内冷却气体流量对轴承润滑气膜最高温度和不同传热路径的对流换热比例的影响如图 6.37 所示。从图 6.37(a) 可以看出，内外冷却通道中的冷却气体都能够明显地降低轴承气膜的最高温度，但是支承结构内的冷却气体能够更有效地带走轴承热量，因此能够在不同的气体流量下更明显地降低润滑气膜温度。在空心轴内冷却情况下，润滑气膜的最高温度从 220.5℃ 降低到 154.7℃。同时，在支承结构内冷却情况下，润滑气膜的最高温度可以降低到 123.9℃。两种冷却方式达到的最低温度之间的差值证明了支承结构内冷却的效率更高。

从图 6.37(b) 可以看出，空心轴对流换热比例较高，对流换热比例是通过空心轴和支承结构两种方法传递的热量的比值，测试轴承中的主要热量由空心轴传递到环境空气中。这是因为空心轴在旋转中高速搅动空气，所以具有较高的对流换热系数。另外，转子的壁厚只有 6mm，因此在其径向具有较小的热阻，更有利于热量的传导。以上原因导致大部分润滑气膜产生的热量都通过空心轴的内表面和

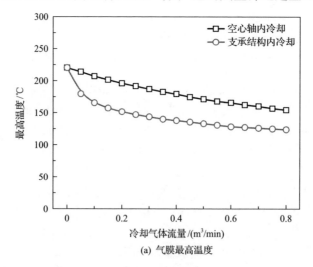

(a) 气膜最高温度

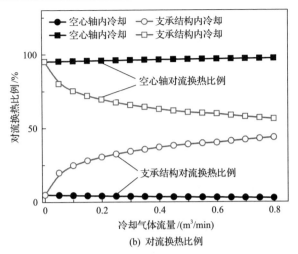

图 6.37　空心轴和支承结构内冷却气体流量对润滑气膜最高温度和对流换热比例的影响

伸出端传入环境空气中。同时，箔片气体动压轴承中复杂的箔片结构、金属丝网
结构和轴承套表面较低的自然对流换热系数导致轴承支承结构热阻过大，阻碍了
气膜热量向轴承套方向的传导。在只有空心轴内有冷却气体的情况下，随着冷却
气体流量的增加，空心轴的对流换热比例轻微增加，支承结构的对流换热比例稍
微减小。但是，即使冷却气体流量达到了 0.8m³/min，空心轴的对流换热比例也仅
仅从 94.8%升高到 96.9%，变化非常不明显。与此相反，在只有支承结构内有冷
却气体的情况下，当冷却气体流量从 0 增长到 0.8m³/min 时，支承结构的对流换
热比例从 5.2%增加到 43.7%，甚至有高于空心轴对流换热比例的趋势，如此明显
的对比证明了轴承支承结构中外部冷却通道的有效性。

　　图 6.38 为空心轴和支承结构内冷却气体流量对波箔和金属丝网结构区域对流

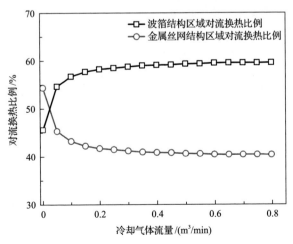

图 6.38　空心轴和支承结构内冷却气体流量对波箔和金属丝网结构区域对流换热比例的影响

换热比例的影响。当支承结构中无冷却气体时，由于金属丝网结构和梯形波箔、顶箔具有较大的接触面积，有 55.4%的热量通过金属丝网结构区域传入轴承套中。随着冷却气体流量的增加，由于顶箔背部强制对流换热系数变大，大部分热量都由波箔区域传出。预测结果验证了文献[8]和[9]提出的高阻尼箔片气体动压轴承能够在具有更高转速、更高温度轴承-转子系统中应用的设想。

参 考 文 献

[1] San Andrés L, Chirathadam T A, Kim T H. Measurement of structural stiffness and damping coefficients in a metal mesh foil bearing. Journal of Engineering for Gas Turbines and Power, 2010, 132(3): 032503.

[2] Lee Y B, Kim C H, Kim T H, et al. Effects of mesh density on static load performance of metal mesh gas foil bearings. Journal of Engineering for Gas Turbines and Power, 2012, 134(1): 012502.

[3] Choudhry V V, Vance J M. Design equations for wire mesh bearing dampers in turbomachinery//ASME Turbomachinery Technical Conference & Exposition: Power for Land, Sea, and Air, Reno, 2005: 807-814.

[4] Feng K, Zhao X Y, Zhang Z M, et al. Numerical and compact model of metal mesh foil bearings. Tribology Transactions, 2015, 59(3): 480-490.

[5] Chen W J. Practical Rotordynamics and Fluid Film Bearing Design. Bloomington: Trafford Publishing, 2015.

[6] Lez S L, Arghir M, Frêne J. Nonlinear numerical prediction of gas foil bearing stability and unbalanced response. Journal of Engineering for Gas Turbines and Power, 2009, 131(1): 012503.

[7] Lund J W, Thomsen K K. Topics in Fluid Film Bearing and Rotor Bearing System Design and Optimization. New York: ASME Technical Publishing, 1978.

[8] Feng K, Zhao X Y, Huo C J, et al. Analysis of novel hybrid bump-metal mesh foil bearings. Tribology International, 2016, 103: 529-539.

[9] Feng K, Liu Y M, Zhao X Y, et al. Experimental evaluation of the structure characterization of a novel hybrid bump-metal mesh foil bearing. Journal of Tribology, 2015, 138(2): 021702.

第7章 叠片型箔片气体动压轴承性能分析

为了拓展箔片气体动压轴承的应用范围和领域，满足涡轮设备在承载和稳定性方面的要求，需要在结构形式、设计方法和加工工艺等多方面开展创新性的研究工作。本章介绍的叠片型箔片气体动压轴承属于第三代轴承，其弹性支承箔片的刚度在径向和周向上都是定向分布的，容易形成楔形效应，可以大幅降低轴承的起飞转速，提高轴承的承载力。三瓣式箔片气体动压径向轴承中的弹性支承结构也有利于抑制气膜涡动的出现，改善轴承的稳定性。同时，多层叠片通过卡槽或定位销固定，无须传统的焊接、热处理等加工过程，轴承的精度保持性好。本章针对该种叠片型箔片气体动压轴承提出完整的理论分析方法，通过对其静动态特性和温度特性的建模及参数化分析，为该轴承的设计和实际应用提供指导。

7.1 叠片型箔片气体动压径向轴承结构介绍

本章所研究的叠片型箔片气体动压径向轴承结构如图 7.1 所示。该轴承结构包含轴承套、三瓣弹性支承箔片及三瓣顶箔，轴承套内侧等间隔地开有三个燕尾

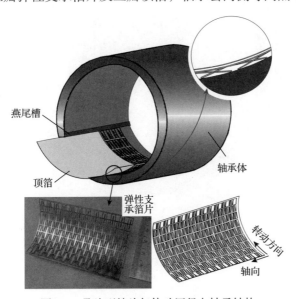

图 7.1 叠片型箔片气体动压径向轴承结构

槽，用来安装支承箔片及顶箔，无须焊接。支承箔片与轴承套直接接触，顶箔在支承箔片之上，并与转子共同构成楔形。支承箔片可以在一定程度上提供轴承所需的刚度和阻尼。该轴承具有变刚度特性，其主要原因在于弹性支承箔片的特殊结构形式。弹性支承箔片由 8 排弹性小片和连接它们的细梁组成，每个弹性小片都是一个变截面对称梁，相邻两排的弹性小片结构尺寸不同，且交错分布。在轴向上，弹性小片的整体尺寸呈先增大后减小的趋势，沿转子转动方向，弹性小片整体尺寸逐渐增大，刚度也不断增加，所以沿转子转动方向，箔片前端比后端更易变形，在前端形成较厚气膜，在后端形成较薄气膜，构成楔形效应。这种变刚度结构形式可以有效地提高轴承的稳定性和承载力[1]。

　　叠片型箔片气体动压径向轴承简图和坐标系如图 7.2 所示，预载 r_p 指的是顶箔圆心 O_T 到轴承中心 O_B 的距离 d 与轴承名义间隙 C_{nom} 的比值，即 $r_p=d/C_{nom}$。由于轴承预载的存在，即当转子处于轴承中心位置时，转子外壁到三个顶箔的内接包络圆的距离为名义间隙。将内接包络圆直径定义为轴承直径。叠片型箔片气体动压径向轴承主要参数如表 7.1 所示。

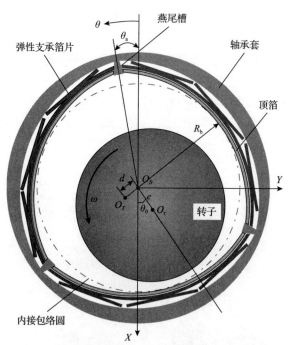

图 7.2　叠片型箔片气体动压径向轴承简图和坐标系

$e.$ 转子偏心距；$O_r.$ 转子中心；$R_b.$ 轴承半径；$\theta_0.$ 偏位角(转子中心与轴承中心连线与 X 轴正方向的夹角)；$\theta_a.$ 轴承安装角(左上方燕尾槽与垂直方向的夹角)

表 7.1　叠片型箔片气体动压径向轴承主要参数

轴承参数	参数取值
瓣数	3
轴承长度/mm	82
名义间隙/μm	50
安装角/(°)	0~120
轴承直径/mm	54
泊松比	0.31
箔片弹性模量/GPa	214
顶箔厚度/mm	0.12
弹性支承箔片厚度/mm	0.38

7.2　叠片型箔片气体动压径向轴承的箔片刚度计算模型

箔片气体动压径向轴承的箔片结构在受载情况下的变形会直接改变轴承的气膜间隙，对轴承的性能产生极大的影响。因此，需要准确地预测柔性轴承表面的变形。本章采用由 Feng 等[2]提出的连杆-弹簧模型计算波箔的等效垂直刚度系数矩阵 $\boldsymbol{K}_v$。在该模型中，每一个波形都被简化为两个刚性连杆和一个水平放置的弹簧。弹性支承箔片刚度模型如图 7.3 所示。

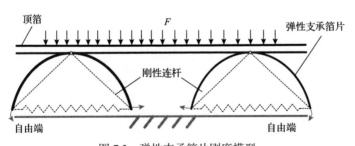

图 7.3　弹性支承箔片刚度模型

顶箔刚度系数由 24 个自由度的壳单元有限元模型计算，并且按弹性支承箔片相同的单元划分规则得到同等数量的单元。通过计算得到顶箔节点上的垂直刚度系数矩阵 $\boldsymbol{K}_{top}$，与利用连杆-弹簧模型计算得到的弹性支承箔片节点上的等效垂直刚度系数矩阵 $\boldsymbol{K}_v$ 进行叠加耦合，最终得到箔片全局刚度系数矩阵

$$\boldsymbol{K}_{global} = \boldsymbol{K}_{top} + \boldsymbol{K}_v$$

根据箔片结构形式可知，顶箔变形矩阵 δ 的计算是基于全局刚度系数矩阵得到的，即

$$F = K_{global}\delta$$

式中，F 为节点力矩阵。

7.3　叠片型箔片气体动压径向轴承静态特性分析

1. 叠片型箔片气体动压径向轴承静态计算结果

叠片型箔片气体动压径向轴承气膜厚度和气膜气压分布如图 7.4 所示，其中转速为 40kr/min、安装角 θ_a 为 0°、轴承预载 $r_p = 0.3$、给定轴承载荷为 20N。由于预载的存在，在气膜厚度和压力分布图中出现了三个明显的波谷和波峰，且压

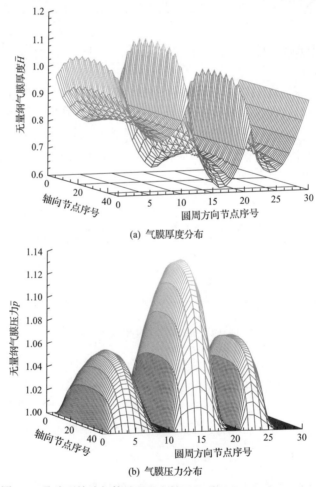

(a) 气膜厚度分布

(b) 气膜压力分布

图 7.4　叠片型箔片气体动压径向轴承气膜厚度和气膜气压分布

力最大值出现在气膜厚度最小处附近，位于第二瓣上。另外，可以看出气膜厚度分布图上出现了较多尖角毛刺，这是顶箔局部变形造成的。

2. 叠片型箔片气体动压径向轴承与刚性轴承对比

在上述研究的基础上，为了探究该叠片型箔片气体动压径向轴承与同等尺寸刚性轴承的共性与区别，分别对比了 r_p=0.3 的两种轴承在转速为 25kr/min 和 40kr/min，载荷由 20N 增加到 70N 时，无量纲最小气膜厚度 $\bar{H}_{min}$ 的变化情况和轴心稳定位置的变化情况。最小气膜厚度与载荷关系曲线如图 7.5 所示，轴心稳定位置与载荷关系曲线如图 7.6 所示。

从图 7.5 可以看出，随着载荷的增加，两种轴承的最小气膜厚度都呈线性下降趋势；对于相同转速和载荷，叠片型箔片气体动压径向轴承的最小气膜厚度小于刚性轴承。相比之下，随着载荷的增加，叠片型箔片气体动压径向轴承最小气膜厚度下降的速度更快。另外，在同一轴承载荷下，增加转速，两种轴承的最小气膜厚度都会增加。

从图 7.6 可以看出，两种轴承高转速的偏心率小于低转速的偏心率，这是因为转速提高，增加了气膜压力，推动转子向轴承中心位置移动；在同一转速和相同载荷下，叠片型箔片气体动压径向轴承对应的偏心率变化范围远大于刚性轴承的变化范围，并且载荷增大时，随着刚性轴承偏位角的增加，偏心率变化速度逐渐减缓，而叠片型箔片气体动压径向轴承的偏心率几乎保持恒定速率增加；另外，随着载荷增加，刚性轴承的偏位角保持逐渐减小趋势，而叠片型箔片气体动压径向轴承的偏位角先减小，当偏心率达到 0.27 左右时，偏位角逐渐增大，当偏心率达到 0.33 左右时，偏位角又开始减小，这是因为当偏心率增加到一定程度时，转

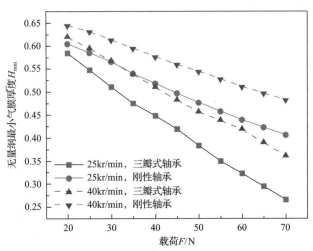

图 7.5　最小气膜厚度与载荷关系曲线（$r_p = 0.3$，$\theta_a = 0°$）

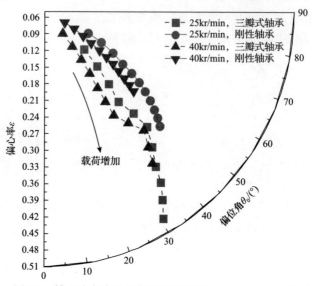

图 7.6　轴心稳定位置与载荷关系曲线（$r_p = 0.3$，$\theta_a = 0°$）

子位于两瓣箔片之间，且靠近燕尾槽，气压发生变化，此时转子稳定位置会发生一定波动。除此之外，在相同条件下，刚性轴承的偏位角大于叠片型箔片气体动压径向轴承，这是因为叠片型箔片气体动压径向轴承的切向力比刚性轴承小，所以偏位角相对更小[3]。

3. 轴承预载与安装角对静态性能的影响

轴承预载直接影响气膜厚度，进而影响轴承静态特性。为了研究轴承预载与静态特性的关系，在给定 $F = 20\text{N}$、$\theta_a = 0°$，转速分别为 25kr/min 和 40kr/min 的情况下，偏心率与轴承预载关系曲线如图 7.7 所示。可以看出，在一定转速下，增加轴承预载，偏心率将随之下降，说明轴承的承载力得到了提升，当 $r_p = 0$ 时，顶箔与轴承套同心，轴承承载力相对更小。另外，偏心率的下降速度随着轴承预载的增加而不断降低。在一定轴承预载下，随着转速的增加，偏心率下降，且随着轴承预载的增加，不同转速偏心率的差值逐渐减小。

需要指出的是，以上所有的静态预测结果都是在安装角 $\theta_a = 0°$ 的情况下得到的，但是当安装角不同时，整个轴承的气膜分布情况将发生较大变化，在一定程度上影响轴承的整体性能。为了找到最佳静态性能对应的安装角，指导试验和工程应用，以轴承承载力为评价指标，分析在给定 $F=20\text{N}$，$r_p=0.3$ 时，转速分别为 15kr/min、25kr/min、30kr/min、40kr/min、45kr/min 和 50kr/min 的情况下，偏心率随安装角的变化关系，结果如图 7.8 所示。可以看出，偏心率随着安装角的增加呈正/余弦曲线变化规律。因为轴承载荷固定，在相同转速下，最小偏心率位置

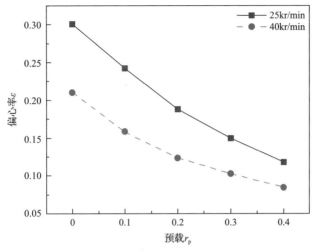

图 7.7　偏心率与轴承预载关系曲线（$F = 20\text{N}$，$\theta_a = 0°$）

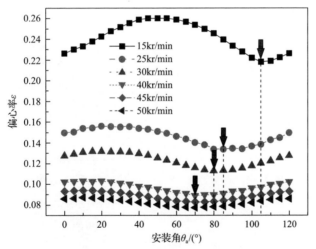

图 7.8　偏心率与安装角关系曲线（$F = 20\text{N}$，$r_p = 0.3$）

可以认为是轴承承载力最大的状态，称为最佳安装角。随着转速的增加，轴承最佳安装角逐渐减小，并最终稳定于 70°。另外，随着转速的增加，偏心率的变化幅值也在不断降低。

7.4　叠片型箔片气体动压径向轴承动态特性分析

　　轴承动态参数预测是在静态稳定状态下，给予微小径向扰动得到的。叠片型箔片气体动压径向轴承动态求解过程与箔片气体动压径向轴承相似。

1. 转速对动态性能的影响

　　轴承动态刚度系数和动态阻尼系数随转速的变化情况如图 7.9 所示，即当轴承预载 $r_p = 0.3$、加载力 $F = 20$N 时，使用微扰动法计算得到的轴承动态刚度系数和动态阻尼系数随转速的变化情况。从图 7.9(a)可以看出，直接刚度系数 k_{xx} 和 k_{yy} 近似相等，且都随着转速的增加而增加，动态交叉刚度系数 k_{xy} 和 k_{yx} 明显小于动态直接刚度系数，k_{xy} 随转速的增加而减小，k_{yx} 随转速的增加而增大，二者的绝对值趋向于 0，所以轴承稳定性不断提高。从图 7.9(b)可以看出，动态直接阻尼系

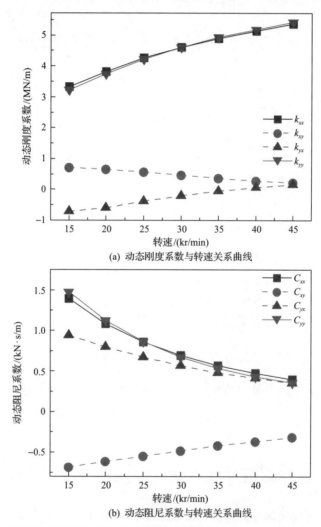

(a) 动态刚度系数与转速关系曲线

(b) 动态阻尼系数与转速关系曲线

图 7.9　轴承动态刚度系数和动态阻尼系数随转速的变化情况（$F = 20$N，$\theta_a = 0°$，$r_p = 0.3$）

数 C_{xx} 和 C_{yy} 近似相等，且都随着转速的增加而降低。在计算范围内，动态直接阻尼系数大于动态交叉阻尼系数，但差值随着转速的增加而逐渐较小，C_{xy} 随着转速的增加而增加，C_{yx} 随着转速的增加而减小。

2. 轴承预载对动态性能的影响

预载对轴承动态刚度系数和动态阻尼系数的影响如图 7.10 所示，其中 $F=20\mathrm{N}$、$\theta_{\mathrm{a}}=0°$，转速分别为 25kr/min 和 40kr/min。从图 7.10(a)可以看出，在同一转速下，随着轴承预载的增加，动态直接刚度系数 k_{xx} 和 k_{yy} 都显著增大，且当 $k_{xx}\approx k_{yy}$、

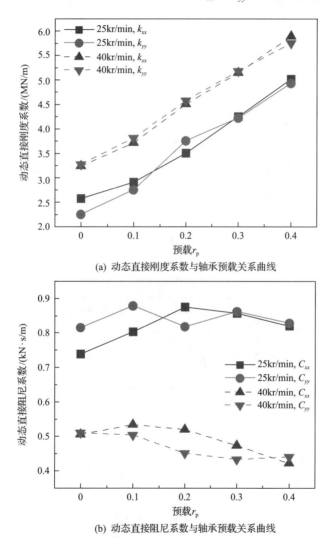

(a) 动态直接刚度系数与轴承预载关系曲线

(b) 动态直接阻尼系数与轴承预载关系曲线

图 7.10　预载对轴承动态刚度系数和动态阻尼系数的影响（$F=20\mathrm{N}$, $\theta_{\mathrm{a}}=0°$）

$r_p=0$ 时轴承的刚度最小。从图 7.10(b)可以看出，在相同转速下，增加轴承预载，动态直接阻尼系数 C_{xx} 和 C_{yy} 总体变化较小。另外，可以看出在转速为 25kr/min 时，K_{yy} 与 C_{yy} 在 $r_p=0.2$ 左右都出现了突变情况，文献[4]中也存在类似情况。

3. 安装角对动态性能的影响

安装角对动态刚度系数和动态阻尼系数的影响如图 7.11 所示，其中 $F=20N$、$r_p=0.3$ 时，转速为 40kr/min。可以看出，动态刚度系数和动态阻尼系数随安装角的变化均呈正/余弦规律。从图 7.11(a)可以看出，动态直接刚度系数 k_{xx} 和 k_{yy} 呈异步变化趋势，相位相差 π，k_{xx} 在安装角为 90°左右取得最大值，而 k_{yy} 在安装角为 30°左右取得最大值。另外，动态直接刚度系数和动态交叉动态刚度系数的变化幅

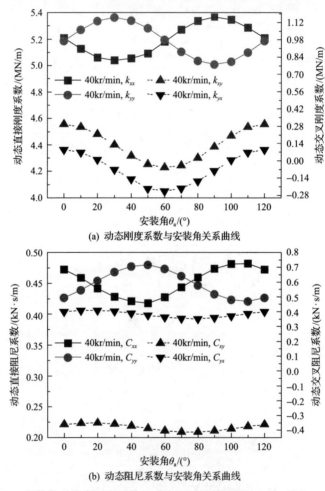

(a) 动态刚度系数与安装角关系曲线

(b) 动态阻尼系数与安装角关系曲线

图 7.11 安装角对动态刚度系数和动态阻尼系数的影响（$F=20N$，$r_p=0.3$）

值几乎相等，且交叉刚度系数远小于动态直接刚度系数。从图 7.11（b）可以看出，动态直接阻尼系数 C_{xx} 和 C_{yy} 也呈相位相差 π 的异步变化趋势，并且 C_{xx} 在安装角为 110° 左右取得最大值，C_{yy} 在安装角为 50° 左右取得最大值。另外，直接阻尼系数和交叉阻尼系数的变化幅值也相差不大。

7.5 叠片型箔片气体动压径向轴承温度特性分析

由于转子高速转动，带动气膜黏性剪切耗能产生热量，其中一部分热量会使气膜和各轴承元件升温，另一部分通过顶箔、波箔和热对流的形式传入轴承套并最终扩散到周围环境气体中，以及直接通过转子将热量传递到周围环境中。与轴承的径向尺寸和轴向尺寸相比，气膜厚度非常小，因此可以忽略直接通过气膜传递到周围环境中的热量。

7.5.1 箔片传热模型

转子外表面和顶箔内表面温度是气膜温度计算中的重要边界条件，假设转子外表面温度在圆周方向相等，但由于转子存在偏心，每一瓣箔片及同一瓣箔片不同圆周方向具有不同的温度。三瓣式箔片气体动压径向轴承箔片结构中的传热路径如图 7.12 所示，其传热可分为箔片支承结构中无冷却气流和有冷却气流两种情况。由于箔片厚度相较于其他方向尺寸极小，可以忽略其在横向上的传热。

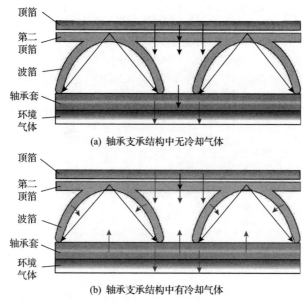

(a) 轴承支承结构中无冷却气体

(b) 轴承支承结构中有冷却气体

图 7.12 三瓣式箔片气体动压径向轴承箔片结构中的传热路径

⟶ 热传导；⟶ 热对流

当箔片结构中无冷却气体时，一部分热量通过顶箔传导到顶箔与波箔平面平行的接触部分，称此接触平面为第二顶箔，进而热量传导到第二顶箔与轴承套之间的空气间隙，最终通过轴承套扩散到周围环境中。另一部分热量直接通过顶箔传导到顶箔与轴承套之间的空气间隙中，然后同样通过轴承套将热量传递出去。剩余的热量将通过顶箔与波箔弧形部分的接触区域传导至波箔，通过波箔将热量传导至轴承套并扩散到周围环境中。

当箔片结构中有冷却气体时，一部分热量通过顶箔传导至第二顶箔，最终通过冷却气体传递到环境气体中。由于顶箔部分区域与冷却气体直接接触，这将带走顶箔的一部分热量。其余部分的热量将通过顶箔与波箔弧形部分的接触区域传导至波箔，由于波箔与冷却气体直接接触，波箔中的热量一部分通过冷却气体直接传递到环境气体中，另一部分传导至轴承套，并通过冷却气体和环境气体的对流将热量传递出去。

根据图 7.12 所示的传热路径建立的热阻模型如图 7.13 所示。图中热阻计算公式如表 7.2 所示。

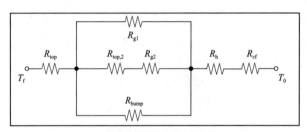

(a) 轴承支承结构中无冷却气体

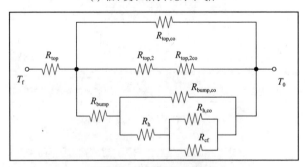

(b) 轴承支承结构中有冷却气体

图 7.13　热阻模型

T_0. 环境温度；T_f. 靠近顶箔侧气膜温度

当箔片结构中无冷却气体时，总热阻为

$$R_{\text{tot}} = R_{\text{top}} + \cfrac{1}{\cfrac{1}{R_{g1}} + \cfrac{1}{R_{\text{top},2} + R_{g2}} + \cfrac{1}{R_{\text{bump}}}} + R_h + R_{\text{cf}} \tag{7.1}$$

表 7.2　热阻计算公式

热阻/(K/W)	计算公式	参数解释
R_{top}	$\dfrac{t_{top}}{\lambda_t A}$	顶箔热阻
R_h	$\dfrac{t_h}{\lambda_h A}$	轴承套热阻
$R_{top,2}$	$\dfrac{t_{top,2}}{\lambda_{top,2} A}$	第二顶箔热阻
R_{bump}	$\dfrac{t_{bump}}{\lambda_{bump} A}$	波箔热阻
R_g	$\dfrac{t_a}{\lambda_a A}$	波箔区域空气间隙热阻
R_{cf}	$\dfrac{1}{h_{cf} A}$	自然对流换热时热阻
R_{co}	$\dfrac{1}{h_{co} A}$	冷却气体强制对流换热时热阻

注：A 为传热面积，m^2；h 为对流换热系数，$W/(m^2 \cdot K)$；R 为热阻，K/W；t 为传热方向的厚度，m；λ 为导热系数，$W/(m \cdot K)$。

当箔片结构中有冷却气体时，总热阻为

$$R_{tot} = R_{top} + \cfrac{1}{\cfrac{1}{R_{top,co}} + \cfrac{1}{R_{x1}} + \cfrac{1}{R_{x2}}} \tag{7.2}$$

式中，

$$R_{x1} = R_{top,2} + R_{top,2co}$$

$$R_{x2} = R_{bump} + \cfrac{1}{\cfrac{1}{R_{bump,co}} + \cfrac{1}{R_{x3}}}$$

$$R_{x3} = R_h + \cfrac{1}{\cfrac{1}{R_{cf}} + \cfrac{1}{R_{h,co}}}$$

当轴承温度达到稳定状态时，从气膜传递到顶箔的热量和从顶箔传递出去的热量将处于动态平衡。根据此动态平衡关系，可以建立热平衡方程，即

$$-\lambda_a A \frac{\partial T_f}{\partial z} = \frac{T_0 - T_f}{R_{tot}} \tag{7.3}$$

将式(7.3)无量纲化得到

$$\overline{T}_{\mathrm{f}} + \ell \frac{\partial \overline{T}_{\mathrm{f}}}{\partial \overline{z}} = 0 \tag{7.4}$$

式中，

$$\ell = -\frac{\lambda_{\mathrm{a}} A R_{\mathrm{tot}}}{H}$$

7.5.2 转子传热模型

本章使用的是空心转子传热模型，部分热量从气膜传导至转子，然后从转子内外表面扩散到周围环境气体中。在任意轴向位置，由于转子的导热系数较高及转子壁厚较小，可假设转子温度在径向方向恒定。由于转子高速旋转，可进一步假设转子温度在圆周方向相等。因此，可将转子内的温度情况简化为沿轴向分布的一维温度模型。各节点的热平衡方程为

$$Q_{\mathrm{conv}}^{j} + \frac{\lambda_{\mathrm{r}} A_{\mathrm{c}}}{\Delta y} \left(T_{\mathrm{r}}^{j+1} + T_{\mathrm{r}}^{j-1} - 2 T_{\mathrm{r}}^{j} \right) - \frac{T_{\mathrm{r}}^{j} - T_{0}}{R_{\mathrm{in}}} = 0 \tag{7.5}$$

$$Q_{\mathrm{conv}}^{j} = -\lambda_{\mathrm{a}} \int_{0}^{2\pi} A_{\mathrm{r},i} \left. \frac{\partial T}{\partial z} \right|_{z=H} \mathrm{d}\theta \tag{7.6}$$

式中，A_{c} 为转子的横截面积，m^2；R_{in} 为转子壁厚方向的热阻，$\mathrm{K/W}$；T_{r} 为转子温度，K；λ_{r} 为转子导热系数，$\mathrm{W/(m \cdot K)}$。

空心转子伸出轴承端扩散到周围环境中的热流量可表示为

$$\begin{cases} Q_{\mathrm{l}} = \lambda_{\mathrm{r}} A_{\mathrm{c}} \lambda \left(T_{\mathrm{l}} - T_{0} \right) \tanh \left(\lambda L_{\mathrm{l}} \right) \\ Q_{\mathrm{r}} = \lambda_{\mathrm{r}} A_{\mathrm{c}} \lambda \left(T_{\mathrm{r}} - T_{0} \right) \tanh \left(\lambda L_{\mathrm{r}} \right) \end{cases} \tag{7.7}$$

式中，

$$\lambda = \sqrt{\frac{2\pi h_{\mathrm{c}} R_{\mathrm{ro}}}{\lambda_{\mathrm{r}} A_{\mathrm{c}}}}$$

式中，h_{c} 为空心转子伸出轴承端外表面对流换热系数，$\mathrm{W/(m^2 \cdot K)}$；L_{l} 为空心转子左侧伸出轴承端长度，m；L_{r} 为空心转子右侧伸出轴承端长度，m；Q_{l} 为空心转子左侧伸出端流出的热流量，W；Q_{r} 为空心转子右侧伸出端流出的热流量，W；T_{l} 为轴承左端面温度，K；T_{r} 为轴承右端面温度，K。

7.5.3 热特性分析结果

1. 轴承气膜压力与温度分布

根据表 7.3 所示的三瓣式箔片气体动压径向轴承参数，可预测出特定工况下轴承温度分布情况。

表 7.3 三瓣式箔片气体动压径向轴承参数

轴承参数	参数取值
轴承半径/mm	27
轴承长度/mm	82
名义间隙/μm	65
顶箔厚度/mm	0.12
波箔厚度/mm	0.38
泊松比	0.31
箔片弹性模量/GPa	213
环境温度/℃	27
箔片导热系数/[W/(m·K)]	16.9
转子导热系数/[W/(m·K)]	16.9
轴承套导热系数/[W/(m·K)]	16.2

无量纲气膜压力分布如图 7.14 所示，无量纲气膜厚度分布如图 7.15 所示，其中转速为 25kr/min、载荷为 20N。轴承中两瓣箔片之间的间隙较大，可假设箔片在此交界处的气膜压力与大气压力相等，因而在图 7.14 中可以看到气膜压力存在三个明显的波峰，由于轴承载荷施加于第二瓣箔片所在位置，压力峰值出现在此瓣箔片上。从图 7.15 可以看出，由于每瓣箔片气膜压力峰值出现在轴向中间位置处（$y = L/2$），箔片变形较大，导致最小气膜厚度出现在轴向两端位置。此外，图中还出现较多尖角毛刺，这是箔片局部变形所致。

气膜厚度方向中间截面的温度分布如图 7.16 所示，气膜温度在进气口处快速上升，并在所施加的轴承载荷位置（即气膜压力峰值处）的下游达到最大值。从第三瓣箔片的气膜温度分布可以看出，气压下降导致气体发生膨胀，气膜温度也会有所降低。但在前两瓣箔片中，气膜压力峰值距入口处较远且接近出口处，因而没有出现气膜温度下降的情况。

气膜轴向中间截面的温度分布如图 7.17 所示，图片上侧表示顶箔内表面，图片下侧表示转子外表面，气膜温度沿转子表面往顶箔侧逐渐上升，在顶箔侧所施加轴承载荷位置的下游处达到峰值。

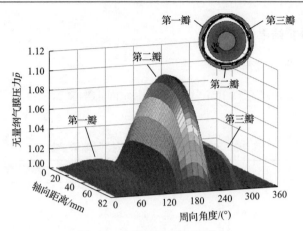

图 7.14　无量纲气膜压力分布

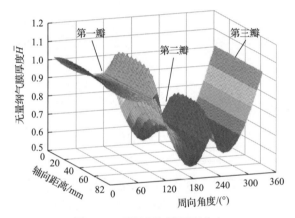

图 7.15　无量纲气膜厚度分布

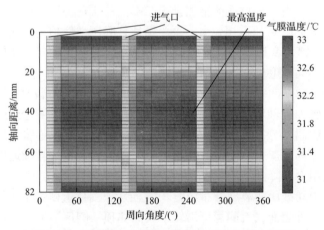

图 7.16　气膜厚度方向中间截面的温度分布（$z=H/2$）

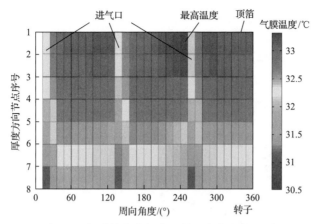

图 7.17　气膜轴向中间截面的温度分布($y=L/2$)

假设转子温度在圆周方向相等，并将转子内的温度情况简化为沿轴向分布的一维温度模型。转子轴向温度分布如图 7.18 所示，其中转速为 25kr/min、载荷为 20N，可以看出转子温度沿轴向呈抛物线分布。

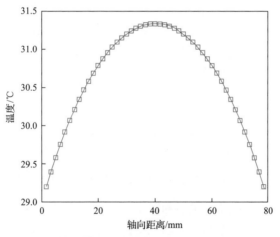

图 7.18　转子轴向温度分布($F=20\text{N}$，$n=25\text{kr/min}$)

2. 转速与载荷对轴承温度的影响

轴承最高温度与转速的关系如图 7.19 所示，所施加的载荷为 20N。可以看出，当转速从 15kr/min 增加到 40kr/min 时，气膜的黏性剪切耗能不断增加，气膜与转子的最高温度随转速的上升几乎呈线性递增，且随着转速的不断增大，气膜与转子之间的温度差值也在不断增加。为了研究转速对各箔片气膜最高温度的影响，在载荷为 20N 的情况下，分别取转速为 20kr/min、30kr/min 和 40kr/min，取各箔片中的气膜最高温度作为分析参数，转速对各箔片气膜最高温度的影响如图 7.20 所示。可以看出，各箔片的气膜最高温度随转速的上升而递增。由于第二瓣箔片作为主要承载面，产生的气膜压力相对较高，因此在同一转速条件下，第二瓣箔片中的气膜温度会高于其他两瓣箔片。

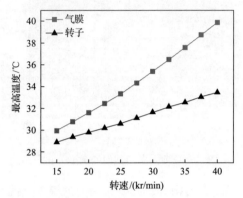

图 7.19　轴承最高温度与转速的关系（F=20N）

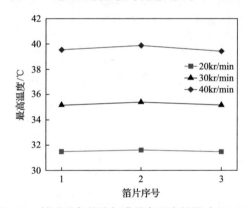

图 7.20　转速对各箔片气膜最高温度的影响（F=20N）

轴承的最高温度与载荷的关系如图 7.21 所示，其中转速为 25kr/min。可以看出，气膜和转子的最高温度几乎不随载荷发生变化，当载荷从 10N 升至 40N，温度变化在 1℃以内。对比图 7.19 和图 7.21 可以看出，相较于转速对气膜温度的影响，轴承载荷的影响并不明显。载荷对各箔片气膜最高温度的影响如图 7.22 所示，转速为 25kr/min，分别取载荷为 20N、30N 和 40N。与转速的影响相似，各箔片气膜最高温度随载荷的增加而略微上升，且第二瓣箔片的温度上升最大，载荷对主要承载箔片的温度影响最为显著。

3. 冷却气体对轴承温度的影响

不同冷却条件下轴承最高温度与转速的关系如图 7.23 所示。可以看出，在箔片内不通入冷却气体和通入 $1\text{m}^3/\text{min}$ 的冷却气体时轴承温度随转速的变化，

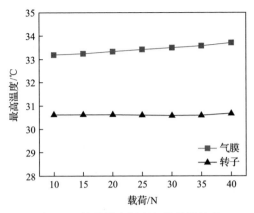

图 7.21　轴承最高温度与载荷的关系

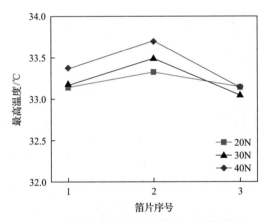

图 7.22　载荷对各箔片气膜最高温度的影响

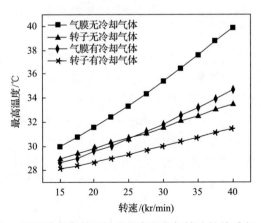

图 7.23　不同冷却条件下轴承最高温度与转速的关系 (F=20N)

冷却气体温度与环境温度相同，载荷为 20N。由于在箔片内通入冷却气体会带走大量轴承中气膜产生的热量，从图 7.23 可以看出，当在箔片结构中通入冷却气体时，气膜和转子最高温度都将显著下降，且随着转速的上升，冷却气体对轴承的降温作用越来越显著。在工程实际应用中，建议采用通入冷却气体的方法对箔片气体动压轴承进行温度控制。

　　冷却气体流量对轴承最高温度的影响如图 7.24 所示，计算参数设为轴承载荷 20N、转速 25kr/min，冷却气体温度与环境温度相同。可以看出，随着冷却气体流量的增加，气膜和转子最高温度先快速下降，然后趋于稳定，即当冷却气体流量增加到一定大小时，再增大冷却气体流量不会对轴承温度有显著影响，气体对轴承的冷却已达到饱和状态。

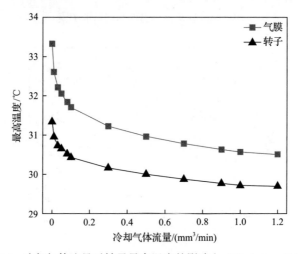

图 7.24　冷却气体流量对轴承最高温度的影响(n=25kr/min，F=20N)

4. 轴承温度对承载力的影响

　　轴承温度的变化会改变轴承中的气体黏度和密度等参数，而这些参数的改变又会对轴承静态性能造成影响。为研究温度变化对轴承静态性能的影响，取载荷为 20N，分析非等温和等温条件下偏心率与转速的变化关系，如图 7.25 所示。取转速为 25kr/min，分析非等温和等温条件下偏心率与载荷的变化关系，如图 7.26 所示。等温模型假设气膜温度不发生变化，且与周围环境温度一直保持相同，如图 7.25 所示，转子偏心率随转速的上升而下降。从图 7.25 和图 7.26 可以看出，在相同的工作条件下，即轴承载荷与转子转速相同，由于气体黏度随着轴承气膜温度的上升而增加，与等温条件下相比，考虑轴承温度效应的偏心率会更低，因此忽略轴承温度变化将低估轴承承载力。当考虑温度对气体黏度和密度的影响时，轴承运行环境将更加符合实际情况，从而更加精确地预测轴承的静态性能。

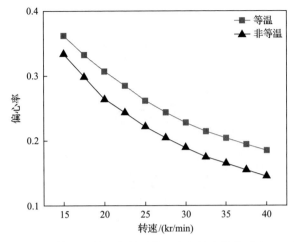

图 7.25　非等温和等温条件下偏心率与转速的关系（F=20N）

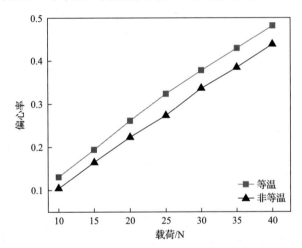

图 7.26　非等温和等温条件下偏心率与载荷的关系（n=25kr/min）

7.6　叠片型箔片气体动压推力轴承结构介绍

　　叠片型箔片气体动压推力轴承结构如图 7.27 所示。该轴承由四层箔片依次叠加而成，最上层为顶箔，与推力盘配合形成收敛楔形，在转动情况下压缩气体得到气膜压力。下面三层箔片共同构成弹性支承结构，提供支承刚度。整个轴承在圆周方向可分成 10 瓣，每瓣结构相同。叠片型箔片气体动压推力轴承在制作工艺上较为简化，无须冲压、焊接，只需依次对准箔片上定位孔安装即可。另外，每瓣顶箔的楔形开始端都加工有进气孔，有利于环境气体的吸入，可以加强对流换热效果。

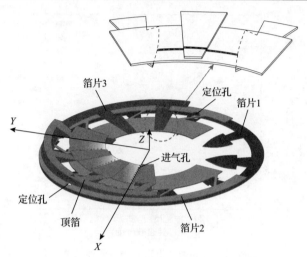

图 7.27　叠片型箔片气体动压推力轴承结构

叠片型箔片气体动压推力轴承主要参数如表 7.4 所示。

表 7.4　叠片型箔片气体动压推力轴承主要参数

轴承参数	参数取值
瓣数	10
轴承内径/mm	25.4
轴承外径/mm	50.8
顶箔厚度/mm	0.15
箔片 1 厚度/mm	0.2
箔片 2 厚度/mm	0.35
箔片 3 厚度/mm	0.4
箔片 2 弹性模量/GPa	214
箔片 3 弹性模量/GPa	214
顶箔展角/(°)	36
倾斜面展角/(°)	21.6

7.7　叠片型箔片气体动压推力轴承的箔片刚度计算模型

由三层箔片叠加构成的支承结构，其刚度可根据简单梁模型来计算。对于其中任意一瓣，将其箔片沿径向等分，形成多段弹性梁结构。由于箔片整体变形量都较小，假设同一箔片上各段弹性梁之间互不影响[5]。取三层支承箔片上对应的一组弹性梁作为分析对象，单瓣箔片结构示意图如图 7.28 所示。图 7.28 中坐标系与图 7.27 中坐标系有如下对应关系：$X = r\cos\theta$，$Y = r\sin\theta$，$Z = z$。

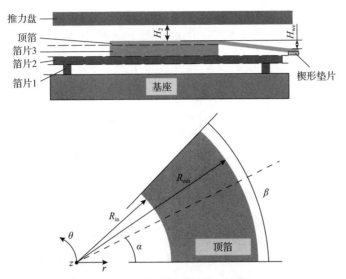

图 7.28　单瓣箔片结构示意图

H_2. 顶箔上平面到推力盘的间距；H_{we}. 楔形高度；R_{in}. 轴承内径；
R_{out}. 轴承外径；α. 倾斜面展角；β. 顶箔展角

　　依据上述刚度系数计算模型，可计算出叠片型箔片气体动压推力轴承箔片结构上任一位置的等效垂直刚度系数。支承结构的等效垂直刚度系数分布情况如图 7.29 所示。由计算结果可知，支承结构在周向和径向上都具有变刚度趋势。在周向上，起止两端刚度相对较大，中部刚度相对较小；在径向上，在周向起止两端，径向位置越靠近外侧，刚度越大。由于支承结构先降后增的周向刚度分布，在支承结构周向后端可能会形成二次楔形，出现两个压力峰，有利于提高轴承承载力。

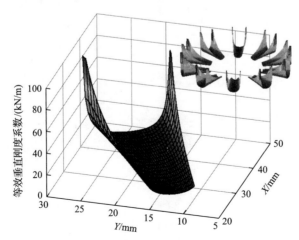

图 7.29　支承结构的等效垂直刚度系数分布情况

使用四节点壳单元模型求解顶箔的刚度系数。根据箔片网格划分情况，通过有限元求解得到网格节点刚度系数矩阵 K_{top}，再将计算的支承结构等效垂直刚度系数矩阵 K_v 与之叠加即可得到全局刚度系数矩阵 K_g，即 $K_g = K_{top} + K_v$。由节点力矩阵 F 和全局刚度系数矩阵 K_g 可求得各节点上箔片变形量，即 $\delta = \dfrac{F}{K_g}$。

7.8　叠片型箔片气体动压推力轴承静态特性分析

7.8.1　叠片型箔片气体动压推力轴承静态计算结果

采用表 7.4 的轴承参数，计算得出最小气膜厚度 $H_{min} = 25\mu m$ 和 $5\mu m$ 时轴承气膜压力分布与箔片变形情况，如图 7.30 和图 7.31 所示，其他参数设置为 $H_{we} = 25\mu m$，转速 $n = 30kr/min$。参考文献[6]和[7]，最大承载力对应的最小气膜厚度 $H_{min} = 5\mu m$。从图 7.30 和图 7.31 可以看出，由于箔片气体动压推力轴承的结构对称性，其压力分布和箔片变形情况在周向具有周期分布规律。

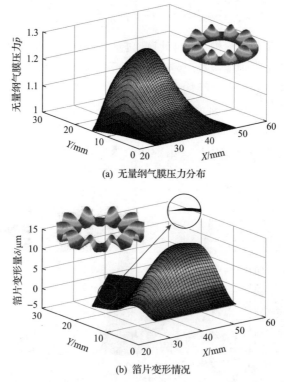

(a) 无量纲气膜压力分布

(b) 箔片变形情况

图 7.30　$H_{min} = 25\mu m$ 时轴承气膜压力分布与箔片变形情况

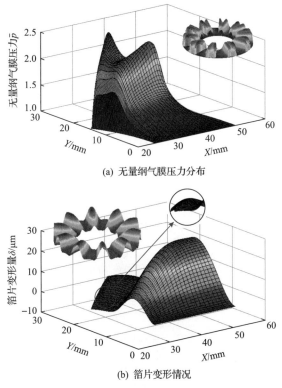

(a) 无量纲气膜压力分布

(b) 箔片变形情况

图 7.31　$H_{\min}=5\mu m$ 时轴承气膜压力分布与箔片变形情况

图 7.30 和图 7.31 中压力分布之所以会存在较大差异，是因为图 7.30 展示的是气膜厚度较大、载荷较小时的计算结果，因此压力峰值相对较小，楔形区气膜压力增加相对缓慢。从图 7.30(b) 可以看出，箔片最大变形量出现在最大气膜压力之前。另外，楔形区之后箔片变形较小，所以该段几乎为等间隙区域，根据压力边界条件，气膜压力会逐渐下降。图 7.31 表示的是最大承载条件下的计算结果，此时气膜厚度很小，压力峰值较大，楔形区气膜压力增速也较快。从图 7.31(b) 可以看出，此时楔形区之后箔片变形与气膜厚度接近，所以箔片变形对压力分布的影响极为显著。弹性支承结构的变刚度趋势导致楔形区后端的箔片变形量先增大后减小，最终使得单瓣上出现二次楔形效应，形成两个压力峰值，所以这种轴承与一般单压力峰轴承相比，承载力有较大提升。

7.8.2　最小气膜厚度对静态性能的影响

气膜厚度是轴承性能最为关键的影响因素之一。轴承承载力和摩擦力矩随最小气膜厚度的变化情况如图 7.32 所示，其中楔形高度 $H_{we}=25\mu m$。可以看出，随着最小气膜厚度的减小，轴承承载力和摩擦力矩都不断增大，且增速逐渐加快。

当工作转速提高时，轴承承载力和摩擦力矩都会增大。当最小气膜厚度相同时，转速增加，轴承承载力和摩擦力矩增速将逐渐变缓。

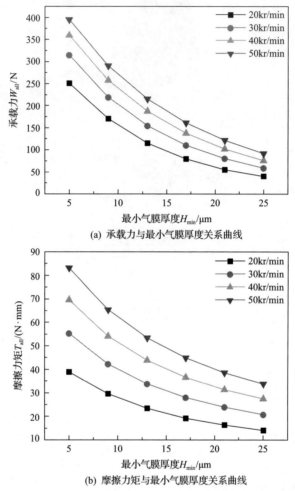

(a) 承载力与最小气膜厚度关系曲线

(b) 摩擦力矩与最小气膜厚度关系曲线

图 7.32　轴承承载力和摩擦力矩随最小气膜厚度的变化情况

7.8.3　楔形高度对静态性能的影响

轴承承载力和摩擦力矩随楔形高度的变化情况如图 7.33 所示，其中最小气膜厚度 H_{min}=5μm。

从图 7.33(a)可以看出，在固定转速下，轴承承载力随着楔形高度的增加先增大后减小，其原因是在楔形高度相对较小时，当楔形高度增加时，楔形变陡，气体压缩效果更为明显，气膜压力也越大，最终导致承载力越高。当楔形高度增大到一定程度时，虽然最大气膜压力较大，但是楔形前端气膜间隙过大，几乎没有压力升高,使得压力有效作用面积减小,承载力下降。因此,在轴承楔形高度的设计上存在一个最优值以实现更大的承载力。根据计算结果可知,该轴承楔形高度取 0.02~0.025mm(H_{we}/H_{min}=4~5)为最优;在小楔形高度范围内,随着楔形高度的增加,承载力急剧提高,直到达到最优值附近才趋于平缓。另外,随着转速的提高,承载力逐渐增大,且增速变缓,但是楔形高度在 0.01mm 以下时,不同转速下轴承承载力基本相同,这可能是因为楔形高度较低,未能充分形成动压效应。从图 7.33(b)可以看出,在相同转速下,随着楔形高度的增加,轴承摩擦力矩迅速降低,并趋于稳定值。随着转速增加,摩擦力矩会逐渐增大。从图 7.33 还可以看出,当该轴承的楔形高度选取在最优值附近时,在实现较大承载力的同时,也能得到较小的摩擦力矩,减小功率损耗。

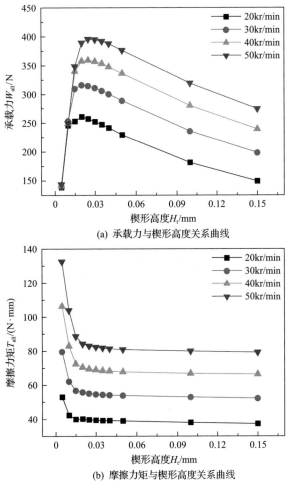

(a) 承载力与楔形高度关系曲线

(b) 摩擦力矩与楔形高度关系曲线

图 7.33 轴承承载力和摩擦力矩随楔形高度的变化情况

7.9　叠片型箔片气体动压推力轴承动态特性分析

为了获得轴承运转时的动态刚度系数和动态阻尼系数，本节采用微扰动法进行求解。

1. 最小气膜厚度对动态性能的影响

动态参数随最小气膜厚度的变化情况如图 7.34 所示，此时 $H_{we} = 25\mu m$。从图 7.34(a) 可以看出，在一定转速下，随着最小气膜厚度的增大，动态刚度系数不断下降，且下降趋势变缓，另外，随着转速的增加，轴承动态刚度系数逐渐增大。从图 7.34(b) 可以看出，在相同转速下，最小气膜厚度的变化对动态阻尼系数的影响较小，这是因为轴承动态阻尼系数主要受摩擦的影响，而本节忽略了轴承内各

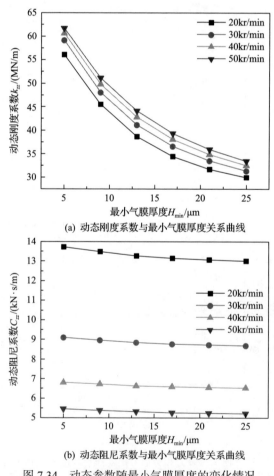

(a) 动态刚度系数与最小气膜厚度关系曲线

(b) 动态阻尼系数与最小气膜厚度关系曲线

图 7.34　动态参数随最小气膜厚度的变化情况

界面间的摩擦力。另外，随着转速的增加，轴承动态阻尼系数迅速下降，且下降速度逐渐变缓。

2. 楔形高度对动态性能的影响

动态参数随楔形高度的变化情况如图 7.35 所示。其中最小气膜厚度 H_{min}=7μm。从图 7.35(a)可以看出，在相同转速下，随着楔形高度的增加，动态刚度系数逐渐下降，并趋于稳定值。当增加转速时，动态刚度系数增加，另外，在低楔形高度时，各转速所对应的动态刚度系数几乎相等，随着楔形高度的增加，各转速对应的动态刚度系数差值逐渐增大。从图 7.35(b)可以看出，在相同转速下，随着楔形高度的增加，轴承动态阻尼系数急剧下降，并很快趋于稳定值。当转速提高时，动态阻尼系数则会逐渐下降，并且在小楔形高度时，各转速下轴承动态阻尼系数相差较大，而随着楔形高度的增加，其差值不断降低，趋于相同。

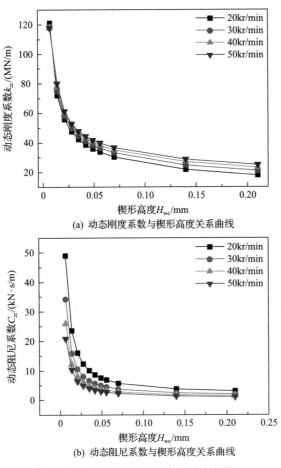

(a) 动态刚度系数与楔形高度关系曲线

(b) 动态阻尼系数与楔形高度关系曲线

图 7.35　动态参数随楔形高度的变化情况

7.10　叠片型箔片气体动压推力轴承的热弹流特性分析

前面已经建立了针对箔片气体动压推力轴承的非等温雷诺方程、能量方程和各元件的传热模型，本节在此基础上研究叠片型箔片气体动压推力轴承的热弹流特性，提出相应的整套热弹流模型，并运用数值仿真模拟的方法得出箔片气体动压推力轴承气膜温度分布情况。

7.10.1　轴承元件传热模型

由于推力盘的高速转动带动气膜剪切耗能，产生的热量一部分使气膜和各轴承元件升温，另一部分通过复杂的传热路径扩散出去。在特定工况下，当温度达到稳定时，气膜产生的热量等于扩散到外界的热量。由于气膜厚度很小，热量主要通过顶箔侧和推力盘侧散发出去。

1. 顶箔侧传热模型

顶箔侧的传热分两种情况：一种是箔片内无冷却气体的情况，另一种是箔片内通入冷却气体的情况。顶箔侧传热路径如图 7.36 所示。其中，由于各箔片的厚度相对于其他方向的尺寸较小，忽略其横向上的热传导。

当箔片内未通入冷却气体时，由气膜剪切效应产生的部分热量通过顶箔侧的热传导后，一部分经过箔片 3 传导到箔片 2，另一部分通过箔片楔形区域的空气间隙传导到箔片 2。箔片 2 的热量一部分通过箔片 1 传导到轴承基座，另一部分通过箔片 2 和轴承基座之间的空气间隙传导到轴承基座。基座的热量则通过基座与外界环境气体的自然热对流扩散出去。

当箔片内通入冷却气体时，由气膜传导给顶箔的热量一部分通过箔片 3 传导到箔片 2，另一部分由于箔片楔形区域内冷却气体的强制对流而被带走。进入箔片 2 的热量一部分通过箔片 1 的热传导转移到轴承基座，另一部分被箔片 2 与轴承基座之间的冷却气体带走。轴承基座的热量一部分通过环境气体的自然对流扩散出去，另一部分被箔片 2 与基座间的冷却气体带走。

根据图 7.36 所示的顶箔侧传热路径，建立其热阻模型，如图 7.37 所示。图中各热阻参数的计算如表 7.5 所示。当没有冷却气体时，顶箔侧的总热阻为

$$R_{\text{tot}} = R_{\text{top}} + \cfrac{1}{\cfrac{1}{R_{\text{f3}}} + \cfrac{1}{R_{\text{g1}}}} + R_{\text{f2}} + \cfrac{1}{\cfrac{1}{R_{\text{f1}}} + \cfrac{1}{R_{\text{g2}}}} + R_{\text{h}} + R_{\text{cf}} \tag{7.8}$$

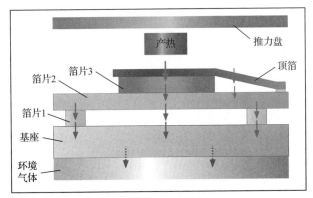

(a) 无冷却气体的传热路径

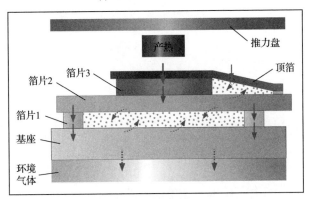

(b) 有冷却气体的传热路径

图 7.36　顶箔侧传热路径

→ 热传导；　┈┈▶ 热对流；　░ 冷却气流

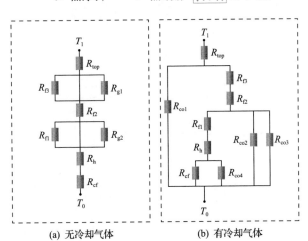

(a) 无冷却气体　　　　　　　(b) 有冷却气体

图 7.37　顶箔侧热阻模型

T_1. 靠近顶箔的气膜温度

表 7.5　各热阻参数的计算

热阻参数	计算公式	参数解释
R_{top}	$\dfrac{t_{\text{top}}}{\lambda_{\text{top}} A}$	顶箔热阻
R_{f1}	$\dfrac{t_1}{\lambda_1 A}$	箔片 1 热阻
R_{f2}	$\dfrac{t_2}{\lambda_2 A}$	箔片 2 热阻
R_{f3}	$\dfrac{t_3}{\lambda_3 A}$	箔片 3 热阻
R_{g}	$\dfrac{t}{\lambda_{\text{a}} A}$	箔片区域空气间隙热阻
R_{h}	$\dfrac{t_{\text{h}}}{\lambda_{\text{h}} A}$	基座的热阻
R_{cf}	$\dfrac{1}{h_{\text{cf}} A}$	自然对流换热的热阻
R_{co}	$\dfrac{1}{h_{\text{co}} A}$	冷却气体强制对流换热的热阻

注：t 为在传热方向的厚度；λ 为材料的导热系数；h 为对流换热系数；A 为传热面积。

当箔片内部通入冷却气流时，顶箔侧的总热阻为

$$R_{\text{tot}} = R_{\text{top}} + \cfrac{1}{\cfrac{1}{R_{\text{co1}}} + \cfrac{1}{R_{\text{f3}} + R_{\text{f2}} + R_{\text{x1}}}} \tag{7.9}$$

式中，

$$R_{\text{x1}} = \cfrac{1}{\cfrac{1}{R_{\text{f1}} + R_{\text{h}} + R_{\text{x2}}} + \cfrac{1}{R_{\text{co2}}} + \cfrac{1}{R_{\text{co3}}}} \tag{7.10}$$

$$R_{\text{x2}} = \cfrac{1}{R_{\text{cf}} + R_{\text{co4}}} \tag{7.11}$$

有冷却气体情况下的顶箔侧热阻比无冷却气体情况下更低，并且总热阻随着通入的冷却气体流量的增大而下降。

当轴承温度达到稳定时，由气膜传导给顶箔的热量将和顶箔侧传导给外界的热量达到动态平衡。因此，靠近顶箔侧的气膜温度梯度和顶箔侧总热阻将构成热平衡方程，即

$$-\lambda_{\mathrm{a}} A \frac{\partial T_1}{\partial z} = \frac{T_0 - T_1}{R_{\mathrm{tot}}} \tag{7.12}$$

经过无量纲化后得到

$$\overline{T}_1 + \gamma \frac{\partial \overline{T}_1}{\partial z} = 0 \tag{7.13}$$

式中，

$$\gamma = -\frac{\lambda_{\mathrm{a}} A R_{\mathrm{tot}}}{H}$$

2. 推力盘传热模型

当轴承温度达到平衡后，由气膜传导给推力盘的热量一部分通过推力盘的背面扩散出去，一部分向半径小的方向传导，并传导给转子，最终扩散到外界，还有一部分从推力盘外径的圆柱面通过热对流方式扩散出去。由于推力盘的厚度相对较小，可将推力盘温度情况简化为沿径向分布的一维温度模型。各节点温度可由下面平衡方程求得：

$$\lambda_{\mathrm{a}2} A_{\mathrm{e}} \frac{\partial T}{\partial z} + \lambda_{\mathrm{d}} A_{\mathrm{c}1} \frac{T_{\mathrm{d}}(i+1) - T_{\mathrm{d}}(i)}{\Delta r} - \frac{T_{\mathrm{d}}(i) - T_0}{R_{\mathrm{b}}} - \lambda_{\mathrm{d}} A_{\mathrm{c}2} \frac{T_{\mathrm{d}}(i) - T_{\mathrm{d}}(i-1)}{\Delta r} = 0 \tag{7.14}$$

式中，$A_{\mathrm{c}1}$、$A_{\mathrm{c}2}$ 分别为节点 i 处和节点 $i+1$ 处的横向截面面积；A_{e} 为气膜与推力盘的接触面积；R_{b} 为沿推力盘背面的传热热阻；T_{d} 为推力盘温度；$\lambda_{\mathrm{a}2}$ 为气膜在靠近推力盘位置的导热系数；λ_{d} 为推力盘导热系数。

7.10.2　叠片型箔片气体动压推力轴承温度特性分析结果

1. 轴承温度分布

叠片型箔片气体动压推力轴承主要参数如表 7.6 所示。当工作转速为 50kr/min、轴承载荷为 200N、环境温度为 20℃、大气压力为 101.3kPa 时，气膜压力分布如图 7.38 所示。可以看出，每瓣上的气膜压力会出现两个峰值。这是因为弹性支承箔片在轴承周向上的刚度先降后升，导致箔片变形量在中部较大、两端较小，而且双峰现象在高转速、高载荷工况下更为明显。另外，气膜压力在周向上具有周期性分布规律，所以在无特殊说明情况下，后续分析结果都是指单瓣的预测结果。

表 7.6　叠片型箔片气体动压推力轴承主要参数（温度特性分析）

轴承参数	参数取值
瓣数	10
内半径/mm	25.4
外半径/mm	50.8
顶箔厚度/mm	0.15
箔片 1 厚度/mm	0.2
箔片 2 厚度/mm	0.35
箔片 3 厚度/mm	0.4
箔片弹性模量/GPa	214
箔片导热系数/[W/(m·K)]	16.9
基座导热系数/[W/(m·K)]	16.2

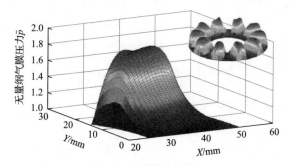

图 7.38　气膜压力分布

气膜厚度方向三层气膜的温度分布如图 7.39 所示，分别为靠近推力盘气膜层、气膜厚度中间层、靠近顶箔气膜层。虽然气膜厚度较小，但沿气膜厚度方向

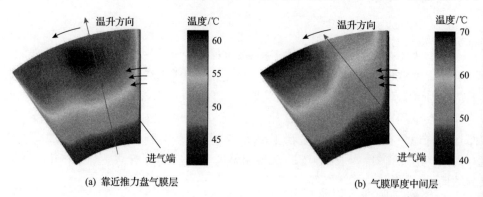

(a) 靠近推力盘气膜层　　　　　　　　　　　　(b) 气膜厚度中间层

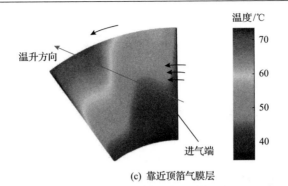

(c) 靠近顶箔气膜层

图 7.39　气膜厚度方向三层气膜的温度分布

仍存在一定温差。可以看出，沿半径方向，气膜温度整体呈增大趋势，这是因为半径越大，气体线速度越大，剪切产热效果越明显。靠近推力盘气膜层的整体温度在半径方向增大，而越靠近顶箔侧，气膜整体的温升梯度方向与进气端夹角越大。

半径方向三层气膜的温度分布如图 7.40 所示，分别为靠近轴承外半径气膜

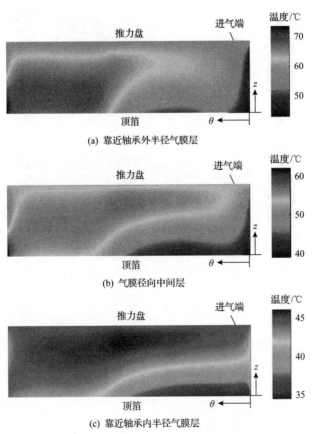

(a) 靠近轴承外半径气膜层

(b) 气膜径向中间层

(c) 靠近轴承内半径气膜层

图 7.40　半径方向三层气膜的温度分布

层、气膜径向中间层、靠近轴承内半径气膜层。在半径越小的气膜层上，温差越小。并且，随着半径的增大，气膜层上的高温区更为集中，且向周向末端和顶箔侧移动。

圆周方向三层气膜的温度分布如图 7.41 所示，分别为靠近周向末端气膜层、气膜周向中间层、靠近进气端气膜层。在推力盘旋转方向，气膜高温区向外侧移动。

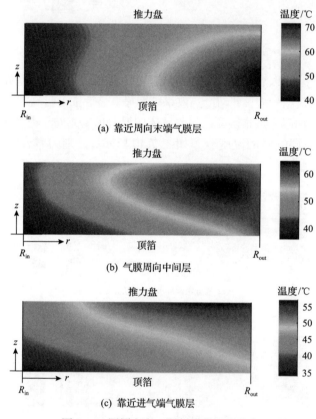

图 7.41　圆周方向三层气膜的温度分布

2. 轴承温度特性的参数化分析

推力盘温度与转速的关系如图 7.42 所示。可以看出，推力盘温度在径向上先增加后减小，最高温度靠近推力盘外侧，且随着转速的增加，推力盘温度不断升高，温差也不断加大。

轴承温度与轴承载荷的关系如图 7.43 所示，其中取顶箔平均温度、气膜最高温度和推力盘平均温度作为分析参数。可以看出，三个温度随着载荷的增大几乎呈线性递增。当轴承载荷增大时，气膜最高温度与其他两个温度的差值也在不断增大。另外，在低载荷时，顶箔温度与推力盘温度几乎相等，当载荷增加时，推力盘温度大于顶箔温度，且载荷越大，差值越大。

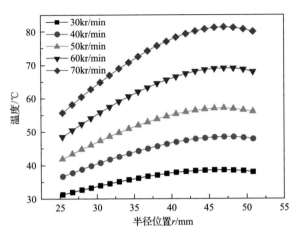

图 7.42　推力盘温度与转速的关系（$F=200\text{N}$）

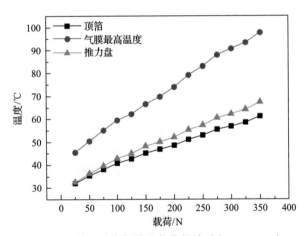

图 7.43　轴承温度与轴承载荷的关系（$n=50\text{kr/min}$）

不同转速对轴承温度的影响如图 7.44 所示。可以看出，当转速增加时，三个温度都逐渐增加，且增速都略有增大。顶箔温度与推力盘温度相差不大，且随转速增加时，两个温度的差值几乎不变，而这两个温度与气膜最高温度的差值不断增加。

轴承温度与冷却气体流量的关系如图 7.45 所示。可以看出，随着通入冷却气体流量的逐渐增大，轴承温度先迅速下降，然后逐渐趋于稳定，即当冷却气体流量增加到一定值时，再增加流量将对轴承几乎没有进一步的冷却效果。

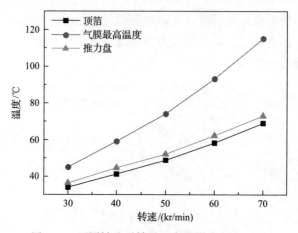

图 7.44　不同转速对轴承温度的影响(F=200N)

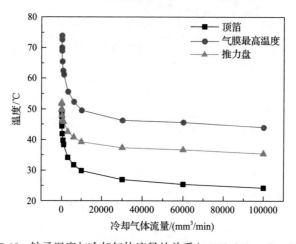

图 7.45　轴承温度与冷却气体流量的关系(n=50kr/min，F=200N)

参 考 文 献

[1] Moore J J, Lerche A, Allison T, et al. Development of a high speed gas bearing test rig to measure rotordynamic force coefficients. Journal of Engineering for Gas Turbines and Power, 2011, 133(10): 102504.

[2] Feng K, Kaneko S. Analytical model of bump-type foil bearings using a link-spring structure and a finite-element shell model. Journal of Tribology, 2010, 132(2): 021706.

[3] Muszynska A. Rotordynamics. Boca Raton: CRC Press, 2005.

[4] 虞烈. 弹性箔片轴承的气弹润滑解. 西安交通大学学报, 2004, 38(3): 327-330.

[5] Kim D, Park S. Hydrostatic air foil bearings: Analytical and experimental investigation. Tribology International, 2009, 42(3): 413-425.

[6] Kim T H, Lee Y B, Kim T Y, et al. Rotordynamic performance of an oil-free turbo blower focusing on load capacity of gas foil thrust bearings. Journal of Engineering for Gas Turbines and Power, 2012, 134(2): 022501.

[7] Feng K, Liu L J, Guo Z Y, et al. Parametric study on static and dynamic characteristics of bump-type gas foil thrust bearing for oil-free turbomachinery. Proceedings of the Institution of Mechanical Engineers, Part J: Journal of Engineering Tribology, 2015, 229(10): 1247-1263.

第8章　箔片气体动压轴承动态特性试验研究

轴承动态特性描述的是轴承的动态刚度和动态阻尼与轴承振动幅值和频率之间的关系，对旋转机械的整机性能至关重要。轴承的动态特性试验可以通过测量轴承受到不同振幅和频率激振后的响应，进而得到轴承动态刚度系数和动态阻尼系数，是研究箔片气体动压轴承技术的重要组成部分。关于轴承动态特性的测试方法大体可分为递增静载法、动载法、不平衡质量法、敲击法和激励法。轴承动态特性测试方法如表 8.1 所示[1]。

表 8.1　轴承动态特性测试方法[1]

测试方法	测试原理	特点
递增静载法	通过逐步增加轴承的载荷，并测量位置变化，从而获得轴承的四个动态刚度系数	只能得到刚度特性，方法简单，适用范围广，但该方法对测量误差非常灵敏
动载法	将动态载荷施加在轴颈或轴承座上，然后根据相关测量参数(如转子模态和响应)得到刚度特性和阻尼特性	容易实现，适用范围广，可以在真实的机器上实现，但仅能测量部分参数
不平衡质量法	对转子施加不平衡载荷，然后根据实测的不平衡响应，得到相应的动态刚度系数和动态阻尼系数	方法简单，仅适用于同步响应，辨识动态特性相对容易
敲击法	使用力锤向轴承施加冲击力，测量相应的响应，从而得到刚度特性和阻尼特性	适用范围广，操作简单，但仅能测量部分参数
激励法	在两个相互垂直的方向持续正弦激励轴承套(壳体)，并分别测量所产生运动的幅值和相位，通过频域方程计算出动态刚度系数和动态阻尼系数	可以较为准确地测量轴承动态参数，但是试验较为复杂

在上述轴承的动态特性测试方法中，敲击法和激励法的适用范围较广，测试结果较准确。因此，本章利用上述两种方法测量箔片气体动压轴承的动态特性参数。

8.1　箔片气体动压轴承动态特性参数测量方法

8.1.1　箔片气体动压轴承的等效力学模型

箔片气体动压轴承工作时，由于载荷和气体动压效应的耦合作用，轴承内部形成一层非对称分布的高压气膜，使得箔片气体动压轴承在 X 和 Y 方向表现出交叉作用力。箔片气体动压轴承的等效力学模型如图 8.1 所示[1]，除动态直接刚度系数（k_{xx}、k_{yy}）和动态直接阻尼系数（C_{xx}、C_{yy}）外，还包含动态交叉刚度系数（k_{xy}、k_{yx}）和动态交叉阻尼系数（C_{xy}、C_{yx}）。轴承的动力学方程可表示为[2]

$$\begin{bmatrix} M_x & \ddot{x} \\ M_y & \ddot{y} \end{bmatrix} + \begin{bmatrix} C_{xx} & C_{xy} \\ C_{yx} & C_{yy} \end{bmatrix} \begin{bmatrix} \dot{x} \\ \dot{y} \end{bmatrix} + \begin{bmatrix} k_{xx} & k_{xy} \\ k_{yx} & k_{yy} \end{bmatrix} \begin{bmatrix} x \\ y \end{bmatrix} = \begin{bmatrix} F_x \\ F_y \end{bmatrix} \tag{8.1}$$

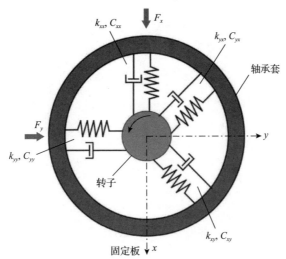

图 8.1　箔片气体动压轴承的等效力学模型[1]

8.1.2　敲击法基本原理

　　敲击试验是利用力锤在轴承上施加一个瞬态激励，通过快速傅里叶变换，求得轴承在这个激励作用下各频率上的响应，进而计算出轴承在频域下的参数。本节分别在转子不转和转子高速旋转两种情况下开展敲击试验，分别测量箔片结构和箔片气体动压轴承的动态参数。

　　1. 转子静止状态下的敲击试验

　　转子静止时，轴承和转子之间相互接触未形成气膜。由于箔片结构是沿圆周方向对称分布的，可以假设轴承各个方向的参数也是对称的。为了简化试验，将轴承系统看成一维振动模型，敲击试验台结构示意图如图 8.2 所示[3]。

　　图 8.2 中，电涡流位移传感器和加速度传感器各有一个，并且敲击力的方向和传感器处在同一直线上，加速度传感器记录轴承自身振动的加速度，电涡流位移传感器记录轴承和转子之间的相对位移。力锤不但给轴承提供一个激励，同时记录敲击力的大小。轴承在敲击力激励下的振动表达式为[3]

$$M\ddot{y} + C\dot{y} + ky = F_y \tag{8.2}$$

式中，C 为轴承的动态阻尼系数；k 为轴承的动态刚度系数；M 为轴承的质量；F_y 为敲击过程中测得的外界对轴承施加的力；y 为敲击过程中测得的位移；$\ddot{y}$ 为敲击过程中测得的加速度。

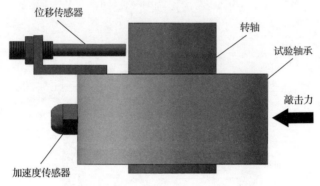

图 8.2　敲击试验台结构示意图[3]

对式 (8.2) 进行傅里叶变换，可得

$$M\overline{A}_y + \mathrm{i}\omega C\dot{Y} + k\overline{Y} = \overline{F}_y \tag{8.3}$$

式中，

$$\overline{A}_y = \mathrm{DFT}\left[a_y\right]$$

$$\overline{Y} = \mathrm{DFT}\left[y\right]$$

$$\overline{F}_y = \mathrm{DFT}\left[F_y\right]$$

轴承的动态刚度系数和动态阻尼系数分别从式 (8.3) 的实部和虚部中得到，即

$$k = \mathrm{Re}\left(\frac{\overline{F}_y - M\overline{A}_y}{\overline{Y}}\right), \quad C = \frac{1}{\omega}\mathrm{Im}\left(\frac{\overline{F}_y - M\overline{A}_y}{\overline{Y}}\right) \tag{8.4}$$

轴承受到敲击后位移和加速度的变化如图 8.3 所示。可以看出，由位移传感器记录的轴承位移变化在时域中经过一个振动周期后很快衰减，这说明轴承具有良好的阻尼特性[4]。

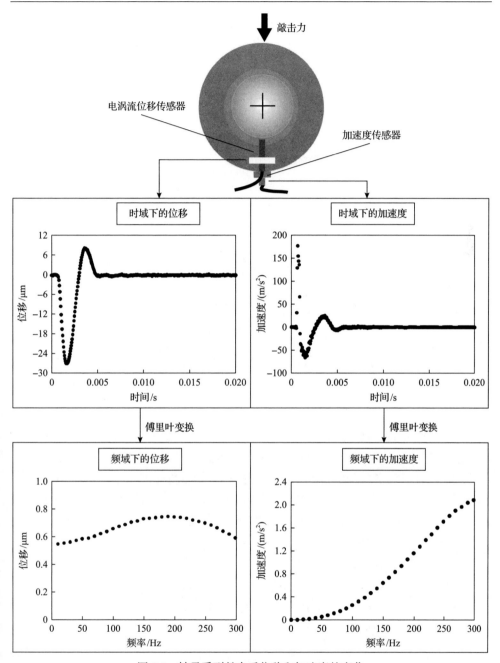

图 8.3　轴承受到敲击后位移和加速度的变化

在试验中得到的数据有轴承和转子的相对位移、加速度数据及力锤敲击轴承时的瞬时力。通过电涡流位移传感器的数据变换得到的加速度和由加速度传感器直接测量得到的数据对比如图 8.4 所示。可以看出，直接和间接得到的加速度在频域内的数据并不相同, 直接测量的加速度在频域内的数值稍大。造成这一差别的原因在于转子并不是完全的刚体, 在试验敲击的过程中, 转子会发生变形。然而, 位移传感器测量的是转子和轴承之间的相对位移, 而加速度传感器测量的是轴承的绝对加速度。因此, 为了使试验数据更为准确, 加速度传感器是不能省略的。

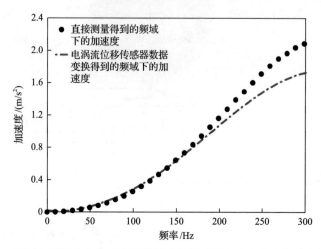

图 8.4　通过电涡流位移传感器的数据变换得到的加速度和由加速度传感器
直接测量得到的数据对比

2. 转子高速转动时的敲击试验

由于转子的重力作用, 轴承相对于转子会有一个很小的偏心位移, 当转子达到一定的转速后, 轴承的内表面和转子的外表面会有一定的相对速度, 此时由于楔形效应的作用, 转子和轴承之间会形成一层高压气膜, 在这层气膜的作用下, 转子会被托起, 从而使轴承和转子之间相互脱离。由于气膜的气压分布是非对称的, 存在 X 和 Y 方向的交叉作用, 需要在两个方向都安装传感器进行测量。轴承和转子脱离后敲击轴承示意图如图 8.5 所示。

假设 X 方向的轴承参数和 Y 方向的轴承参数相等, 即 $K = k_{xx} = k_{yy}$, $C_s = C_{xx} = C_{yy}$。同时由于轴承和转子已经分离, 当轴承在水平方向有一定的振动时, 在竖直方向也会有一定的振动量, 此时, 轴承在 X 和 Y 方向存在交叉作用。假设轴承的交叉参数为 $k = k_{xy} = -k_{yx}$, $C_i = C_{xy} = -C_{yx}$。将以上参数代入式 (8.1) 得到

$$M \begin{bmatrix} \ddot{x} \\ \ddot{y} \end{bmatrix} + \begin{bmatrix} C_s & C_i \\ C_i & C_s \end{bmatrix} \begin{bmatrix} \dot{x} \\ \dot{y} \end{bmatrix} + \begin{bmatrix} K & k \\ k & K \end{bmatrix} \begin{bmatrix} x \\ y \end{bmatrix} = \begin{bmatrix} F_x \\ F_y \end{bmatrix} \qquad (8.5)$$

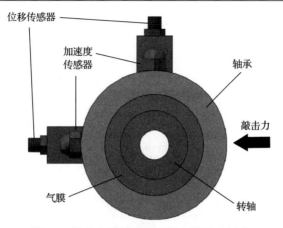

图 8.5   轴承和转子脱离后敲击轴承示意图

傅里叶变换的表达式为

$$\overline{F_{y(\omega)}} = \mathrm{DFT}(F_{y(t)})\,,\quad \begin{bmatrix} \overline{X}_{(\omega)} \\ \overline{Y}_{(\omega)} \end{bmatrix} = \mathrm{DFT} \begin{bmatrix} x_{(t)} \\ y_{(t)} \end{bmatrix}\,,\quad \begin{bmatrix} \overline{A}_{X_{(\omega)}} \\ \overline{Y}_{Y_{(\omega)}} \end{bmatrix} = \mathrm{DFT} \begin{bmatrix} a_{x_{(t)}} \\ a_{y_{(t)}} \end{bmatrix} \tag{8.6}$$

利用式(8.6)对式(8.5)进行傅里叶变换，得到

$$\begin{cases} \mathrm{i}\omega C_{\mathrm{s}} + K = \left(\overline{F}_y - M\overline{A}_y\right)\dfrac{\overline{Y}}{\overline{X}^2 + \overline{Y}^2} - M\overline{A}_x \dfrac{\overline{X}}{\overline{X}^2 + \overline{Y}^2} \\[4mm] \mathrm{i}\omega C_{\mathrm{i}} + k = \left(\overline{F}_y - M\overline{A}_y\right)\dfrac{-\overline{X}}{\overline{X}^2 + \overline{Y}^2} - M\overline{A}_x \dfrac{\overline{Y}}{\overline{X}^2 + \overline{Y}^2} \end{cases} \tag{8.7}$$

箔片气体动压轴承的动态直接刚度系数和动态直接阻尼系数、动态交叉刚度系数和动态交叉阻尼系数可以分别从式(8.7)的实部和虚部中得到，各个参数的表达式为

$$\begin{cases} K = \mathrm{Re}\left[\left(\overline{F}_y - M\overline{A}_y\right)\dfrac{\overline{Y}}{\overline{X}^2 + \overline{Y}^2} - M\overline{A}_x \dfrac{\overline{X}}{\overline{X}^2 + \overline{Y}^2}\right] \\[4mm] C_{\mathrm{s}} = \dfrac{1}{\omega}\mathrm{Im}\left[\left(\overline{F}_y - M\overline{A}_y\right)\dfrac{\overline{Y}}{\overline{X}^2 + \overline{Y}^2} - M\overline{A}_x \dfrac{\overline{X}}{\overline{X}^2 + \overline{Y}^2}\right] \\[4mm] k = \mathrm{Re}\left[\left(\overline{F}_y - M\overline{A}_y\right)\dfrac{-\overline{X}}{\overline{X}^2 + \overline{Y}^2} - M\overline{A}_x \dfrac{\overline{Y}}{\overline{X}^2 + \overline{Y}^2}\right] \\[4mm] C_{\mathrm{i}} = \dfrac{1}{\omega}\mathrm{Im}\left[\left(\overline{F}_y - M\overline{A}_y\right)\dfrac{-\overline{X}}{\overline{X}^2 + \overline{Y}^2} - M\overline{A}_x \dfrac{\overline{Y}}{\overline{X}^2 + \overline{Y}^2}\right] \end{cases} \tag{8.8}$$

本章采用的电机转速为 48kr/min，试验轴承被敲击后测量的位移信号如图 8.6 所示。可以看出，轴承在敲击方向的位移明显比垂直于敲击方向的位移要大，而且两者的位移相位角大约相差 90°。相比转子不转动情况下（图 8.3），轴承在起飞后受到敲击力而产生的振荡时间明显要长，这是因为轴承起飞后，轴承和转子之间的气膜阻尼比轴承自身阻尼要小，在消耗同样能量的情况下所花费的时间更长。而且，轴承始终有一个微小的波动，这是转子高速转动过程中的跳动造成的。为确保试验结果的准确性，对测量数据进行滤波处理是十分必要的。

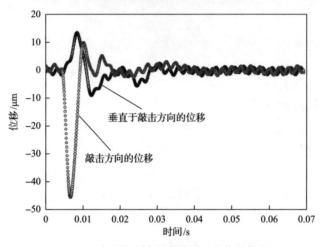

图 8.6　试验轴承被敲击后测量的位移信号

为了滤除外界误差造成的影响，在试验过程中，分别测量未敲击时和敲击后轴承的振动数据，再分别对两者进行傅里叶变换。轴承起飞后未敲击时频域内的位移如图 8.7 所示，轴承起飞后敲击后频域内的位移如图 8.8 所示。

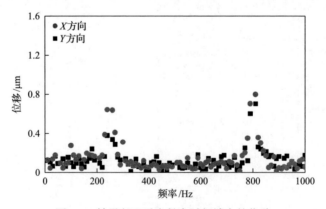

图 8.7　轴承起飞后未敲击时频域内的位移

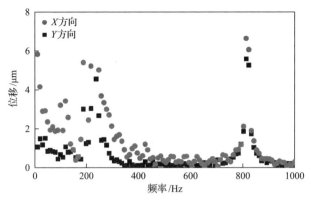

图 8.8　轴承起飞后敲击后频域内的位移

从图 8.7 可以看出，轴承在未敲击的情况下，X 方向和 Y 方向轴的振动位移非常小，在 0～1000Hz 的频率范围内，两个方向的振动位移都在 1μm 以下，同时由于试验所用的转子转速是 48kr/min，对应轴承在 800Hz 附近时振动位移最大。

从图 8.8 可以看出，当力锤敲击轴承后，轴承两个方向的位移相比未敲击时明显较大。轴承除在 800Hz 有明显的振动外，其振动主要在 500Hz 以下，而且最大位移达到 6μm。轴承在未敲击时频域范围内的振动主要在 800Hz 附近，且位移只有 1μm，而在 500Hz 以下的位移基本在 0.1μm 以下。同时反观敲击后得到的轴承在频域范围内的振动主要集中在 500Hz 以下，并且位移高达 6μm。轴承在未敲击的情况下，转子加工安装等一系列误差会对轴承产生一定的影响，这部分影响需要滤除，而轴承未敲击情况下 500Hz 以下的振动量相比敲击情况下的振动量可以忽略不计，因此可以通过滤波获得 500Hz 以上部分轴承的位移，滤除后的部分既排除了转子转动对轴承的影响，又保留了轴承因敲击而产生的振动。

8.1.3　双激振法基本原理

在敲击试验过程中，假设轴承在每个方向对应的动态直接刚度系数和动态直接阻尼系数是相等的，而在耦合方向的动态交叉阻尼大小相等、方向相反。但在实际应用过程中，轴承体现出的性能不会如此理想，因此有必要设计试验来测得轴承的八个动态参数，即双激振试验。双激振试验与敲击试验相比，由原来单方向的激振力变为两个互相正交的激振力。此时，箔片气体动压径向轴承被简化成一个双自由度有阻尼的机械系统，轴承的运动方程如式 (8.1) 所示。需要指出的是，X、Y 为轴承的绝对位移，而轴承与转子的相对位移为 $x = X - X_J$、$y = Y - Y_J$，其中 X_J、Y_J 为转子的位移。

将式 (8.1) 进行傅里叶变换，得到

$$\begin{cases} \mathrm{DFT}\left[v_X(t)\right] = \dfrac{a_X(\omega)}{\mathrm{j}\omega} \\[3mm] \mathrm{DFT}\left[X(t)\right] = \dfrac{a_X(\omega)}{\omega^2} \end{cases} \tag{8.9}$$

轴承运动方程可表示为[4]

$$\begin{bmatrix} k_{xx} + \mathrm{j}\omega C_{xx} & k_{xy} + \mathrm{j}\omega C_{xy} \\ k_{yx} + \mathrm{j}\omega C_{yx} & k_{yy} + \mathrm{j}\omega C_{yy} \end{bmatrix} \begin{bmatrix} \overline{x}_\omega \\ \overline{y}_\omega \end{bmatrix} = \begin{bmatrix} \overline{G}_{x(\omega)} \\ \overline{G}_{y(\omega)} \end{bmatrix} = \begin{bmatrix} \overline{F}_{x(\omega)} \\ \overline{F}_{y(\omega)} \end{bmatrix} - \begin{bmatrix} M_x \\ & M_y \end{bmatrix} \begin{bmatrix} \overline{A}_{x(\omega)} \\ \overline{A}_{y(\omega)} \end{bmatrix} \tag{8.10}$$

令阻抗矩阵 $\boldsymbol{h}_{(\omega k)} = \boldsymbol{k} + \mathrm{j}\omega_k \boldsymbol{C}$，则轴承的运动方程也可以表示为

$$\begin{bmatrix} h_{xx} & h_{xy} \\ h_{yx} & h_{yy} \end{bmatrix} \begin{bmatrix} \overline{x}_\omega \\ \overline{y}_\omega \end{bmatrix} = \begin{bmatrix} \overline{G}_{x(\omega)} \\ \overline{G}_{y(\omega)} \end{bmatrix} \tag{8.11}$$

通过两次不同方向的激励，$\boldsymbol{F}^X = \begin{bmatrix} F_x & 0 \end{bmatrix}^{\mathrm{T}}$，$\boldsymbol{F}^Y = \begin{bmatrix} 0 & F_y \end{bmatrix}^{\mathrm{T}}$，分别记录相应激励状态下测试参数(加速度、力和位移)的大小，然后将两次测得的参数代入方程(8.10)求解即可得到轴承的八个动态参数。

8.2 动态参数测试试验台介绍

1. 箔片气体动压轴承敲击试验台介绍

敲击试验台示意图如图 8.9 所示，敲击试验台实物图如图 8.10 所示[4]。动力部分由一个高速电主轴为整个试验台提供动力，使转子在整个试验过程中可以保持稳定的转速。试验部分由转子、试验轴承和传感器组成。力锤在试验过程中可以给轴

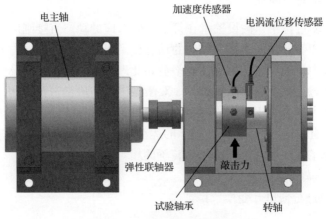

图 8.9　敲击试验台示意图[4]

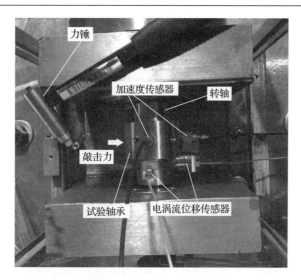

图 8.10　敲击试验台实物图[4]

承一个瞬态敲击力，使轴承产生一个逐渐衰减的振动，并且记录敲击瞬间敲击力的大小。电涡流位移传感器通过安装在轴承上的支架固定在轴承的侧面，测量的是轴承和转子之间的相对位移变化量。加速度传感器通过螺纹固定在轴承套上，与电涡流位移传感器保持相同的方向，用来测量轴承在振动过程中加速度的大小。

2. 箔片气体动压轴承双激振试验台介绍

双激振试验台实物图如图 8.11 所示。两个激振器沿正交方向安装，并使用

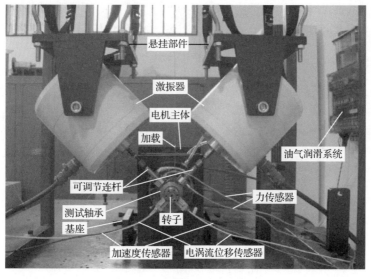

图 8.11　双激振试验台实物图

可调节的悬挂部件悬挂于固定支架上。两个力传感器一端通过可调节连杆与激振器相连，另一端与测试轴承的轴承套相连。两个电涡流位移传感器和加速度传感器正交安装在轴承套上，与力传感器位置相对。其中电涡流位移传感器通过支架固定在轴承套的一端，而加速度传感器通过螺纹连接在轴承套的侧面。电机转速通过变频器控制，油气润滑系统能保证电机的转速，同时降低电机工作时产生的热量。激振幅值通过功率放大器来控制。使用 LabView 软件实时监控，并根据显示数据及时调整试验操作。

8.3　箔片气体动压轴承动态特性测量

8.3.1　敲击试验结果分析

在敲击试验过程中，一共使用了四个轴承，包括三个不同密度金属丝网结构的混合轴承[5]和一个波箔轴承，这三个混合轴承和上面推拉试验中用的轴承是相同的，波箔轴承和混合轴承的内径是相同的，排除试验中轴承和转子之间间隙对轴承性能的影响。试验结果对比了波箔轴承和混合轴承的性能，验证了混合轴承在原来基础上进行改进后的效果，对比了金属丝网结构相对密度的增加对轴承性能的影响，同时也对比了转子转速对轴承性能的影响。

1. 转子静止状态下的敲击试验结果

三个金属丝网结构相对密度分别为 25%、32.5%和 40%的混合轴承和一个波箔轴承在静止状态下的结构性能参数(结构刚度系数、结构阻尼系数和损失因子)随频率的变化如图 8.12 所示。在静止状态下，轴承和转子之间是直接接触的，没

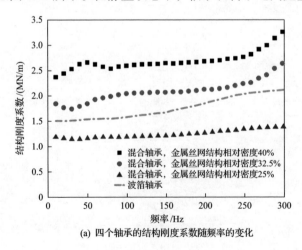

(a) 四个轴承的结构刚度系数随频率的变化

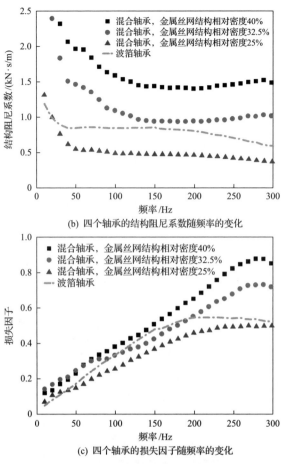

(b) 四个轴承的结构阻尼系数随频率的变化

(c) 四个轴承的损失因子随频率的变化

图 8.12　轴承的结构性能参数随频率的变化

有气膜，因此测得的轴承性能可以认为是轴承自身底部支承结构的性能，也就是轴承的结构性能。

从图 8.12 可以看出，四个轴承的结构刚度系数均随着频率的增加而增加。同时混合轴承的结构刚度系数也会随着金属丝网结构相对密度的增加而增加。四个轴承的结构阻尼系数和结构刚度系数的变化趋势相反，均随着频率的增加而减小。随着金属丝网结构相对密度的增加，混合轴承的结构阻尼系数同样也会增大，因为金属丝网结构内部微小的摩擦副单元在振动过程中会消耗一定的能量，而这种摩擦副单元的个数会随着金属丝网结构相对密度的上升而上升，导致金属丝网结构相对密度大的混合轴承阻尼系数大。一般情况下，轴承的结构刚度系数和结构阻尼系数成正比，即轴承的结构变大后，结构阻尼系数也会变大。评估消耗外来能量抑制轴承-转子系统振动的能力时，只看阻尼系数会过于片面，因此这种消耗外来能量抑制轴承-转子系统振动的能力最好用损失因子来表示。四个轴承的损失因子随频率的变化如图 8.12(c)所示。可以看出，混合轴承的损失因子随着金属丝网结构相对密度的增大而增大。

从图 8.12 也可以看出，波箔轴承的结构刚度系数和结构阻尼系数比金属丝网结构相对密度为 25%的混合轴承大不少，而波箔轴承的损失因子却和混合轴承(25%)差不多，相比于金属丝网结构相对密度为 32.5%和 40%的混合轴承，波箔轴承的损失因子都要小。这说明混合轴承这种结构的箔片气体动压轴承有很好的性能表现，改进后的混合轴承消耗外界能量和抑制振动的能力都得到了很大的提升。

2. 转子高速转动时的敲击试验结果

三个金属丝网结构相对密度分别为 25%、32.5%和 40%的混合轴承和一个波箔轴承在起飞后的性能参数(刚度系数、耦合刚度系数、阻尼系数、耦合阻尼系数和损失因子)随频率的变化如图 8.13 所示。

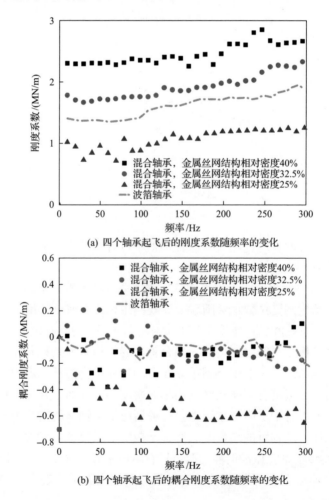

(a) 四个轴承起飞后的刚度系数随频率的变化

(b) 四个轴承起飞后的耦合刚度系数随频率的变化

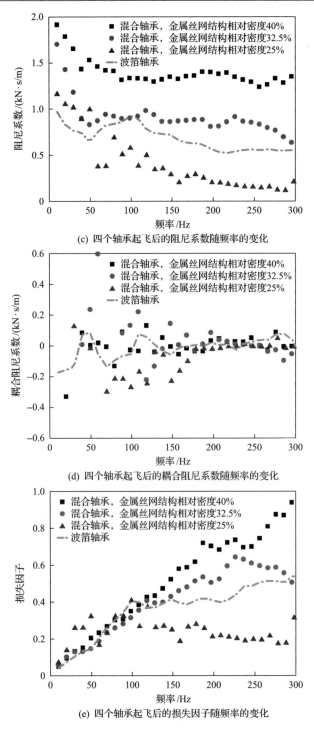

(c) 四个轴承起飞后的阻尼系数随频率的变化

(d) 四个轴承起飞后的耦合阻尼系数随频率的变化

(e) 四个轴承起飞后的损失因子随频率的变化

图 8.13 轴承起飞后的性能参数随频率的变化

从图 8.13 可以看出，轴承的性能在轴承起飞后和轴承静止时的变化趋势是相同的，起飞后的刚度系数随着频率的增加而增大，并且混合轴承起飞后的刚度系数也随着金属丝网结构相对密度的增加而增大，阻尼系数和损失因子也和静止时的变化趋势一样。起飞后轴承和转子之间有一层气膜，这层气膜会对轴承的性能有一定的影响，但是并不会改变轴承自身底部支承结构的性能，而且起飞后轴承的性能以轴承自身的底部支承结构的性能为主，所以轴承起飞后的性能变化趋势和静止时一样。

为了分析起飞后轴承和转子之间的气膜对轴承性能的影响，需要将起飞后轴承的性能和静止时进行对比，以此来了解气膜的作用以及实际使用过程中轴承的性能。金属丝网结构相对密度为 25%(低密度)的混合轴承起飞前后的性能对比如图 8.14 所示。

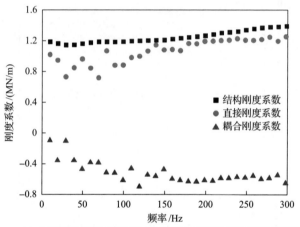

(a) 金属丝网结构相对密度为25%的混合轴承起飞前后刚度系数对比

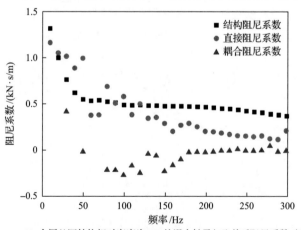

(b) 金属丝网结构相对密度为25%的混合轴承起飞前后阻尼系数对比

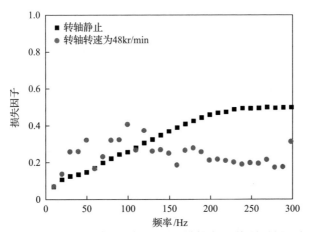

(c) 金属丝网结构相对密度为25%的混合轴承起飞前后损失因子对比

图 8.14　金属丝网结构相对密度为 25%的混合轴承起飞前后的性能对比

从图 8.14 可以看出，轴承起飞后的刚度系数、阻尼系数和损失因子整体上相比于静止状态都有所下降，这是由于轴承起飞后的气膜刚度和阻尼相比于轴承自身的底部支承结构来说都是比较小的，气膜和轴承自身底部支承结构进行耦合后，耦合起来的轴承性能相比于静止时的轴承性能会有一定的下降。

为了得到更加准确的试验数据，减小数据的误差，本章采用平均值的做法，也就是做多次试验，对所得的试验数据求平均值，将求得的平均值作为采用的轴承性能值。四次试验得出的轴承性能及平均值如图 8.15 所示，以低密度轴承在静止情况下的性能平均值作为参考，对四次试验值取平均值。

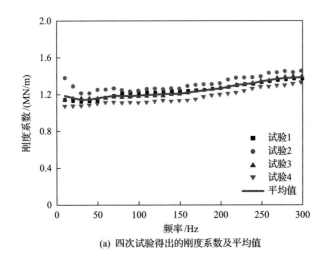

(a) 四次试验得出的刚度系数及平均值

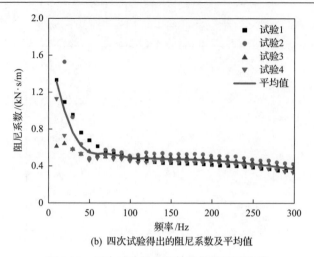

(b) 四次试验得出的阻尼系数及平均值

图 8.15　四次试验得出的轴承性能及平均值

8.3.2　双激振试验结果分析

双激振试验中分别在 X 和 Y 两个方向激振轴承，利用信号采集系统同时记录轴承在 X 和 Y 方向的响应，经过数据处理即可得到轴承的八个参数。试验时电机转速为 24kr/min。

双激振试验轴承的动态刚度系数随频率的变化如图 8.16 所示。可以看出，随着激振频率的增加，在 200～300Hz，轴承的动态直接刚度系数先减小后增大；在 300～400Hz，轴承的动态直接刚度系数逐渐上升至 1.6MN/m 左右。这与敲击试验的结果保持一致，也进一步验证了试验测试方法的可靠性。

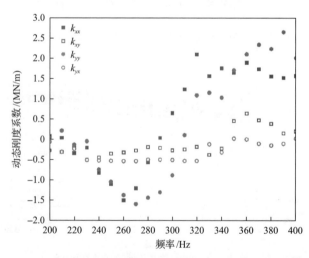

图 8.16　双激振试验轴承的动态刚度系数随频率的变化[4]

　　双激振试验轴承的动态阻尼系数随频率的变化如图 8.17 所示。可以看出，随着激振频率的增加，轴承的动态阻尼系数在低频率时整体呈上升趋势，而在高频率情况下呈下降趋势。这与敲击试验的结果保持一致，同时也与 San Andrés 等[6]测得的关于轴承的动态阻尼系数有相同的变化趋势。

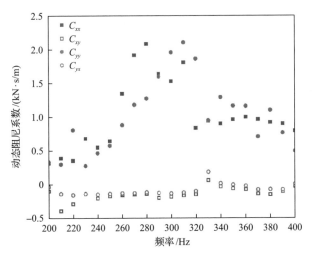

图 8.17　双激振试验轴承的动态阻尼系数随频率的变化

参 考 文 献

[1] Breedlove A W. Experimental identification of structural force coefficients in a bump-type foil bearing. Texas: Texas A&M University, 2007.

[2] Mitchell J R, Holmes R, von Ballegooyen H. Experimental determination of a bearing oil-film stiffness. Proceedings of the Institution of Mechanical Engineers, 1965, 180(11): 90-96.

[3] Feng K, Liu Y M, Zhao X Y, et al. Experimental evaluation of the structure characterization of a novel hybrid bump-metal mesh foil bearing. Journal of Tribology, 2015, 138(2): 021702.

[4] Zhao Z L, Feng K, Zhao X Y, et al. Identification of dynamic characteristics of hybrid bump-metal mesh foil bearings. Journal of Tribology, 2018, 140(5): 051702.

[5] Feng K, Zhao X Y, Huo C J, et al. Analysis of novel hybrid bump-metal mesh foil bearings. Tribology International, 2016, 103: 529-539.

[6] San Andrés L, Chirathadam T A. Metal mesh foil bearing: Effect of motion amplitude, rotor speed, static load, and excitation frequency on force coefficients//ASME Turbomachinery Technical Conference & Exposition: Turbine Technical Conference and Exposition, Vancouver, 2011: 465-476.

第 9 章　箔片气体动压轴承极限性能试验研究

高效紧凑型能源动力装备对箔片气体动压轴承的承载力和高温特性提出了极高的要求，然而，国内外均缺乏关于箔片气体动压轴承极限性能的试验数据，这使得在使用箔片气体动压轴承时大多依靠经验[1]。气体动压轴承性能的测试需要试验台架能够在极高的转速下承受足够大的载荷，因此实现难度较大。本章分别针对箔片气体动压径向轴承和箔片气体动压推力轴承设计并搭建超高速极限性能测试试验台，试验台转速高达 70kr/min，加载能力超过 2000N，并通过试验测量轴承的起飞转速、起飞转矩及极限承载力。同时，本章介绍可在 650℃ 高温条件下测试箔片气体动压径向轴承高温特性的试验台，开发出一种可在 650℃ 高温条件下使用的轴承固体润滑剂，并测量轴承的起飞转速、峰值摩擦力矩等参数。

9.1　箔片气体动压径向轴承承载试验台

本节将介绍箔片气体动压径向轴承承载试验台，测试轴承静态承载力对轴承最大摩擦力矩、起飞转速以及起飞后摩擦力矩等参数的影响，并测量轴承在不同转速条件下的极限承载力。箔片气体动压径向轴承承载试验台如图 9.1 所示，箔片气体动压径向轴承承载试验台参数如表 9.1 所示。

试验台主要由驱动单元、加载单元以及传感器与采集单元三部分组成。驱动单元与加载单元通过柔性联轴器连接，该联轴器的最高工作转速可达 80kr/min。驱动单元主要包含高速永磁同步电机，能够驱动加载单元实现 0~70kr/min 转速的承载试验测试，电机功率为 6kW 。加载单元由角接触滚动轴承、支承转子、待测箔片气体动压径向轴承以及气缸等部件组成，能够提供 0~2000N 的轴承静态加载载荷。转子由四个角接触滚动轴承支承，并采用油气润滑。由于箔片气体动压径向轴承需要无油工作环境，为避免角接触滚动轴承的润滑油气泄漏导致箔片气体动压径向轴承被污染，在角接触滚动轴承轴承座上设计有高压气体密封回路。试验台利用气缸提供所需的加载，并用电磁比例阀来控制气缸压力大小的输入，从而实现不同大小的加载。柔性钢丝绳将气缸与待测箔片气体动压径向轴承连接在一起，而非采用刚性连接，这样能够有效减小对轴承摩擦力矩测量的影响。为测量箔片气体动压径向轴承在不同工况条件下的摩擦力矩，在轴承竖直(Z)方向安装有 T 形力矩传递杆，将轴承摩擦力矩转换为水平方向的拉力。

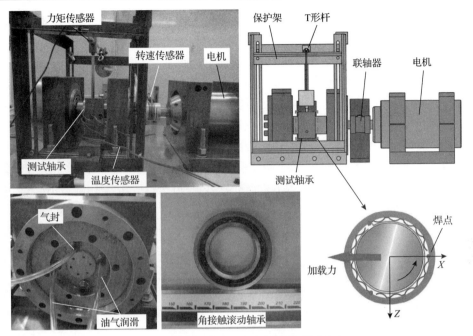

图 9.1　箔片气体动压径向轴承承载试验台

表 9.1　箔片气体动压径向轴承承载试验台参数

试验台参数	参数取值
设计转速/(kr/min)	70
额定承载力/N	500
可测箔片轴承规格/(mm×mm)	45×90
轴端径向跳动/μm	<3
试验台振动/(m/s)	<2
转子长度/mm	169
高速电机额定转速/(kr/min)	70
高速电机额定功率/kW	6
高速电机冷却液温度/℃	<30
高速电机冷却液流量/(L/min)	≥4
油气润滑供气压力/MPa	≥0.41

　　利用 Xlrotor 软件对加载单元的轴承-转子系统进行动力学分析，可知转子的临界转速为 98.8kr/min，远高于试验台最高工作转速 70kr/min，在当前试验环境下可将支承的转子看成刚性转子。本章主要以角接触滚动轴承支承的高速极限载荷

试验台为试验基础，待测箔片气体动压径向轴承的水平(X)和竖直(Z)方向布置有测量轴承静态载荷和摩擦力矩的力传感器。为降低轴承在启停过程中的干摩擦，在轴承顶箔表面镀有聚四氟乙烯固体润滑涂层，该涂层最高工作温度为 300℃，为防止箔片气体动压径向轴承温度过高而损坏涂层和试验台，在待测箔片气体动压径向轴承水平(X)方向布置有 K 型热电偶温度传感器，量程为 1600℃，如图 9.1 所示。此外，为测量转子实时转速，在试验台一侧安装有光电转速传感器，最高测量转速可达 250kr/min，满足当前试验需求。

　　箔片气体动压径向轴承承载力测试系统界面如图 9.2 所示，该测试系统可采集两路温度信号、两路力信号和一路脉冲信号，以及可进行一路电压信号的输入，可通过输入的电压信号来控制电磁比例阀，最终可改变对箔片气体动压径向轴承的加载大小。

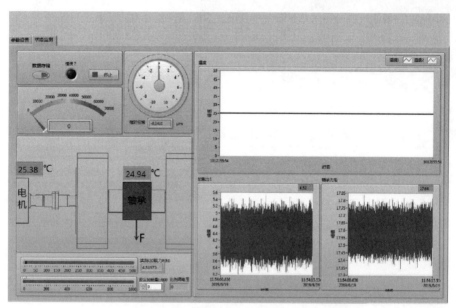

图 9.2　箔片气体动压径向轴承承载力测试系统界面

9.2　箔片气体动压径向轴承承载试验及结果分析

　　在该试验台上进行了三种不同类型的箔片气体动压径向轴承承载试验。

　　(1)带载起飞试验。在电机未启动之前，调整比例阀的电压，给转子施加 80N 以内的初始载荷，然后启动电机并记录试验数据，后续通过 DIAdem 软件处理得到轴承在不同初始载荷条件下的起飞转速和峰值摩擦力矩。由于电机功率有限，当初始载荷太大时，电机启动转矩过高，导致电机无法正常启动，因此轴承初始载荷限制在 80N 以内，但足以模拟实际工程需要。

（2）转速稳定时的变载荷试验。转子达到某一固定转速时，通过调整电磁比例阀电压来改变轴承承载力，研究在稳定转速条件下箔片气体动压径向轴承摩擦力矩和温度随载荷的变化关系。

（3）承载力测试试验。启动电机，使转子达到某一固定转速，然后对箔片气体动压径向轴承进行加载，加载大小不超过该转速条件下轴承极限承载，随后在不卸载的情况下关闭电机，利用轴承摩擦力矩判断在该载荷条件下能够使箔片气体动压径向轴承不发生干摩擦的最低转子转速。

本节进行测试的轴承为三瓣式箔片气体动压径向轴承，由一瓣顶箔、三瓣波箔和轴承套组成。三瓣式箔片气体动压径向轴承示意图如图 9.3 所示。测试轴承的顶箔材料为 Inconel X-750 镍基高温合金，轴承套材料为 SUS 304 不锈钢。转子高速旋转状态下在光滑顶箔表面与转子外表面之间形成楔形气压以支承转子，为降低转子在启停过程中的干摩擦，提高轴承使用寿命，在顶箔表面镀有聚四氟乙烯固体润滑涂层。轴承波箔采用三瓣式箔片结构，在圆周方向被等间隔焊接在轴承套上，其中一端固定，另一端自由。试验台在工作时转子从波箔自由端往焊接端方向旋转，焊接端由于被固定，其波箔刚度明显高于自由端波箔刚度，使得轴承在转子旋转方向形成刚度梯度，便于楔形气压的形成，能够提高轴承承载力和稳定性，三瓣式箔片气体动压径向轴承参数如表 9.2 所示。

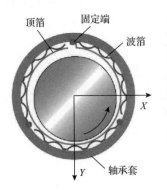

图 9.3　三瓣式箔片气体动压径向轴承示意图

表 9.2　三瓣式箔片气体动压径向轴承参数

轴承参数	参数取值
轴承内径/mm	47.75
轴承长度/mm	45
波箔厚度/mm	0.2

续表

轴承参数	参数取值
顶箔厚度/mm	0.2
波箔波高/mm	0.55
邻近波形间距/mm	3.7
波箔瓣数	3
箔片弹性模量/GPa	210
泊松比	0.29

9.2.1　箔片气体动压径向轴承起飞测试

　　本节采用摩擦力矩法来测量轴承在启动过程中的起飞转速。在静载条件下，由于转子刚启动时转速较低，顶箔表面没有形成楔形气压，顶箔与转子表面处于干摩擦状态，轴承摩擦力矩将达到最大值。当转子转速上升至一定大小时，转子和轴承顶箔表面之间形成能够支承转子的楔形气压，轴承从干摩擦状态变为气体润滑状态，摩擦力矩将显著下降并逐渐趋于稳定，本节定义轴承摩擦力矩达到稳定值时的转速为轴承起飞转速。

　　三瓣式箔片气体动压径向轴承在空载条件下（只考虑轴承自重）的起飞试验结果如图 9.4 所示，设定电机转速为 12kr/min。在 6s 左右，电机快速且线性的从 0 上

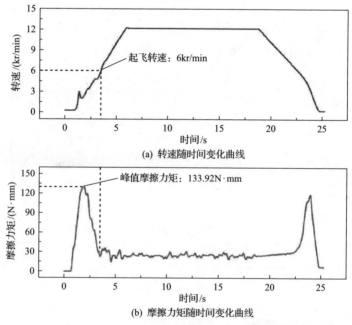

(a) 转速随时间变化曲线

(b) 摩擦力矩随时间变化曲线

图 9.4　三瓣式箔片气体动压径向轴承在空载条件下的起飞试验结果

升至工作转速，稳定 13s 后关闭电机，使转子自由降速至停止。电机启动后，由于转子与轴承顶箔表面处于静摩擦状态，轴承摩擦力矩迅速达到峰值 133.92N·mm，随后随转速升高又迅速下降并趋于稳定。电机在降速过程中也会出现与启动时相似的峰值摩擦力矩，且峰值大小与启动时接近，这是由于随着转子转速的降低，转子与顶箔之间形成的楔形气压不足以支承转子，转子与顶箔接触面由气体润滑状态变为干摩擦状态。通过轴承摩擦力矩的变化趋势并结合由转速传感器测得的转子转速数据，可求得轴承在空载条件下的起飞转速为 6kr/min。

9.2.2　箔片气体动压径向轴承承载力测试

在对箔片气体动压径向轴承进行承载力测试时，可利用两种方法来判断轴承是否达到承载极限，虽然测试过程存在一定差异，但均采用监测轴承摩擦力矩的方式。第一种方法是在额定转速条件下轴承正常运转过程中不断增加轴承载荷，转子偏心率随轴承载荷的增加而上升，当轴承达到承载极限时，轴承顶箔表面与转子发生干摩擦，轴承摩擦力矩迅速增大。但该方法也存在一定的不足，由于转子与轴承在高速重载条件下发生干摩擦，易使轴承顶箔表面涂层损坏，导致轴承失效，给试验台及试验人员带来安全隐患。第二种方法与轴承的起飞测试过程相反，轴承起飞后，在该转速条件下给轴承施加低于预期承载力的载荷，在各转速条件下轴承的承载力可根据经验公式(3.1)进行估计，随着转子转速的下降，转子与轴承顶箔表面之间形成的楔形气压不足以支承转子，转子和顶箔发生干摩擦，记录轴承在降速过程中摩擦力矩急剧增大时的转速，认为此时的轴承承载即为该转速条件下轴承的极限承载。在降速过程中，由于轴承未卸载，角接触滚动轴承滚珠与轴承体以及轴承与转子之间的摩擦力矩急剧增大，使得转子降速时间短，并产生大量热量，容易使轴承与转子发生胶合现象，因此该方法只适合在低速轻载条件下测量轴承的承载力[1]。

对于第一代、第二代和第三代箔片气体动压径向轴承，轴承承载系数分别在 0.08、0.19 和 0.27 附近波动。

三瓣式箔片气体动压径向轴承在 18kr/min 转速条件下的承载力测试(方法一)如图 9.5 所示。可以看出，轴承在带载 26.95N 的情况下正常起飞，起飞时的峰值摩擦力矩为 349.61N·mm。由于转子偏心率随轴承载荷的增加而上升，气膜间隙减小，动压效应增强，气膜黏性剪切力增加，导致轴承摩擦力矩增大。由于气压不稳定，在使用气缸进行加载时载荷会出现阶跃现象，当轴承受到冲击力的作用时，轴承与转子发生碰撞，导致摩擦力矩突然上升，待载荷稳定后摩擦力矩又恢复正常。载荷增加至 351.26N 后，再加大轴承载荷，轴承摩擦力矩迅速上升，最高达到 2455.89N·mm，是起飞时峰值摩擦力矩的 7.02 倍，表明该轴承在 18kr/min

转速条件下的承载极限即为 351.26N。箔片气体动压径向轴承达到承载极限后，在高速重载条件下与转子发生干摩擦，导致聚四氟乙烯固体润滑涂层损坏，且轴承主要承载侧的顶箔表面涂层的损坏尤为严重。承载力测试前后的轴承对比（方法一）如图 9.6 所示。可以看出，主要受力侧涂层被完全磨掉。

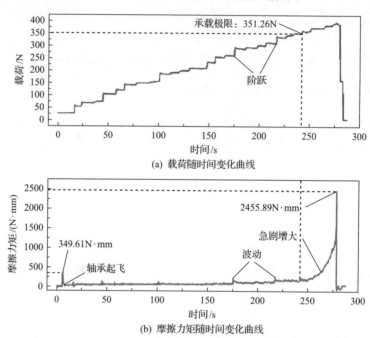

(a) 载荷随时间变化曲线

(b) 摩擦力矩随时间变化曲线

图 9.5　三瓣式箔片气体动压径向轴承承载力测试（方法一）

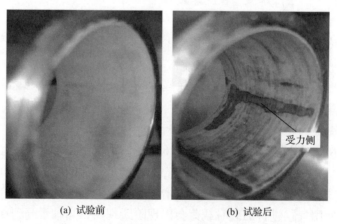

(a) 试验前　　　　　　　　　(b) 试验后

图 9.6　承载力测试前后的轴承对比（方法一）

设定电机转速为 30kr/min，利用方法二对箔片气体动压径向轴承进行承载力测试。由于电机功率有限，当轴承初始载荷超过 80N 时，电机启动力矩过大，导致试验台无法正常启动，因此在较低初始载荷条件下启动电机，电机达到目标转速后再对轴承进行加载。三瓣式箔片气体动压径向轴承承载力测试（方法二）如图 9.7 所示。轴承载荷达到设定载荷 104.64N 后，关闭电机，使转子自由降速，当转子降速至 13.2kr/min 时，轴承摩擦力矩急剧上升，表明该轴承在 13.2kr/min 转速条件下的承载极限即为 104.64N。利用方法一测试轴承承载力时会对轴承造成损坏，由于试验台更换轴承较为麻烦，后续均采用方法二测量箔片气体动压径向轴承承载力。

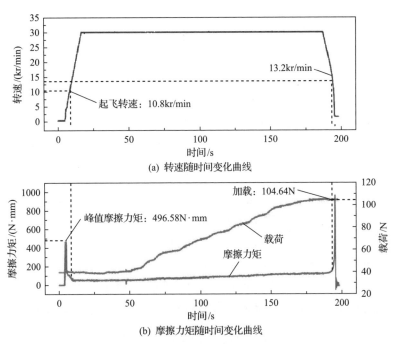

(a) 转速随时间变化曲线

(b) 摩擦力矩随时间变化曲线

图 9.7　三瓣式箔片气体动压径向轴承承载力测试（方法二）

极限承载力随转速变化曲线如图 9.8(a) 所示。可以看出，随着转子转速的上升，气膜速度梯度增大，动压效应增强，轴承极限承载力线性增大，且转速对轴承承载力的影响十分显著，在 12.4kr/min 转速条件下，轴承极限承载力仅为59.275N，但在 18kr/min 转速条件下，轴承极限承载力却达到 351.26N。

$$P = \frac{F}{LD} \tag{9.1}$$

式中，P 为轴承单位面积承载力，MPa；F 为轴承极限承载力，N；L 为轴承长度，mm；D 为轴承直径，mm。

根据图 9.8(a) 中的试验数据，利用式 (9.1) 可得到轴承承载力随转速的变化曲线,如图 9.8(b)所示。可以看出,轴承承载力随转速的提高而线性上升,在 18kr/min 转速条件下,轴承单位面积承载力达到 0.164MPa。

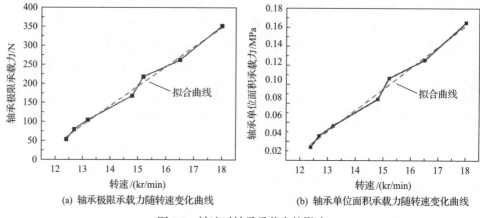

(a) 轴承极限承载力随转速变化曲线　　　　(b) 轴承单位面积承载力随转速变化曲线

图 9.8　转速对轴承承载力的影响

　　不同载荷情况下轴承降速时间如图 9.9 所示。可以看出,随着轴承载荷的增加,轴承摩擦力矩增大,且轴承与转子进入干摩擦的转速提前出现,导致转子降速快,降速时间缩短。当轴承载荷为 104.64N 时,转子从 18kr/min 降速至 2kr/min 仅耗时 2.84s。当轴承载荷增至 169.49N 和 218.35N 时,载荷增幅为 61.97% 和 108.67%,前后两次增幅比为 1.75,轴承降速时间缩短至 2.03s 和 1.58s,分别减少 28.52% 和 44.37%,但前后两次降速时间降幅比仅为 1.56。因此,随着轴承载荷的增加,降速时间减小的幅度下降,这是因为在降速过程中轴承与转子干摩擦降速部分的降速时间受载荷大小的影响较小,且干摩擦降速部分占据的比例增加。

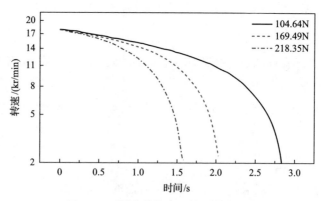

图 9.9　不同载荷情况下轴承降速时间

9.2.3 参数化承载试验分析

1. 初始载荷对轴承起飞转速和峰值摩擦力矩的影响

箔片气体动压径向轴承在起飞阶段的轴承起飞转速和峰值摩擦力矩随初始载荷的变化曲线如图 9.10 所示。试验台在启动后，转子与轴承顶箔由静摩擦变为动摩擦，直至轴承与转子分离，因此在电机启动后但还不足以带动转子旋转之前，轴承摩擦力矩达到最大值，图 9.4 的起飞试验也充分验证了这一情况。从图 9.10 可以看出，轴承峰值摩擦力矩（初始摩擦力矩）和起飞转速随着轴承载荷的增加呈线性上升趋势，这是由于在启动初始阶段，转子与轴承处于静摩擦状态，在摩擦因数不变的情况下，转子与轴承顶箔之间的摩擦力大小取决于转子作用于顶箔的正压力，即轴承初始载荷，因此随轴承初始载荷的增加，峰值摩擦力矩也将线性增加，并且轴承需要更高的转速才能使转子悬浮于轴承之中（轴承起飞）。

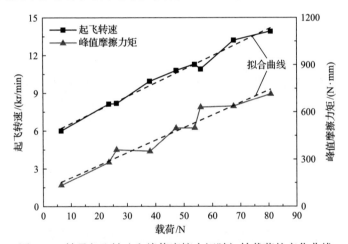

图 9.10　轴承起飞转速和峰值摩擦力矩随初始载荷的变化曲线

2. 起飞后加载大小对轴承性能的影响

为探究起飞后轴承载荷对摩擦力矩的影响，设定电机转速为 18kr/min，并施加 25.3N 的初始载荷。从图 9.10 可以看出，在 25.3N 初始载荷条件下，轴承的起飞转速为 8.2kr/min 左右，远低于设定转速，在确保轴承处于正常起飞状态下，待电机转速达到 18kr/min 后再对轴承进行加载，起飞后轴承摩擦力矩随载荷的变化曲线如图 9.11（a）所示。从 9.2.2 节可知，在 18kr/min 转速条件下，轴承的极限承载力为 351.26N，在此次试验中，轴承最高加载载荷仅为 233.16N，远低于轴承极限承载力，从图 9.11（a）可以看出，在轴承极限承载力范围内，轴承摩擦力矩随载荷的增加呈线性递增。摩擦系数可由公式 $f = T/(FR)$ 得到，其中 T 为轴承摩擦力矩，F 为轴承加载力，R 为轴承半径，$R=23.88$mm。因此，根据图 9.11(a)中试验数据可求得起飞后轴承摩擦系数随载荷的变化曲线，如图 9.11(b)所示。随着轴承载荷的增加，轴承摩擦系数迅速下降，当轴承载荷升高至150N后，摩擦系数稳定在 0.02 左右。轴承温升随载荷实时变化曲线如图 9.12 所示。环境温度为 20℃。可以看出，随着轴承载荷的增加，摩擦力矩上升，能量损耗增加，导致轴承温度上升，轴承温度对载荷变化十分敏感，卸载后轴承温度立即下降。

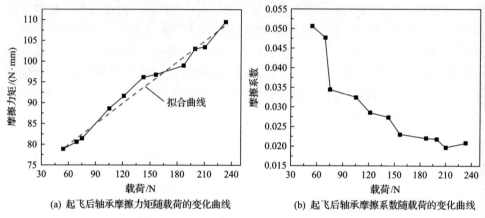

(a) 起飞后轴承摩擦力矩随载荷的变化曲线   (b) 起飞后轴承摩擦系数随载荷的变化曲线

图 9.11　起飞后轴承摩擦特性随载荷的变化曲线

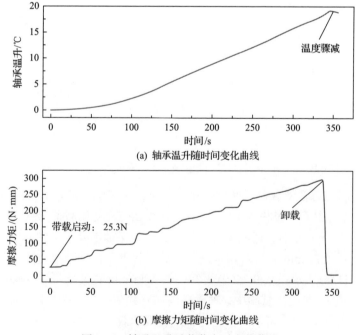

(a) 轴承温升随时间变化曲线

(b) 摩擦力矩随时间变化曲线

图 9.12　轴承温升随载荷实时变化曲线

9.3　箔片气体动压推力轴承承载试验台

　　箔片气体动压推力轴承承载试验台主要由高速电机、承载支撑座、摩擦力矩测量模块、加载模块、各类传感器以及 NI 机箱和控制软件组成。箔片气体动压推力轴承承载试验台如图 9.13 所示，箔片气体动压推力轴承承载试验台参数如表 9.3 所示。在加载过程中，试验台会受到较大的轴向推力，为避免高速电机损坏，在高速电机与箔片气体动压推力轴承之间安装承载支撑座，并在承载支撑座靠近气缸一侧设置推力盘，用以抵消气缸提供的轴向载荷，保证高速电机的正常运行。承载支撑座采用可倾瓦滑动轴承支承，由转子动力学分析可知，该支撑座转子的弯曲临界转速为 100kr/min，远高于试验台设计转速 70kr/min，在现有试验条件下可将支承转子看成刚性转子。轴承座通过推力杆与气缸相连，用以实现对箔片气体动压推力轴承的加载，并在推力杆竖直方向安装 T 形杆，将轴承摩擦力矩转换成水平方向的拉力，实现对轴承摩擦力矩的测量。此外，在气缸与推力杆接触的位置增加一个半球形转换接头，将气缸与推力杆由原来的面接触转换成点接触，这两种方法均能够有效提高轴承摩擦力矩的测量准确性。

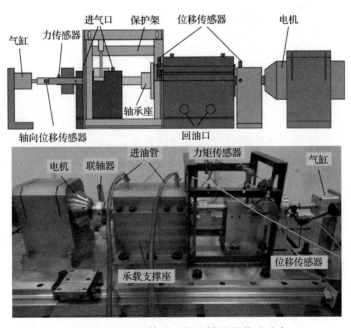

图 9.13　箔片气体动压推力轴承承载试验台

表 9.3　箔片气体动压推力轴承承载试验台参数

试验台参数	参数取值
设计转速/(kr/min)	70
额定承载力/N	2000
驱动功率/kW	≥15
推力盘平面度/μm	<3
推力盘外径/mm	100
轴承座外径/mm	112
承载支撑座转子材料	40CrMo
承载支撑座转子长度/mm	310
承载支撑座供油压力/MPa	0.5
高速电机额定转速/(kr/min)	70
高速电机额定功率/kW	18
多孔质轴承进气压力/MPa	0.41
多孔质轴承最大承载/N	187

　　两个电涡流位移传感器分别呈 90°分别布置在支撑座的前后两端，用于实时监测支撑座转子振动情况，避免该支撑座的异常振动影响试验结果甚至损坏试验台。为测量加载过程中箔片气体动压推力轴承气膜间隙变化及轴承变形，在推力杆靠近气缸一侧轴向方向安装一个电涡流位移传感器，考虑推力承载支撑座采用可倾瓦滑动轴承支承，相较于箔片气体动压推力轴承，其刚度较大，因此可以忽略在加载过程中推力盘沿加载方向的位移变化。在推力盘背面呈 90°分别布置两个电涡流位移传感器，用于测量推力盘的端面跳动。在推力杆与气缸之间以及 T形杆水平方向安装力传感器，用于测量加载载荷大小和轴承摩擦力矩。通过轴承座上的小孔在箔片气体动压推力轴承背面安装一个 K 型热电偶温度传感器，实时监测轴承温度变化。

　　六瓣式箔片气体动压推力轴承结构如图 9.14 所示。轴承内径为 25mm，外径为 50mm，顶箔材料为 Inconel X-750 镍基高温合金，由六瓣波箔和顶箔组成，每瓣箔片所占角度约为 55°，箔片的一端通过焊接固定在轴承座上，另一端自由放置。为减小在启停过程中推力盘表面与顶箔之间的摩擦，顶箔表面镀有一层固体润滑材料。在轴承座上设计有 4 个呈 90°垂直分布的小圆孔，插上圆柱销后利用轴承径向方向凸出的圆弧安装槽直接将轴承固定在轴承座上，无须利用螺母锁紧，便于轴承的更换。六瓣式箔片气体动压推力轴承参数如表 9.4 所示。

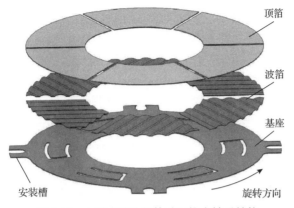

图 9.14　六瓣式箔片气体动压推力轴承结构

表 9.4　六瓣式箔片气体动压推力轴承参数

轴承参数	参数取值
轴承内径/mm	25
轴承外径/mm	50
波箔厚度/mm	0.1
顶箔厚度/mm	0.2
波箔波高/mm	0.508
邻近波形间距/mm	2.7
波箔半长/mm	1.1
每瓣扇区角度/(°)	55
楔形区域占比	0.5
波箔瓣数	6
箔片弹性模量/GPa	210
泊松比	0.29

9.4　箔片气体动压推力轴承承载试验及结果分析

六瓣式箔片气体动压推力轴承起飞试验结果(载荷 23.13N)如图 9.15 所示。设定电机转速为 20kr/min，在试验台启动前给轴承施加 23.13N 载荷。电机启动后，轴承摩擦力矩迅速达到峰值，约为 450N·mm。随着电机转速的进一步上升，轴承摩擦力矩迅速下降并趋于稳定值，约为 50N·mm，定义轴承摩擦力矩刚达到稳定值时的转速为轴承起飞转速，从图 9.15 可以看出，轴承起飞转速为 7.1kr/min。从

图 9.10 可以看出，三瓣式箔片气体动压径向轴承在 25.44N 初始载荷条件下轴承起飞转速为 8.2kr/min，两者起飞转速接近。电机在 20kr/min 转速条件下稳速 60s 后停机，由试验台自由降速，在降速过程中也出现一个峰值摩擦力矩，约为 310N·mm，与启动时的峰值摩擦力矩相差较大，检查后发现，箔片气体动压推力轴承起飞后往加载方向移动，导致在降速过程中实际的加载载荷低于启动时的加载载荷。

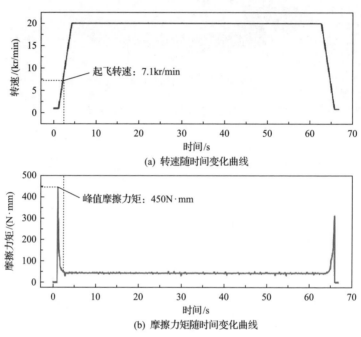

(a) 转速随时间变化曲线

(b) 摩擦力矩随时间变化曲线

图 9.15　六瓣式箔片气体动压推力轴承起飞试验结果(载荷 23.13N)

9.4.1　起飞过程中不同初始载荷试验

重复进行箔片气体动压推力轴承起飞测试，并改变轴承初始载荷，得到轴承在 23.13N、16.16N、10.36N 初始载荷条件下起飞过程中摩擦力矩随转速变化曲线，如图 9.16(a)所示，图中仅截取电机从启动至达到设定转速 20kr/min 之前的部分试验数据。随着转速的上升，轴承摩擦力矩迅速下降，且随着轴承初始载荷的增加，轴承起飞转速和起飞后的摩擦力矩均增大。根据图 9.16(a)中试验数据计算得到轴承摩擦系数随转速变化曲线，如图 9.16(b)所示。随着载荷的增大，轴承起飞后摩擦系数减小，但在轴承还未起飞时，情况却完全相反，这是因为在低转速阶段，通过动压效应生成的楔形气压不足以抵消轴承载荷，推力盘与轴承还存在滑动摩擦现象，导致轴承摩擦系数随载荷的增加而上升。

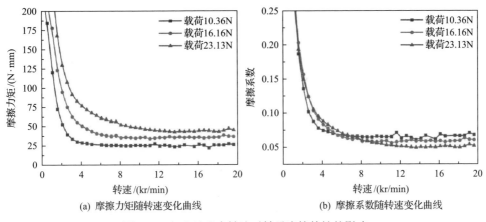

(a) 摩擦力矩随转速变化曲线　　　　　　(b) 摩擦系数随转速变化曲线

图 9.16　起飞过程中转速对轴承摩擦特性的影响

给轴承施加 10～80N 的初始载荷，相邻试验数据大约间隔 10N，重复进行起飞测试，得到轴承起飞转速和峰值摩擦力矩随初始载荷的变化曲线，如图 9.17 所示。与 9.2.3 节中三瓣式箔片气体动压径向轴承测试结果相似，轴承起飞转速和峰值摩擦力矩(初始摩擦力矩)随载荷的增加呈线性上升趋势。当初始载荷为 11.27N时，轴承起飞转速仅为 5.5kr/min；当初始载荷升至 83.38N 时，轴承起飞转速升高至 12.5kr/min，此外轴承峰值摩擦力矩也从 307.01N·mm 增加至 1498.27N·mm，轴承初始载荷对起飞转速和峰值摩擦力矩的影响显著。在工程应用中，应尽量减小箔片气体动压推力轴承初始载荷，避免轴承起飞转速过高、峰值摩擦力矩过大，导致轴承起飞过程延长、顶箔表面涂层损坏，影响轴承使用寿命。

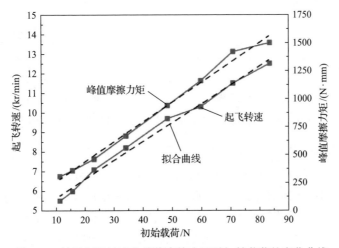

图 9.17　轴承起飞转速和峰值摩擦力矩随初始载荷的变化曲线

9.4.2 加载载荷对轴承性能的影响

从图 9.17 可以看出，轴承初始载荷为 40N 时起飞转速约为 9kr/min，设定电机转速为 18kr/min、22kr/min、25kr/min，远高于轴承的起飞转速，确保轴承处于正常起飞状态。电机达到设定转速后给轴承施加 40~180N 的加载载荷，为避免载荷波动过大导致推力盘与轴承发生碰撞，载荷每次增加 10N 左右，待轴承稳定后再次进行加载，摩擦力矩随载荷变化曲线如图 9.18(a) 所示。增加轴承载荷时，箔片气体动压推力轴承顶箔与推力盘的气膜间隙减小，从图 9.18(a) 可以看出，轴承摩擦力矩随轴承载荷的增加呈线性上升，随转速的升高而增大。随着轴承载荷的增加与转速的上升，气体黏性剪切耗能增加，轴承温度上升，导致气体黏度增强，进而使得轴承摩擦力矩升高。根据图 9.18(a) 中试验数据，计算得到轴承摩擦系数随载荷变化曲线，如图 9.18(b) 所示。随着载荷从 40N 增加至 180N，每一个转速条件下轴承摩擦系数均显著下降，尤其是当载荷小于 120N 时，轴承摩擦系数与载荷具有非线性关系。试验结果表明，随着转速的升高，轴承摩擦系数增大，且随着轴承载荷的增加，不同转速之间轴承摩擦系数差值逐渐减小，轴承摩擦系数逐渐趋于平缓。

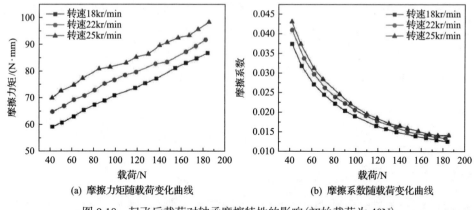

(a) 摩擦力矩随载荷变化曲线   (b) 摩擦系数随载荷变化曲线

图 9.18 起飞后载荷对轴承摩擦特性的影响(初始载荷为 40N)

在初始载荷和设定转速条件下，轴承变形和气膜间隙大小未知，以轴承载荷 42N 时的轴向位置为基准，在 18kr/min、22kr/min、25kr/min 转速条件下，测量轴承加载方向的轴向位移变化量，得到轴承轴向位移随载荷变化曲线，如图 9.19(a) 所示。可以看出，随着轴承载荷的增加，轴承位移增加，且在大载荷下，变化趋势趋于平缓。利用图 9.19(a) 中试验数据求导，得到轴承刚度系数随载荷变化曲线，如图 9.19(b) 所示。可以看出，轴承刚度系数随载荷的增加先上升后趋于平缓，且轴承刚度系数也会随着轴承转速的升高而增大。对于箔片气体动压推力轴承，轴承刚度系数 k 可以认为是由轴承弹性箔片结构刚度系数 k_g 和动压气膜刚度 k_a 串联而成，两者共同作用，轴承刚度系数 k 可利用式(9.2)求出：

$$\frac{1}{k} = \frac{1}{k_g} + \frac{1}{k_a} \tag{9.2}$$

在 40～180N 范围内，轴承载荷变化幅度较小，可以认为轴承弹性箔片支承结构处于线性变化范围，箔片结构刚度系数 k_g 一定。当转速一定，轴承载荷较低时，轴承刚度系数由动压气膜刚度系数 k_a 决定，随着轴承载荷的增加，推力盘与顶箔之间的气膜间隙减小，气膜刚度系数迅速上升，导致轴承刚度系数快速增大。随着轴承载荷的继续增加，动压气膜刚度系数 k_a 远大于箔片结构刚度系数 k_g，轴承刚度系数由刚度系数较小的箔片结构刚度系数 k_g 决定，因此轴承刚度系数增量随载荷的增加而逐渐减小。

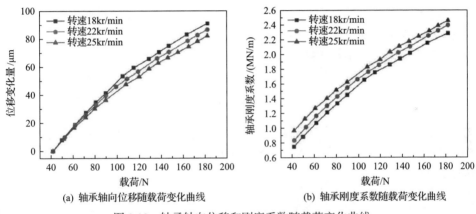

(a) 轴承轴向位移随载荷变化曲线　　　　　　(b) 轴承刚度系数随载荷变化曲线

图 9.19　轴承轴向位移和刚度系数随载荷变化曲线

9.4.3　转子转速对轴承性能的影响

对轴承施加一定初始载荷，并设定电机转速为 10kr/min。从图 9.17 可以看出，轴承初始载荷为 40N 时起飞转速约为 9kr/min，为保证轴承正常起飞，待轴承轴向位置稳定后再进行升速，每次升速 1kr/min，最后升速至 25kr/min。轴承载荷为 20.99N、28.09N 和 41.77N 时，轴承摩擦力矩随转速变化曲线如图 9.20(a)所示，随着转速与轴承载荷的增加，轴承摩擦力矩增大，但转速对摩擦力矩的影响较小，转速从 10kr/min 升至 25kr/min，轴承摩擦力矩变化幅度均在 5N·mm 以内。根据图 9.20(a)中试验数据计算得到轴承摩擦系数随转速变化曲线，如图 9.20(b)所示，轴承摩擦系数随转速的上升而增大，但随载荷的增加而减小，这对箔片气体动压推力轴承应用于重载场合十分有利。轴承载荷为 41.77N 时，轴承摩擦系数仅为

0.03 左右，因此轴承起飞后对机械设备的能量损耗很低。

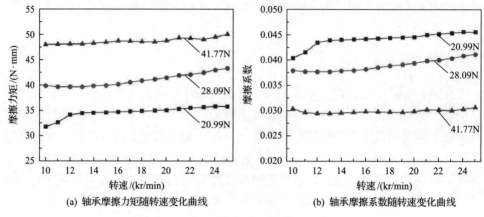

(a) 轴承摩擦力矩随转速变化曲线　　　　　(b) 轴承摩擦系数随转速变化曲线

图 9.20　起飞后转速对轴承摩擦特性的影响

当轴承载荷为 20.99N、31.80N 和 38.32N 时，轴承轴向位移变化量随转速的变化曲线如图 9.21 所示。由于轴承移动方向与加载方向相反，轴承箔片变形量减小且气膜间隙增大。轴承刚度系数计算式为

$$k = \frac{F}{\Delta Y - \Delta X} \tag{9.3}$$

式中，ΔY 为轴承在给定载荷条件下的变形量(包括轴承箔片变形量和气膜间隙)；ΔX 为轴承轴向位移变化量；$\Delta Y - \Delta X$ 为轴承总变形量(由于轴承移动方向与加载方向相反)。

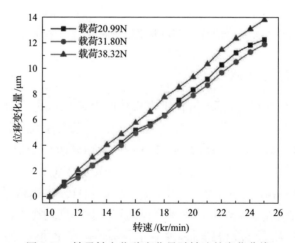

图 9.21　轴承轴向位移变化量随转速的变化曲线

从图 9.21 可以看出，轴承轴向位移变化量随转速的上升而增加，由式(9.3)

可知,轴承刚度系数随转速的上升而增大。由于轴承在初始载荷下的变形量未知,相同转速不同载荷条件下的轴承刚度系数无法比较,但是从 9.4.2 节可知,随着轴承载荷的增加,轴承刚度系数上升。

9.4.4　轴承承载力测试

考虑之前所用的六瓣式箔片气体动压推力轴承为单波形轴承,箔片刚度无法承受 1000N 的轴向推力。本次试验使用承载力更大的六瓣式双波箔箔片气体动压推力轴承,其结构参数如表 9.5 所示。

表 9.5　六瓣式双波箔箔片气体动压推力轴承结构参数

轴承参数	参数数值
顶箔厚度/mm	0.2
第一层波箔厚度/mm	0.1
第二层波箔厚度/mm	0.1
底板厚度/mm	0.2
顶箔瓣数	6
波箔瓣数	6
箔片弹性模量/GPa	214
泊松比	0.3

启动高速电机前通过气缸对该六瓣式双波箔箔片气体动压推力轴承施加 150N 的轴向推力。启动高速电机,确认轴承起飞之后,缓慢升高电机转速至 4000r/min,缓慢增大气缸输出推力直至箔片气体动压推力轴承失效。极限加载试验过程中轴承所承受的加载力和摩擦力矩的变化曲线如图 9.22 所示。可以看出,该六瓣式双波箔箔片气体动压推力轴承在承受 1100N 推力时摩擦力矩突然急剧增大,轴承失效。该箔片气体动压推力轴承性能测试试验台能达到加载力大于 1000N,满足设计指标。

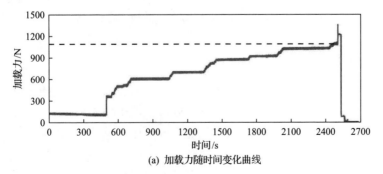

(a) 加载力随时间变化曲线

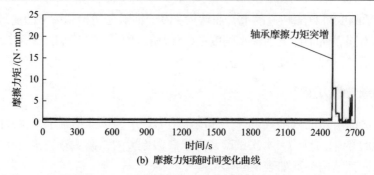

(b) 摩擦力矩随时间变化曲线

图 9.22　极限加载试验过程中轴承所承受的加载力和摩擦力矩的变化曲线

　　六瓣式双波箔箔片气体动压推力轴承试验后的照片如图 9.23 所示。可以看出，该轴承顶箔磨损严重，失效形式与六瓣式单波箔箔片气体动压推力轴承在 30000r/min 转速下的失效形式完全不同。通过对比试验后波箔及顶箔的变形情况可知，此次轴承失效应该是轴承箔片刚度不足导致的。

图 9.23　六瓣式双波箔箔片气体动压推力轴承试验后的照片

9.5　高温承载试验台整体结构设计

9.5.1　试验台整体布局

　　高温承载试验台主要由高速电机、冷却器、高温加热炉、力传感器、力矩传感器、温度传感器以及控制与采集软件和硬件仪器组成。高温承载试验台示意图如图 9.24 所示，高温承载试验台参数如表 9.6 所示。试验台利用高速电机驱动为所测试的箔片气体动压径向轴承提供所需转速，冷却器主要用于承受气缸所加载的径向拉力，同时避免大量热量传导至高速电机，导致电机温度过高而损坏，高温加热炉为箔片气体动压径向轴承提供的运行环境温度为 25～650℃。

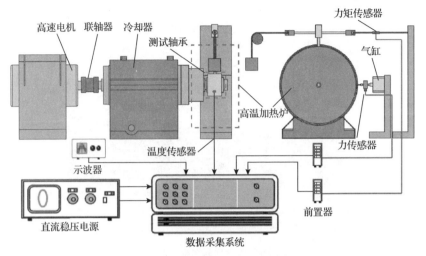

图 9.24 高温承载试验台示意图

表 9.6 高温承载试验台参数

试验台参数	参数取值
设计转速/(kr/min)	45
额定承载力/N	400
可测箔片轴承规格/(mm×mm)	45×90
轴端径向跳动/μm	<3
试验台振动/(mm/s)	<2.5
最高测试温度/℃	650
转子材料	40CrMo
转子长度/mm	440
高速电机最高转速/(kr/min)	70
高速电机额定功率/kW	18
高速电机冷却液温度/℃	<30
高速电机冷却液流量/(L/min)	≥4
油气润滑供气压力/MPa	≥0.41

高速电机与冷却器采用波纹管联轴器连接，冷却器转子在高速电机驱动下高速旋转，使得固定在力臂杆上的箔片气体动压径向轴承与转子产生动压效应，形成润滑气膜，此外，力臂杆还起到将轴承摩擦力矩转换成水平拉力的作用。轴承采用气缸进行加载，为避免加载气缸对轴承摩擦力矩测量的影响，气缸与轴承采

用柔性钢丝绳连接。高温承载试验台实物图如图 9.25 所示。

图 9.25　高温承载试验台实物图

9.5.2　自制高温涂层介绍与性能研究

箔片气体动压轴承与油润滑轴承相似,其气膜压力也是通过流体的动压效应所产生,但与油润滑轴承不同的是,箔片气体动压轴承利用空气作为润滑介质,因此可在极宽的温度范围内使用。为降低轴承磨损、减小在启停过程中动压气膜形成之前轴承与转子之间的摩擦,通常在轴承顶箔上镀有固体润滑涂层,但传统固体润滑剂(如石墨、聚四氟乙烯、二硫化钼)的最高工作温度限制在300℃左右。为提高箔片气体动压轴承工作温度,扩大其应用范围,美国国家航空航天局实验室成功研究开发出 PS304 涂层,它是一种可在 25～650℃温度范围内使用的高温固体润滑剂。PS304 涂层作为一种等离子喷涂复合涂层,由60%NiCr、20%Cr_2O_3、10%Ag 和 10%BaF_2/CaF_2 组成[2],其中 NiCr 具有出色的高温抗氧化和抗腐蚀性能,在复合涂层中起到黏结剂的作用;Cr_2O_3 不仅可以作为固化剂来增强 NiCr 的高温强度,而且在 500℃以上时也可以提供有效的固体润滑效果;Ag 和 BaF_2/CaF_2 主要起到固体润滑剂的作用,但有效作用温度区间存在差异,Ag 的有效工作温度范围为室温至 450℃,而 BaF_2/CaF_2 则在 400℃以上温度区间提供有效的润滑作用。

自制高温涂层与热处理后的 Inconel 718 镍基高温合金球配副时摩擦系数随时间的变化曲线如图 9.26 所示。可以看出,温度在 25～800℃范围内变化,随着时间的增加,自制高温涂层的摩擦系数均没有发生明显波动,摩擦系数曲线十分平稳,表明自制高温涂层的摩擦性能稳定。

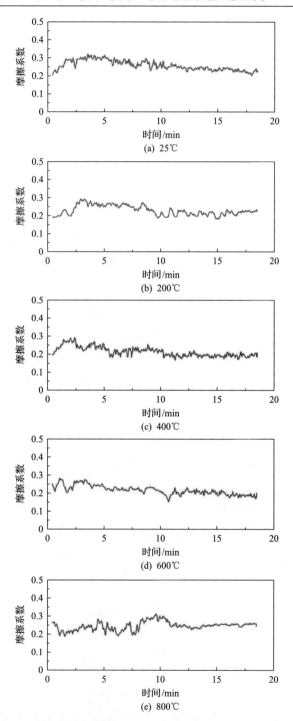

图 9.26　自制高温涂层与热处理后的 Inconel 718 镍基高温合金
球配副时摩擦系数随时间的变化曲线

　　不同温度下的摩擦系数与磨损率如表 9.7 所示。表中将自制高温涂层与热处理后的 Inconel 718 镍基高温合金球配副时不同温度下的摩擦系数和磨损率与 PS304 涂层的相关数据进行了比较。可以看出，在 25～800℃温度范围内，自制高温涂层摩擦系数保持在 0.21～0.25，明显优于 PS304 涂层，自制高温涂层在宽温域不仅摩擦过程稳定、不波动，而且摩擦系数大小稳定、数值低，摩擦性能十分优异。当温度在 25～400℃变化时，随着温度的升高，自制高温涂层摩擦系数降低。在 25℃时，自制高温涂层的摩擦系数虽然最高，但仅为 0.25 左右，这表明在低温条件下固体润滑相 Ag 起到了良好的润滑效果。在 400℃和 600℃时，自制高温涂层的摩擦系数最低，均保持在 0.21 左右。继续升温至 800℃时，自制高温涂层摩擦系数则反向增加，这是因为自制高温涂层在 800℃时发生软化现象，黏结剂机械强度降低，摩擦副之间的黏着磨损严重，导致自制高温涂层的摩擦系数增加[3]。

　　在 25～800℃温度范围内，自制高温涂层的磨损率保持在 10^{-5} 数量级，在室温条件下，自制高温涂层的磨损率比 PS304 涂层低 25 倍左右，仅为 $1.9 \times 10^{-5} \mathrm{mm}^3/(\mathrm{N} \cdot \mathrm{m})$，与配对摩擦副之间形成的润滑膜起到了良好的润滑减磨作用。在 800℃时，自制高温涂层的磨损率最高，达到 $1.31 \times 10^{-5} \mathrm{mm}^3/(\mathrm{N} \cdot \mathrm{m})$，比室温条件下的磨损率提高了近 7 倍，这是由于自制高温涂层在高温条件下的机械强度下降。与 PS304 涂层不同的是，自制高温涂层磨损率随温度的升高而增大，PS304 涂层的磨损率却随温度的升高而降低，在 650℃左右时，两种材料的磨损率接近。此外，从表 9.7 可以看出，在低于 650℃时，自制高温涂层的磨损率优于 PS304。

表 9.7　不同温度下的摩擦系数与磨损率

温度/℃	摩擦系数		磨损率/[$10^{-5}\mathrm{mm}^3/(\mathrm{N} \cdot \mathrm{m})$]	
	自制高温涂层	PS304 涂层	自制高温涂层	PS304 涂层
25	0.25	0.31	1.9	48
200	0.23	—	9.29	—
400	0.21	—	7.7	—
500	—	0.25	—	28
600	0.21	—	8.9	—
650	—	0.23	—	10
800	0.25	—	13.1	—

　　将自制高温涂层喷涂在顶箔表面，并在测试前与假轴进行跑合，以降低轴承顶箔表面粗糙度，跑合后的箔片气体高温轴承实物图如图 9.27 所示。

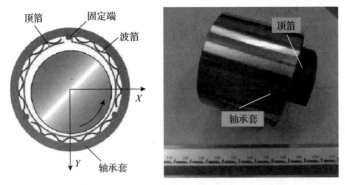

图 9.27　跑合后的箔片气体高温轴承实物图

9.5.3　试验台润滑与冷却系统设计

　　箔片气体动压轴承高温承载试验台冷却与润滑系统如图 9.28 所示。在该试验台中，高速电机利用角接触滚动轴承支承，且采用油气润滑，要求供气压力大于 0.41MPa，润滑油为 32#或 68#汽轮机油。此外，为避免高速电机温度过高而损坏，通过水冷的方式进行冷却，水温控制在 30℃左右，冷却水的流量大于 4L/min。冷却器采用油冷的方式进行冷却，避免加热炉内大量热量通过转子传递至滚动轴承及高速电机，造成试验台损坏，为提高冷却器的可靠性，在冷却器靠近加热炉一侧再增加一个冷却进油口，冷却油的流量为 33.3L/min，供油压力为 0.3～0.5MPa。箔片气

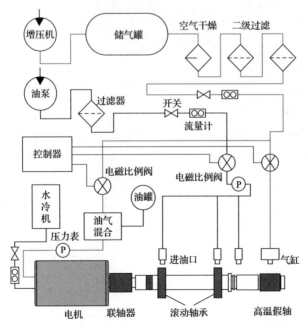

图 9.28　箔片气体动压轴承高温承载试验台冷却与润滑系统

体动压轴承利用气缸进行加载,通过电磁比例阀控制气缸内气压,从而改变轴承载荷大小。试验台使用 XYZ-40 型油泵为冷却器提供冷却油,额定供油压力为 0.4MPa,公称流量为 40L/min。经过处理后的气体与冷却油通过电磁比例阀后分别再供给气缸、冷却器和高速电机使用,通过调节电磁比例阀的控制电压可以改变气体和冷却油压力。

9.5.4　高温试验测试

高温试验台冷却器部分采用悬臂式支承结构,易使试验台振动过大,通过对冷却器轴承-转子系统不断优化与改进,试验台振动问题才得以解决。高温试验台在升速过程中的振动加速度,测量位置如图 9.25 所示,高温试验台在升速过程中振动的时频图如图 9.29 所示。在升速过程中试验台振动较小,当试验台转速稳定在40kr/min 时,同步振动幅值在 $2.3g$ 上下波动(g 为重力加速度),满足当前试验要求。

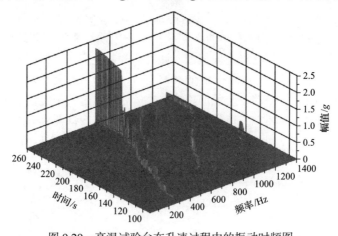

图 9.29　高温试验台在升速过程中的振动时频图

在电机启动前先利用加热炉进行加热,设定温度为 650℃,随后启动电机,待试验台的转速达到设定转速 40kr/min 后再对轴承进行加载。箔片气体动压轴承在高温环境中的加载试验结果如图 9.30 所示,轴承环境温度在 623～673℃变化。可以看出,轴承正常起飞,最高承载力达到 300N。

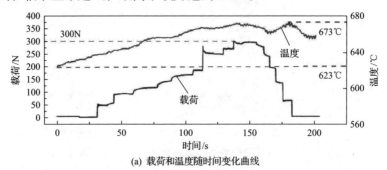

(a) 载荷和温度随时间变化曲线

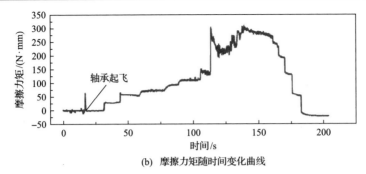

(b) 摩擦力矩随时间变化曲线

图 9.30　箔片气体动压轴承在高温环境中的加载试验结果

参 考 文 献

[1] Dellacorte C. A new foil air bearing test rig for use to 700℃ and 70,000rpm. Tribology Transactions, 1998, 41 (3): 335-340.

[2] DellaCorte C, Zaldana A R, Radil K C. A systems approach to the solid lubrication of foil air bearings for oil-free turbomachinery. Journal of Tribology, 2004, 126 (1): 200-207.

[3] Fanning C E, Blanchet T A. High-temperature evaluation of solid lubricant coatings in a foil thrust bearing. Wear, 2008, 265 (7-8): 1076-1086.

第 10 章 箔片气体动压轴承-转子系统
动力学试验与分析

使用箔片气体动压轴承支承的旋转机械不可避免会承受不同程度的静载荷和不平衡载荷。为了研究静载荷和不平衡载荷对箔片气体动压轴承-转子系统动力学响应的影响，本章通过采集轴承-转子系统自由降速试验的振动响应数据，并通过低通滤波、傅里叶变换等手段进行数据处理，研究不同参数对轴承-转子系统动态响应的影响。基于流体力学和转子动力学建立箔片气体动压轴承支承的线性和非线性轴承-转子系统数学模型，并从理论和试验两方面对上述问题进行分析和讨论。

10.1 箔片气体动压轴承-转子系统动力学试验

10.1.1 静态推拉试验和轴承名义间隙

试验中采用三个间隙不同的箔片气体动压轴承，箔片气体动压轴承基本参数如表 10.1 所示。

表 10.1 箔片气体动压轴承基本参数

轴承参数	参数取值
1#轴承名义间隙/μm	30(实测)
2#轴承名义间隙/μm	40(实测)
3#轴承名义间隙/μm	65(实测)
轴承半径/mm	15
轴承宽度/mm	30
波箔个数	37
箔片厚度/mm	0.115
箔片半波长度/mm	1.10
箔片弹性模量/GPa	214
泊松比	0.31

　　图 10.1 为待测的三个箔片气体动压轴承的静态推拉试验结果。在轴承上施加的最大载荷约为 150N，当静态推拉位移距离平衡位置较小时，箔片结构载荷随位移变化缓慢，即箔片结构承载力较小，载荷近似线性且刚度较低，这一近似线性的低刚度区域可作为轴承名义间隙。

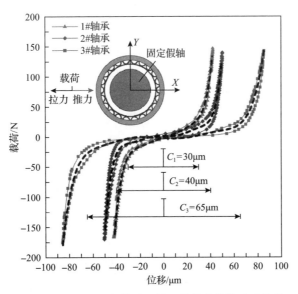

图 10.1　三个箔片气体动压轴承的静态推拉试验结果

　　由测试结果可知，三个箔片气体动压轴承的名义间隙分别为 30μm、40μm、65μm。箔片气体动压轴承的静态推拉试验数据近似中心对称，同时也表现出典型的阻尼迟滞作用。这一试验现象是由箔片结构的摩擦作用导致的，并且能够在一定程度上代表箔片气体动压轴承的阻尼特性。力传感器采集到的载荷在名义间隙范围内增加比较缓慢，在名义间隙范围外急剧增加，箔片结构刚度表现出明显的硬化作用。采用最小二乘法将静态推拉试验数据拟合为一个八次多项式(式(10.1))，拟合结果用黑色虚线显示在图 10.1 中，且和试验数据比较吻合。箔片气体动压轴承静态推拉试验数据参数拟合如表 10.2 所示。测试的间隙结果和拟合的非线性箔片结构承载力的结果将被用于进一步的线性、非线性转子动力学分析中。

$$f\left(\frac{x_b - \mu_r}{\sigma_r}\right) = p_1 x_b^8 + p_2 x_b^7 + p_3 x_b^6 + p_4 x_b^5 + p_5 x_b^4 + p_6 x_b^3 + p_7 x_b^2 + p_8 x_b + p_9$$

(10.1)

式中，x_b 为推拉位移；μ_r 为规则化系数，即试验数据期望；σ_r 为规则化系数，即试验数据方差。

表 10.2　箔片气体动压轴承静态推拉试验数据参数拟合

轴承编号	轴承名义间隙/μm	拟合系数	规则化系数和决定系数
1#轴承	30	$p_1 = 13.22$ $p_2 = 54.63$ $p_3 = -55.47$ $p_4 = -32.94$ $p_5 = 30.16$ $p_6 = 17.18$ $p_7 = -2.03$ $p_8 = 24.03$ $p_9 = -1.94$	规则化系数: $\mu_{\mathrm{r}} = -1.475$ $\sigma_{\mathrm{r}} = 35.62$ 决定系数: $R_{\mathrm{r}}^2 = 0.9921$
2#轴承	40	$p_1 = 15.27$ $p_2 = 171.00$ $p_3 = -13.42$ $p_4 = -250.40$ $p_5 = -4.60$ $p_6 = 130.90$ $p_7 = 9.30$ $p_8 = -3.74$ $p_9 = 1.75$	规则化系数: $\mu_{\mathrm{r}} = 1.439$ $\sigma_{\mathrm{r}} = 43.64$ 决定系数: $R_{\mathrm{r}}^2 = 0.9783$
3#轴承	65	$p_1 = -43.83$ $p_2 = 138.40$ $p_3 = 176.00$ $p_4 = -185.30$ $p_5 = -160.70$ $p_6 = 106.10$ $p_7 = 48.63$ $p_8 = -6.41$ $p_9 = -1.90$	规则化系数: $\mu_{\mathrm{r}} = 4.943$ $\sigma_{\mathrm{r}} = 73.65$ 决定系数: $R_{\mathrm{r}}^2 = 0.9857$

10.1.2　箔片气体动压轴承-转子系统试验台与测试采集系统

为研究名义间隙和箔片结构对箔片气体动压轴承-转子系统的影响,设计了箔片气体动压轴承-转子系统试验台,如图 10.2 所示。试验台主要由转子、箔片气体动压径向轴承、箔片气体动压推力轴承、基座、电涡流位移传感器、热电偶和数据采集存储系统组成。转子由阶梯轴、双脉冲驱动轮和推力盘三个主要部件组成。箔片气体动压轴承-转子系统试验台的基本参数如表 10.3 所示。

高压气体通过在圆柱蜗壳内壁的四个预制孔高速喷射到驱动轮上。为了尽量减小由喷射压力带来的转子额外横向载荷,这四个喷射孔在圆周方向均匀布置在蜗壳内壁。为了保证在驱动轮上形成足够的驱动转矩,蜗壳内壁和驱动轮的径向间隙调整为 0.3mm,此时驱动力足以将轴承-转子系统转速提升并维持在 60kr/min

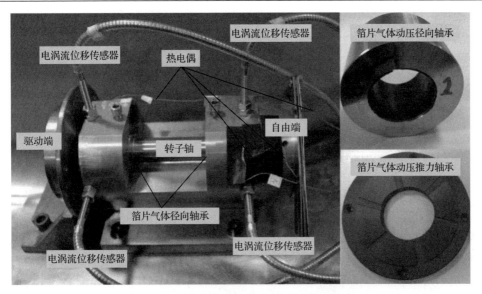

图 10.2　箔片气体动压轴承-转子系统试验台

表 10.3　箔片气体动压轴承-转子系统试验台基本参数

试验台参数	参数取值
转子弹性模量/GPa	210
转子密度/(kg/m³)	7800
转子总质量/kg	1.442
轴承安装位置直径/mm	30
转子总长度/mm	252
轴承跨距/mm	112
转子质心到驱动端的距离/mm	127.1
驱动轮直径转动惯量/(kg · m²)	4.04×10^{-5}
驱动轮极转动惯量/(kg · m²)	7.18×10^{-5}
推力盘直径转动惯量/(kg · m²)	5.91×10^{-5}
推力盘极转动惯量/(kg · m²)	1.16×10^{-4}

以上。轴承安装基体通过一体加工，以保证较好的同轴度。转子总质量为 1.442kg，重心位于两个轴承安装位置的中点。转子安装了两个由 6 块瓦组成的箔片气体动压推力轴承，如图 10.2 所示。箔片气体动压推力轴承基本参数如表 10.4 所示。所有测试用的箔片气体动压轴承的箔片结构都是由厚度 0.115mm 的镍基合金 X750 制造。转子表面采用镀铬来降低轴承起飞过程的驱动转矩，减少表面磨损。

表 10.4　箔片气体动压推力轴承基本参数

轴承参数	参数取值
轴承内径/mm	17
轴承外径/mm	33
顶箔圆周角/(°)	58
顶箔楔形角/(°)	30
箔片厚度/mm	0.115

试验过程中，主要采集横向振动信号、转速信号和箔片气体动压轴承的温升。转速信号采集时直接记录原始脉冲信号，以便后续进行键相标记和信号补偿。键相信号可以用来对位移信号进行慢滚动位移补偿和相位补偿。正交安装的两组电涡流传感器用来采集转子水平和竖直方向的横向振动信号，采样频率为 20kHz。安装在顶箔后面的热电偶用来采集测试过程中轴承的温升，采样频率为 50Hz。箔片气体动压轴承-转子系统试验台测试采集系统简图如图 10.3 所示，由图 10.3 可以看到传感器安装位置。基于 LabView 的数据采集存储程序界面如图 10.4 所示。

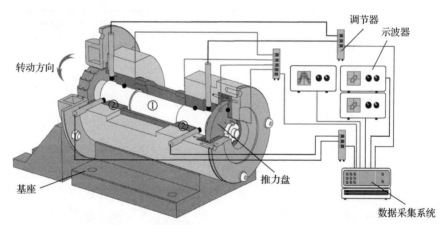

图 10.3　箔片气体动压轴承-转子系统试验台测试采集系统简图

■━■　电涡流位移传感器；━　热电偶；① 转子轴；② 箔片气体动压径向轴承

10.1.3　试验结果与分析

1. 自由降速试验

通常情况下认为在自由降速试验过程中，轴承-转子系统只受到不平衡激励和箔片气体动压轴承非线性支承力的作用。本节将利用自由降速试验研究箔片气体动压轴承参数对转子动力学响应的影响。

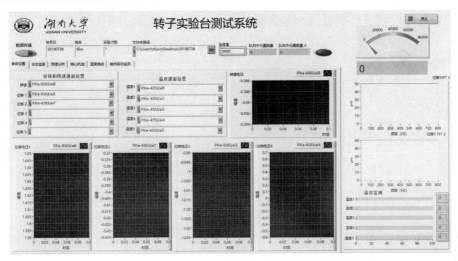

图 10.4　基于 LabView 的数据采集存储程序界面

为了研究箔片气体动压轴承名义间隙与箔片结构对轴承-转子系统动力学响应的影响，将三个箔片气体动压轴承分为两组进行试验对比，测试箔片气体动压轴承分组情况如表 10.5 所示。在试验过程中，试验台的反复拆装会破坏轴承-转子系统的不平衡，从而改变转子两端的不平衡质量。测试 I 中，驱动端的不平衡位移为 2.4μm，自由端的不平衡位移为 0.9μm。测试 II 中，驱动端的不平衡位移为 3.9μm，自由端的不平衡位移为 0.9μm。在两组测试中，转子两端的不平衡量都为异相不平衡分布。测试过程中，使用电磁阀控制高压气体将转子迅速加速到 40kr/min 以上，然后切断驱动气体供应，让轴承-转子系统自由降速直至停止。电涡流位移传感器、转速传感器和热电偶同步采集记录试验数据并存储到数据采集存储系统中。

表 10.5　测试箔片气体动压轴承分组情况

测试组	驱动端	自由端
测试 I	1#轴承	2#轴承
测试 II	3#轴承	2#轴承

2. 自由降速试验振动数据分析

两组测试自由降速试验中，转子转速从 40kr/min 到 0 持续了约 60s。利用信号预处理与短时傅里叶变换可获得瀑布图。箔片气体动压轴承-转子系统自由降速试验驱动端竖直方向的结果如图 10.5 所示，其他位置上的振动数据与当前数据类似。两组试验数据都表现出明显的同步和次同步振动特征，整体振动幅值小于 15μm。同时，使用"数字+X"表示振动频率和系统转速之间的倍数关系。两组试验数据按照频率特征可以归纳为同步振动、次同步振动和超同步振动。

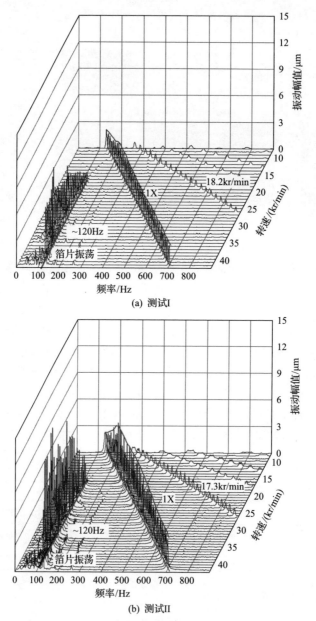

图 10.5　箔片气体动压轴承-转子系统自由降速试验驱动端竖直方向的结果

1) 同步振动 (1X)

　　两组对照测试结果中，都有比较明显的同步振动。测试 I 中同步振动峰值对应的转速为 14.5kr/min，测试 II 中同步振动峰值对应的转速为 14.1kr/min。在瀑布图中还可以读出振动峰值分别为 3.08μm 和 6.03μm。

2）次同步振动

两组测试结果中都包含比较明显的次同步振动，次同步振动出现的起始转速在测试 I 和测试 II 中分别为 18.2kr/min 和 17.3kr/min。当转速升高时，次同步振动的幅值不断升高，并且在同一转速下测试 II 的次同步振动幅值比测试 I 大。两组测试中，次同步振动频率都不随转速变化，基本保持在 120Hz。尽管次同步振动的幅值比较大，但是箔片气体动压轴承-转子系统仍然保持稳定。

3）超同步振动

测试瀑布图中也存在一系列振幅较小的超同步振动，这些振动是驱动轮产生的多倍转速频率激振力引起的，因此不在本章的讨论范围内。

Heshmat[1]和 Kim 等[2]的研究认为，箔片气体动压轴承-转子系统中出现的次同步振动和轴承-转子系统的刚性模态有关。在箔片气体动压轴承中，由于润滑气膜和箔片结构串联提供轴承支承力，轴承的整体刚度系数可表示为

$$\frac{1}{k} = \frac{1}{k_a} + \frac{1}{k_f} \qquad (10.2)$$

式中，k 为箔片气体动压径向轴承刚度系数；k_a 为润滑气膜刚度系数；k_f 为波箔刚度系数。

两个轴承并联共同支承转子，轴承-转子系统的整体刚度系数为

$$\frac{1}{k_{sys}} = \frac{1}{2k} + \frac{1}{k_{sha}} \qquad (10.3)$$

式中，k_{sys} 为箔片气体动压轴承-转子系统刚度系数；k_{sha} 为转子刚度系数。

由于试验中采用的短粗转子刚度系数远大于箔片气体动压轴承刚度系数，轴承-转子系统的总刚度系数可简化为

$$\frac{1}{k_{sys}} \approx \frac{1}{2}\left(\frac{1}{k_f} + \frac{1}{k_a}\right) \qquad (10.4)$$

当转子高速运转时，由于润滑气膜刚度系数远大于箔片结构刚度系数，轴承-转子系统的刚度系数上限取决于箔片结构刚度系数，可表示为

$$\frac{1}{k_{sys}} \approx \frac{1}{2k_f} \qquad (10.5)$$

润滑气膜的剪切效应可激发出箔片气体动压轴承-转子系统较低频的刚性模态，即系统次同步振动，其对应的转速为

$$\eta_{\text{th}} = \frac{1}{\gamma}\sqrt{\frac{k_{\text{sys}}}{M}} \tag{10.6}$$

式中，M 为箔片气体动压轴承-转子系统总质量；γ 为润滑气膜剪切频率比；η_{th} 为系统发生次同步振动的转速。

需要注意的是，在使用油润滑轴承-转子系统中，也会出现类似的次同步振动。一般将跟随转速变化的次同步振动称为涡动，将不跟随转速变化的次同步振动称为振荡 M，根据激发模态的刚度决定因素可以进一步命名为油膜涡动和转子振荡[3]。一般油轴承转子振荡激发的是转子的柔性模态[4]，而箔片气体动压轴承-转子系统的低频刚性模态主要是由箔片结构刚度决定，故可将其命名为箔片振荡。Heshmat[5] 在其箔片气体动压轴承-转子系统测试中也发现了该现象。

3. 自由降速试验振动幅值和频率比分析

取短时傅里叶变换得到的数据结果经过局部最大值分析，提取出同步振动和次同步振动幅值。自由降速试验驱动端竖直方向同步/次同步振动幅值如图 10.6 所示。测试 I 中同步振动峰值响应的转速为 14.5kr/min，高于测试 II 中同步振动

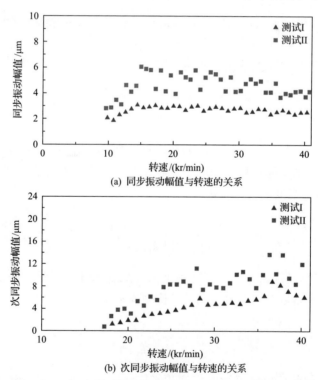

(a) 同步振动幅值与转速的关系

(b) 次同步振动幅值与转速的关系

图 10.6　自由降速试验驱动端竖直方向同步/次同步振动幅值

峰值响应的转速 14.1kr/min。两组测试中同步振动都表现出由于转速连续变化产生的拍振现象，测试 II 中的拍振现象因不平衡质量更大而更明显。高转速下各组振动的幅值也都由其不平衡质量决定，分别为 2.4μm 和 3.9μm。两组试验的次同步振动幅值都随转速的升高而变大，测试 II 中次同步振动幅值高于测试 I。测试 I 中同步振动的激发转速为 18.2kr/min，而测试 II 中次同步振动的激发转速为 17.3kr/min。

两组试验中，由于箔片结构设计制造参数一致，仅名义间隙有所不同。在测试 I 中因为驱动端的箔片气体动压轴承名义间隙较小，其临界转速略高。各组试验中，次同步振动幅值都明显高于同步振动幅值，在箔片气体动压轴承-转子系统振动中占主导地位，因而研究次同步振动机理很有必要。两组次同步振动均对应于箔片结构刚度的一个低阶转子刚性模态，且刚度大的箔片气体动压轴承的次同步振动激发转速更高。

由两组自由降速试验所得的瀑布图可知，系统的次同步振动频率均为 120Hz。振动频率比的表达式为

$$\text{WFR} = \frac{f_{\text{whip}}}{f_{\text{shaft}}} \tag{10.7}$$

式中，f_{shaft} 为转子频率；f_{whip} 为箔片振荡时的振动频率。

自由降速试验驱动端竖直方向箔片振荡时的振动频率比如图 10.7 所示。可以看出，次同步振动频率比随着转速的升高而降低，且两组数据无明显差别。次同步振动激发转速在测试 I 中更高，这是因为测试 I 中驱动端轴承的名义间隙更小，气膜刚度更高。比较常见的次同步振动频率比为 0.5，这是因为润滑气膜的剪切激励在气膜厚度方向的平均剪切频率为转速的一半[6]。

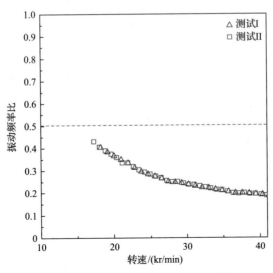

图 10.7　自由降速试验驱动端竖直方向箔片振荡时的振动频率比

10.2　箔片气体动压轴承-转子系统线性动力学分析

基于有限元法与模态分析法,建立了箔片气体动压轴承-转子系统的动力学模型。箔片气体动压轴承-转子系统动力学模型示意图如图 10.8 所示。驱动轮和推力盘使用集中质量、直径转动惯量和极转动惯量等参数建模。建模时计入轴承-转子系统的陀螺效应、剪切效应和转动惯量等,转子动力学模型共计 18 个单元、76 个自由度。

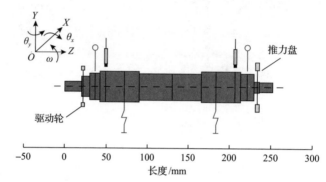

图 10.8　箔片气体动压轴承-转子系统的动力学模型示意图

■■——电涡流传感器安装位置;○——不平衡质量安装平面; ⌇径向气体箔片轴承

基于计算得到的轴承动态系数,可获得箔片气体动压轴承-转子系统模态分析结果,如图 10.9 所示。每组结果主要分为三个部分,分别给出了系统的有阻尼固有频率、阻尼因子和对应模态的振型。由于箔片气体动压轴承的刚度相对较小,并不会达到轴承-转子系统的弯曲模态,这里只给出系统的前四阶的模态固有频率计算结果。振型的结果按照振动形式分为圆柱模态和圆锥模态,按照进动与转速的方向关系可以分为正进动(F)、负进动(B)和混合进动(M)。由于转子是刚性的,箔片结构的刚度是整个系统串联刚度的上限,各阶次的有阻尼固有频率在低转速时变化率较大,在高转速时变化率较小。阻尼因子表征轴承-转子系统的线性稳定性,当其小于 0 时,说明此转速下系统线性不稳定。在两组计算结果中,阻尼因子都随转速的增加迅速下降,阻尼因子等于 0 时所对应的转速分别为 34.3kr/min 和 37.1kr/min。

由计算结果可知,测试 I 中轴承-转子系统的前两阶临界转速为 9.1kr/min 和 12.9kr/min,而测试 II 中轴承-转子系统的前两阶临界转速为 9.0kr/min 和 12.0kr/min。由于测试 I 中驱动端使用的箔片气体动压轴承名义间隙较小,对应的轴承动态直接刚度系数和动态交叉阻尼系数较大,因此该系统的有效刚度系数较大,有阻尼固有频率和临界转速较高。同时,测试 I 中较大的轴承刚度使得轴承的位移更小,能量耗散更少，所以线性不稳定转速的阈值比测试 II 低。油轴承-转子系统也表现出相似的稳定性特点[7]。

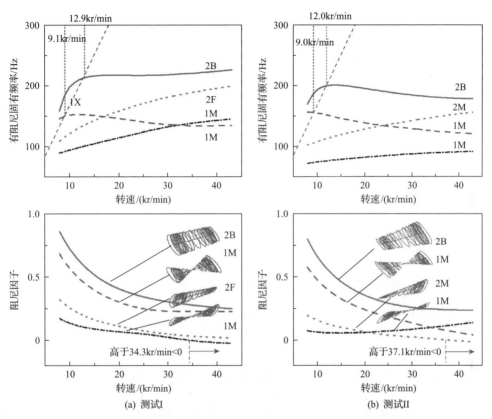

图 10.9　箔片气体动压轴承-转子系统模态分析结果

2B. 2 阶负进动模态；2F. 2 阶正进动模态；1M. 1 阶混合进动模态；2M. 2 阶混合进动模态

测试结果中峰值响应转速为 14.5kr/min 和 14.1kr/min，比模态分析对应的临界转速 12.9kr/min 和 12.0kr/min 更高。需要注意的是，有阻尼固有频率和峰值响应转速的关系为[8]

$$f_\xi = \omega_p \sqrt{1 - 2\xi^2} \sqrt{1 - \xi^2} \qquad (10.8)$$

式中，f_ξ 为有阻尼固有频率，Hz；ξ 为系统阻尼比，通常 $0 < \xi < 1$；ω_p 为峰值响应角速度，rad/s。

由于箔片气体动压轴承-转子系统自由降速试验过程中主要受到不平衡激励的作用，按照实际情况给定不平衡位移，可以求得系统的线性不平衡响应。基于线性模型同步振动预测与试验结果对比如图 10.10 所示。整体上，同步振动线性计算结果较好地预测了系统的同步振动幅值。从计算结果中可知，在测试 I 中系统的预测峰值响应为3.3μm，在测试 II 中系统的预测峰值响应为5.2μm，这与试验测试结果比较接近。

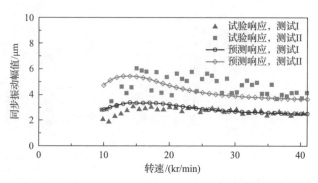

图 10.10　基于线性模型同步振动预测与试验结果对比

10.3　箔片气体动压轴承-转子系统非线性动力学分析

10.3.1　基于刚性气膜假设的轴承非线性承载力模型

可压缩润滑气膜和非线性箔片结构导致箔片气体动压轴承表现出较强的非线性动力学特性，因此线性预测结果不能完全描述箔片气体动压轴承-转子系统的稳定性问题。Ehrich[9]和 Ishida 等[10]使用了一种简化模型来研究安装有挤压油膜阻尼器的球轴承-转子系统动力学特性，在该串联力学模型中，挤压油膜阻尼的动态承载力决定了整个支承结构的动态承载特性。在箔片气体动压轴承中也表现出近似的特性。当转速很高时，气体润滑膜的承载刚度将远大于弹性箔片结构的承载刚度，箔片气体动压轴承的非线性承载主要由箔片结构特性决定[11]。无气膜与刚性气膜假设的箔片气体动压轴承受力分析如图 10.11 所示。当转子振动位移较小时，箔片结构提供线性支承力，当转子振动位移较大时，箔片结构提供非线性支承力。因此，可采用箔片结构的非线性支承力来表示轴承整体的非线性支承力，同时，应计入箔片结构等效阻尼系数，表达式为

$$
\begin{bmatrix} F_{\mathrm{fb},x} \\ F_{\mathrm{fb},y} \end{bmatrix}_j = \begin{bmatrix} \dfrac{F_{\mathrm{fs}}(r)}{r}\left(x + \dfrac{\gamma_{\mathrm{s}}}{\dot{\varphi}}\dot{x}\right) \\ \dfrac{F_{\mathrm{fs}}(r)}{r}\left(y + \dfrac{\gamma_{\mathrm{s}}}{\dot{\varphi}}\dot{y}\right) \end{bmatrix}_j \tag{10.9}
$$

式中，$F_{\mathrm{fb},x}$ 为水平方向等效轴承支承力，N；$F_{\mathrm{fb},y}$ 为竖直方向等效轴承支承力，N；F_{fs} 为箔片结构非线性支承力，N；j 表示在驱动端和自由端两种情况；r 为径向

转子轴心位移，$r = \sqrt{x^2 + y^2}$，m；γ_s 为等效箔片结构损失因子；$\dot{\varphi}$ 为转子瞬时角速度，rad/s。

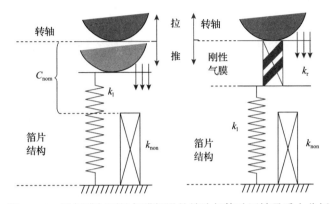

图 10.11　无气膜与刚性气膜假设的箔片气体动压轴承受力分析

C_{nom}. 名义间隙；k_1. 线性箔片结构低刚度系数区；k_{non}. 非线性箔片结构刚度系数区；k_r. 刚性气膜刚度系数

等效箔片结构损失因子表示箔片结构中表面摩擦带来的阻尼效应，其大小可通过静态推拉试验获得[12]，一般取值范围为 0.05～0.30[13]。本节取损失因子为 0.11。

将非线性轴承支承力代入箔片气体动压轴承-转子系统瞬态非线性动力学模型，可得

$$M\ddot{q}(t) + (C + \dot{\varphi}G)\dot{q}(t) + (K + \ddot{\varphi}G)q(t) = \dot{\varphi}^2 Q_1(\varphi) + \ddot{\varphi}Q_2(\varphi) + F_{fb}\big(q(t), \dot{q}(t)\big) \quad (10.10)$$

式中，F_{fb} 为等效轴承支承力。

转子动力学模型考虑了陀螺力 $\ddot{\varphi}Gq(t)$ 和不平衡载荷 $\ddot{\varphi}Q_2(\varphi)$。在不考虑不平衡转矩的情况下，瞬态模型中由不平衡质量引起的力为

$$\dot{\varphi}^2 Q_1(\varphi) + \ddot{\varphi}Q_2(\varphi) = \begin{bmatrix} F_{i,x} \\ F_{i,y} \end{bmatrix} = \dot{\varphi}^2 \begin{bmatrix} me\cos\varphi \\ me\sin\varphi \end{bmatrix} + \ddot{\varphi}\begin{bmatrix} me\sin\varphi \\ -me\cos\varphi \end{bmatrix} \quad (10.11)$$

式中，e 为不平衡位移，m；m 为不平衡质量，kg；φ 为转子瞬时角位移，rad；$\dot{\varphi}$ 为转子瞬时角速度，rad/s；$\ddot{\varphi}$ 为转子瞬时角加速度，rad/s^2。

为了保证计算的精度，采用四阶龙格-库塔法求解。根据箔片气体动压轴承-转子系统自由降速试验的实际情况，模拟过程中轴承-转子系统转速从 40kr/min 降速到 9kr/min，角速度每秒降低 500rad/s，总模拟过程时长 62s，时间步长为 0.00001s。

10.3.2　轴承-转子系统自由降速试验仿真结果

箔片气体动压轴承-转子系统自由降速试验仿真结果如图 10.12 所示。可以看

出，该非线性模型的预测结果和轴承-转子系统自由降速试验测试数据较为吻合，均出现了明显的同步振动和次同步振动。当计算的转子转速高于15kr/min时，同步振动的模拟结果更接近试验值。特别是在测试Ⅱ的模拟结果中，非线性模型比线性模型预测的同步振动幅值更加准确。在次同步振动仿真结果中，测试Ⅰ次同步振动的激发转速为24kr/min，测试Ⅱ次同步振动激发转速为22.5kr/min。同时，

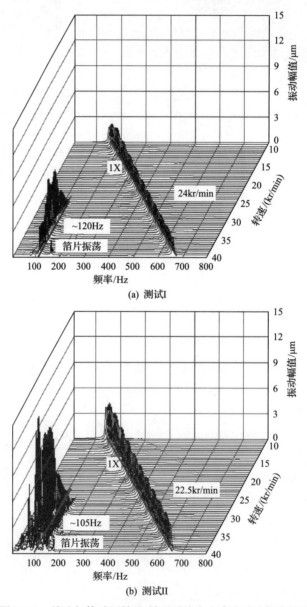

图10.12 箔片气体动压轴承-转子系统自由降速试验仿真结果

该模型还可以对箔片振荡的激发转速进行预测。激发转速的预测结果要比试验测试结果高，这是由于计算中的损失因子在整个仿真过程中都设置为常数 0.11。

非线性同步/次同步振动仿真结果与试验结果对比如图 10.13 所示。线性/非线性计算模型预测的振荡时的次同步振动频率比与试验结果的对比如图 10.14 所示。可以看出，箔片振荡时的振动频率比随转速的升高而降低。在测试 I 和测试 II 中，次同步振动激发转速分别为 18.2kr/min 和 17.3kr/min，而非线性模型预测的激发转速对应为 24.0kr/min 和 22.5kr/min，两种结果较为吻合。如果将线性模态分析中对应的刚体振动的固有频率线提取出来进行对比，可以看出，线性和非线性模型对于测试 I 的预测结果都约为 120Hz，与试验数据一致，而非线性模型预测的测试 II 的结果反而略小于试验结果，从图 10.12 中可以看出固有频率约为 105Hz。

整体来说，线性和非线性转子动力学模型都可以对次同步振动频率比做出一定程度的预测。线性模型的缺点是不能预测箔片气体动压轴承-转子系统的箔片振动的激发转速。基于刚性气膜假设的箔片气体动压轴承计算模型更适合小气膜间隙、高转速的箔片气体动压轴承-转子系统的快速分析，而非线性瞬态分析模型可用于轴承-转子系统更为准确的性能评估。

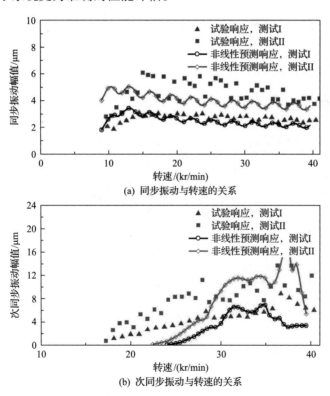

(a) 同步振动与转速的关系

(b) 次同步振动与转速的关系

图 10.13　非线性同步/次同步振动仿真结果与试验结果对比

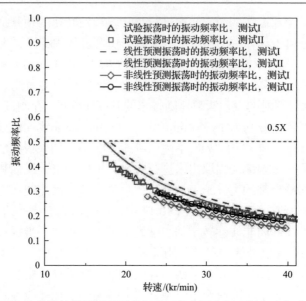

图 10.14　线性/非线性计算模型预测的振荡时的次同步振动频率比与试验结果对比

10.3.3　考虑可压缩支承气膜的瞬态承载力求解模型

区别于刚性气体动压轴承,箔片气体动压轴承在轴承座和润滑气膜之间具有能够弹性变形的箔片结构。箔片气体动压轴承瞬态承载力串联模型如图 10.15 所示。箔片气体动压轴承瞬态承载力分为两部分:润滑气膜产生的非线性力和箔片结构产生的非线性力。这两个部分各自产生的非线性力串联在一起形成了箔片气体动压轴承的非线性支承力。当转子转速远大于临界转速时,润滑气膜被当成

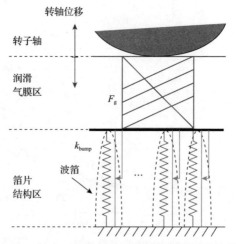

图 10.15　箔片气体动压轴承瞬态承载力串联模型

F_g. 非线性润滑气膜力

刚性气膜处理，可使用箔片结构静态推拉试验修正数据，模拟强非线性的箔片气体动压轴承瞬态承载力。然而，当润滑气膜刚度和箔片结构刚度相近，或者转子转速不够高时，这个简化模型假设就不再适用，对应模型也不再适合作为分析工具。

箔片气体动压轴承简化计算模型示意图如图 10.16 所示。整体上，润滑气膜和箔片结构串联在一起。润滑气膜的承载力由瞬态雷诺方程耦合箔片运动方程与转子振动方程解出。每个波形都简化为一个具有固定刚度的弹簧以及对应的结构损失因子阻尼器，顶箔简化为薄板结构并具有较低的径向刚度。在此模型中，各个波形之间是并联关系。单独的波形结构是否为箔片气体动压轴承贡献有效的刚度支承，取决于润滑气膜的压力分布。当周向润滑气膜载荷作用区域比较窄时，较少的波形结构起到支承作用，箔片结构刚度较低。当周向润滑气膜载荷作用区域比较宽时，较多的波形结构起到支承作用，箔片结构刚度较高。为了简化计算，波箔的刚度系数 k_{bump} 是利用连杆-弹簧模型中两端自由波箔简化得到的，损失因子则是由等效黏性阻尼模型得到的[14]。这个模型克服了基于刚性气膜假设箔片气体动压轴承非线性承载力模型中对于润滑气膜力估计不准确的缺点，有效地考量了由波箔贡献度不同造成的箔片结构非线性力学行为。

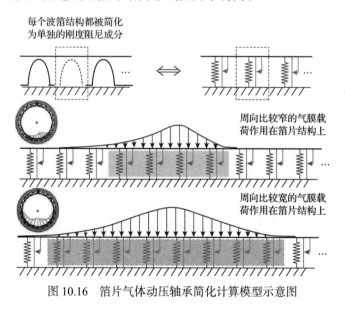

图 10.16　箔片气体动压轴承简化计算模型示意图

10.3.4　轴承-转子系统瞬态计算结果与试验数据对比

在箔片气体动压轴承-转子系统瞬态轴心轨迹的模拟中，取每转 360 个时间步[15]，考虑到求解模型达到稳定的时间步长很小，所以求解恒定转速下的稳态解来与箔片气体动压轴承-转子系统自由降速试验结果作参照对比。依据前述推拉试验，波箔刚度系数为 $8.48 \times 10^9 \text{N/m}$，结构损失因子根据经验设定为 0.20。

箔片气体动压轴承-转子系统稳态振动和自由降速试验驱动端竖直方向振动幅值如图 10.17 所示。图 10.17(a) 为确定转速的稳态振动幅值，计算过程转速从 9kr/min 一直计算到 40kr/min，间隔 1kr/min。图 10.17(b) 为箔片气体动压轴承-转子系统的自由降速试验振动幅值，转速从 40kr/min 降到 9.5kr/min。模拟结果和试验结

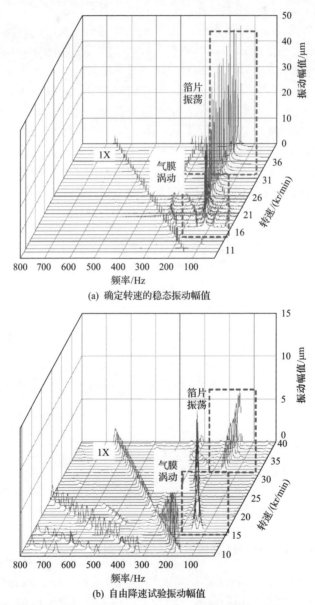

(a) 确定转速的稳态振动幅值

(b) 自由降速试验振动幅值

图 10.17　箔片气体动压轴承-转子系统稳态振动和自由降速试验驱动端竖直方向振动幅值

果中箔片气体动压轴承-转子系统的动力学行为都很复杂。

10.4　静载荷和不平衡载荷对转子动力学性能影响的试验研究

10.4.1　静载荷对转子动力学性能影响的试验研究

1. 转动试验台与测试采集硬件的组成

箔片气体动压轴承-转子系统试验台与测试采集系统简图如图 10.18 所示。试验台的转子质量为 1.44kg，长度为 252mm。轴承-转子系统采用双脉冲驱动轮驱动，其中箔片气体动压轴承用于保证转子轴向稳定。驱动轮受到的驱动气体最大压力为 0.75MPa，最大流量为 11.8m³/min，可以使转子最高转速达到 60kr/min。四个电涡流位移传感器安装在系统基座上，测试转子水平和竖直方向的振动位移，激光转速传感器用于采集转子的转速。初始转子不平衡位移为同相 2.5μm。为了保证两个箔片气体动压轴承的承载力一致，转子的质心设计在两个箔片气体动压轴承

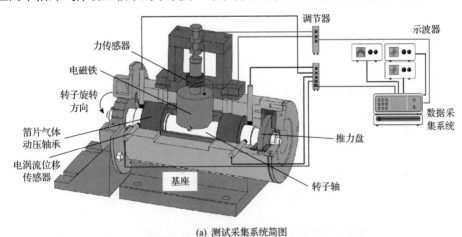

(a) 测试采集系统简图

(b) 转动试验台

图 10.18　箔片气体动压轴承-转子系统试验台与测试采集系统简图

中点。采用定制的电磁铁给转子施加集中静载荷。将电磁铁固定在基座上，磁拉力作用在转子质心上，电磁铁和基座之间安装力传感器用于测定电磁铁的瞬态拉力。电磁铁作用在转子质心上以保证两个箔片气体动压轴承受到的额外静载荷一致。电磁铁表面和转子表面之间的距离约为 1.5mm，此时电磁铁的可控电磁力为 0～60N。对电磁铁的电源使用 PID 控制算法以保证电磁力施加的静载荷稳定。

2. 静载荷平衡分析与轴承名义间隙测量

为确保电磁铁施加到两个箔片气体动压轴承上的静载荷一致，在转子不转动的情况下用电磁铁施加载荷并记录对应的位移。测试过程中，逐渐升高电磁铁供电电压，电磁铁产生磁拉力将转子压紧到轴承箔片结构上。电磁铁作用力与箔片气体动压轴承-转子系统中转子位移的关系如图 10.19 所示。这个过程也可以用来测量箔片气体动压轴承的名义间隙，由测试结果可以看出，两个箔片气体动压轴承的名义间隙约为 35μm。驱动端和自由端转子的位移非常重合，说明电磁铁施加在两端箔片气体动压轴承上的静载荷基本相同。

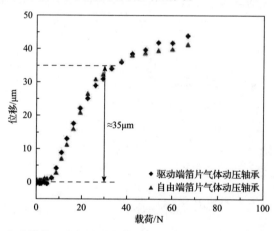

图 10.19　电磁铁作用力与箔片气体动压轴承-转子系统中转子位移的关系

同时，为了进一步确保测试结果的可信程度，对箔片气体动压轴承的名义间隙又进行了对比测量。测试时，静态载荷作用在待测箔片气体动压轴承焊点的正负 90°方向。箔片气体动压轴承名义间隙静态推拉试验测量结果如图 10.20 所示。两个箔片气体动压轴承的测试数据几乎相同，名义间隙都为 35μm。这也从侧面反映了电磁铁施加在两个箔片气体动压轴承上的静载荷几乎一致。静态推拉试验中静载荷要小于电磁铁施加的静载荷，这是由于电磁铁在施加静载荷的同时，还要克服转子自身重力。

3. 静载荷试验过程与测试结果

为研究静载荷对箔片气体动压轴承-转子系统非线性振动的影响，采用轴承-

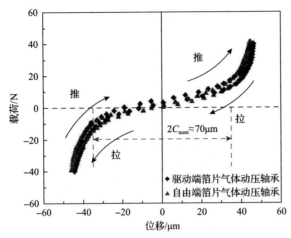

图 10.20　箔片气体动压轴承名义间隙静态推拉试验测量结果

转子系统自由降速试验进行测试。在轴承-转子系统自由降速试验过程中，由电磁铁施加给转子的静载荷分别为 21.6N、28.8N 和 36N。这三组静载荷减去转子自身重力后，恰好是转子重力的 0.5 倍、1 倍和 1.5 倍。试验的不平衡位移同相，为 1.25μm。测试时打开驱动气体阀门，将转速迅速升高至 40kr/min，然后切断驱动气体阀门，让箔片气体动压轴承-转子系统自由降速。记录试验过程中轴承-转子系统的转速、位移和温升数据。

　　静载荷作用下箔片气体动压轴承-转子系统在驱动端水平方向振动幅值如图 10.21 所示。因为竖直方向受到静态载荷，箔片气体动压轴承的竖直方向动态刚度增加，振动位移降低。水平方向的振动特性和竖直方向一致，但是水平方向的振动幅值较大，对比明晰。从试验结果可以看出，轴承-转子系统的同步振动随

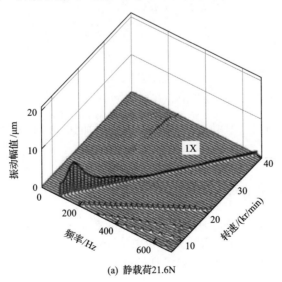

(a) 静载荷21.6N

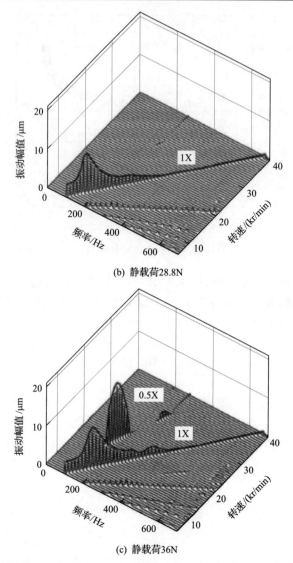

(b) 静载荷28.8N

(c) 静载荷36N

图 10.21　静载荷作用下箔片气体动压轴承-转子系统在驱动端水平方向振动幅值

静载荷的变化而变化，而次同步振动在静载荷增加到 36N 时突然出现。

10.4.2　不平衡载荷对转子动力学性能影响的试验研究

1. 不平衡质量安装位置与各组不平衡质量

为了研究不平衡载荷对箔片气体动压轴承-转子系统振动的影响，额外设计了三组不同不平衡质量的轴承-转子系统自由降速试验。由于转子转速比较高，并不适合进一步增加不平衡位移，所以设计的试验实际上会减少转子的不平衡量。同时，由静载荷试验可知，当转子的静载荷为 36N 时，系统会出现次同步振动，所以不平衡载荷试验的静载荷都设置为 36N，以方便研究不平衡载荷与箔片气体动压轴承-转子系统非线性振动的关系。在驱动轮和推力盘上加工直径 1.2mm 的不平衡质量的安装孔，每个不平衡面上的 4 个不平衡孔分布在直径 24mm 的圆上。箔片气体动压轴承-转子系统驱动端不平衡质量安装位置示意图如图 10.22 所示。

驱动端不平衡质量安装位置

图 10.22　箔片气体动压轴承-转子系统驱动端不平衡质量安装位置示意图

2. 不平衡载荷试验过程与测试结果

研究不平衡载荷对箔片气体动压轴承-转子系统非线性振动的影响时，将静载荷测试中的最后一组试验作为不平衡载荷测试中的初始状态，确保不平衡载荷作用下出现次同步振动。箔片气体动压轴承-转子系统在静载荷 36N 时的不平衡位移状态如表 10.6 所示，其中不平衡位移分别为 1.7μm、1.2μm 和 0.7μm。测试时打开驱动气体阀门，将转速迅速升高至 40kr/min，然后切断驱动气体阀门，让箔片气体动压轴承-转子系统自由降速。记录试验过程中转子横向振动的转速、位移和温升数据等。

表 10.6　箔片气体动压轴承-转子系统在静载荷 36N 时的不平衡位移状态

序号	不平衡位移
测试 A	初始状态/2.5μm，同相
测试 B	1.7μm，同相
测试 C	1.2μm，同相
测试 D	0.7μm，同相

　　图 10.23 为不平衡载荷作用下箔片气体动压轴承-转子系统在驱动端水平方向振动幅值。可以看出，各组试验中同步振动幅值均发生变化，而且出现了高转速区域同步振动幅值随不平衡位移减小而增加的情况，这是试验台不平衡位移的偏差造成的，可通过试验数据的分析进行修正。随着不平衡位移的减小，轴承-转子系统中次同步振动幅值减小甚至消失。随着不平衡位移的减小，转子受到的瞬态载荷降低，导致有效参与支承作用的波箔数目变少。箔片结构刚度的降低导致轴承-转子系统的固有频率降低到润滑气膜切向力激发频率以下，次同步振动不再发生。

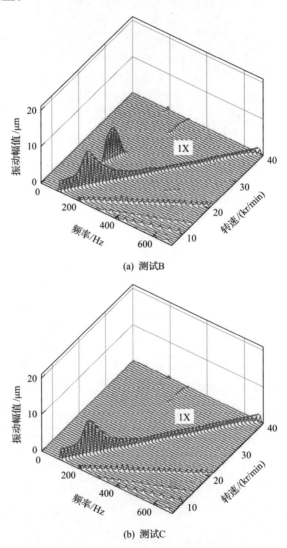

(a) 测试B

(b) 测试C

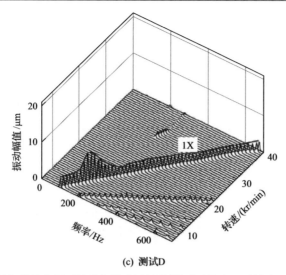

(c) 测试D

图 10.23　不平衡载荷作用下箔片气体动压轴承-转子系统在驱动端水平方向振动幅值

10.4.3　试验数据分析

1. 静载荷对轴承-转子系统同步/次同步振动的影响

不同静载荷作用下箔片气体动压轴承-转子系统在驱动端水平方向同步振动幅值如图 10.24 所示。同步振动数据使用转速 6kr/min 的数据作慢滚动补偿。随静载荷的增加，同步振动峰值响应的转速升高。三种不同静载荷作用下，峰值响应的转速分别为 8.87kr/min、9.65kr/min 和 11.08kr/min，对应的峰值响应幅值分别为 7.52μm、9.86μm 和 9.73μm。当转子转速超过 25kr/min 时，三组测试的同步振动幅值几乎相同，都为 2.50μm，幅值大小与各组测试中不平衡位移状态一致。

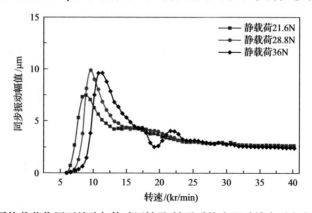

图 10.24　不同静载荷作用下箔片气体动压轴承-转子系统在驱动端水平方向同步振动幅值

相同静载荷作用下箔片气体动压轴承-转子系统在驱动端水平方向次同步振

动幅值如图 10.25 所示。次同步振动只在静载荷达到 36N 时才出现,最大幅值为 14.83μm。轴承-转子系统主要次同步振动转速范围为 18~24.6kr/min。由此可知,静载荷的增加可提升箔片气体动压轴承-转子系统的固有频率,当固有频率增加到润滑气膜的切向力频率时,轴承-转子系统的次同步振动将会出现。因此,静载荷可以有效影响箔片气体动压轴承-转子系统的同步、次同步振动特性。

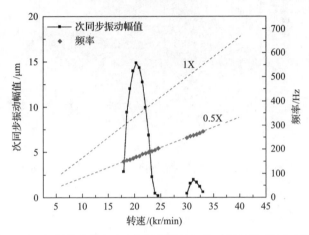

图 10.25 相同静载荷(36N)作用下箔片气体动压轴承-转子系统在驱动端水平方向次同步振动幅值

2. 不平衡载荷对轴承-转子系统同步/次同步振动的影响

由试验结果获得短时傅里叶变换数据,从中提取转速为 6kr/min 时的振动数据为慢滚动数据,联同键相信号进行相位校正后得到不同不平衡载荷作用下箔片气体动压轴承-转子系统在驱动端水平方向的同步振动幅值,如图 10.26 所示。在不同

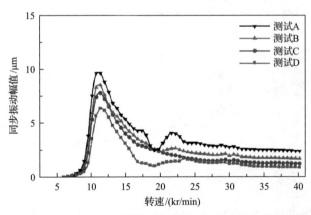

图 10.26 不同不平衡载荷作用下箔片气体动压轴承-转子系统在驱动端水平方向的同步振动幅值

不平衡载荷作用下，箔片气体动压轴承-转子系统驱动端水平方向同步振动峰值响应转速为 11.08kr/min。当转子转速大于 25kr/min 时，各组测试中同步振动幅值分别为 2.50μm、1.86μm、1.28μm 和 0.89μm。响应的幅值与各组测试中不平衡位移数值接近。

不平衡载荷作用下箔片气体动压轴承-转子系统在驱动端水平方向次同步振动幅值如图 10.27 所示。随着不平衡载荷的降低，轴承-转子系统中的次同步振动消失。轴承-转子系统中主要次同步振动转速范围依旧是 18~24.7kr/min，振荡时的次同步振动频率比依旧为 0.5，这就是说，不平衡载荷引起的次同步振动依旧为润滑气膜切向力所激发的轴承-转子系统低阶固有频率振动。随不平衡载荷的增加，箔片气体动压轴承-转子系统会出现次同步振动。

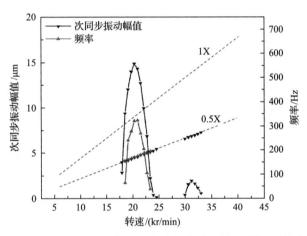

图 10.27 不平衡载荷作用下箔片气体动压轴承-转子系统在
驱动端水平方向次同步振动幅值

综上所述，不平衡载荷的减小可使箔片气体动压轴承-转子系统的固有频率降低，固有频率降低到润滑气膜的切向力频率以下则次同步消失。不平衡载荷对转速较低的峰值响应频率没有明显影响。不平衡载荷和静态载荷不同，不平衡载荷引起同步振动的幅值增大，轴承瞬时刚度增加，进而激发了次同步振动，但是并不会对平均刚度产生明显影响而导致峰值响应转速升高。

3. 静载荷/不平衡载荷对轴承-转子系统自由降速时间的影响

当转子转速达到 40kr/min 时，轴承-转子系统的驱动轮供气被切断，轴承-转子系统自由降速。转子在降速过程中受到的阻力矩主要有三个来源，分别是箔片气体动压径向轴承、箔片气体动压推力轴承和驱动搅动空气三者产生的阻力矩。因此，转速的变化方程可以推导为

$$I_{\mathrm{p}}\frac{\mathrm{d}n}{\mathrm{d}t}+(B_{\mathrm{gfbs}}+B_{\mathrm{tbs}})n+T_{\mathrm{turbine}}=0 \tag{10.12}$$

式中，I_{p} 为转子极转动惯量，$\mathrm{kg\cdot m^2}$；B_{gfbs} 为箔片气体动压径向轴承阻力矩系数；B_{tbs} 为箔片气体动压推力轴承阻力矩系数；T_{turbine} 为驱动轮阻力矩，$\mathrm{N\cdot m}$。

由于驱动轮与壳体间隙比较大，在降速过程中对空气搅动作用没有箔片气体动压轴承作用明显，忽略气体驱动轮的作用，方程化简为

$$I_{\mathrm{p}}\frac{\mathrm{d}n}{\mathrm{d}t}+(B_{\mathrm{gfbs}}+B_{\mathrm{tbs}})n=0 \tag{10.13}$$

取 $\bar{n}=n/n_0$，并对其取对数，得到

$$\ln\bar{n}=-\frac{B_{\mathrm{gfbs}}+B_{\mathrm{tbs}}}{I_{\mathrm{p}}}t+B_{\mathrm{const}} \tag{10.14}$$

式中，B_{const} 为方程初始条件确定的常数。

不同静载荷作用下箔片气体动压轴承-转子系统自由降速的结果如图 10.28 所示。箔片气体动压轴承-转子系统在转子自由降速的试验过程中对数转速比可用线性方程表示。当转子转速高于 7kr/min 时，降速时间比较符合该模型，转速比几乎为线性降低。转子从 40kr/min 降速到 7kr/min，在各组测试中降速时间分别需要 37s、30.5s 和 24.5s。自由降速时间随静载荷的增加而变短，显然箔片气体动压径向轴承的阻力矩系数随静载荷的增加而增加。这是因为润滑气膜的平均厚度变小，切向阻力变大，导致轴承的阻力矩系数变大。当转子转速低于 7kr/min 时，主要是箔片气体动压推力轴承因转速较低可能发生摩擦，导致阻力矩急剧上升，转速比不再线性降低。

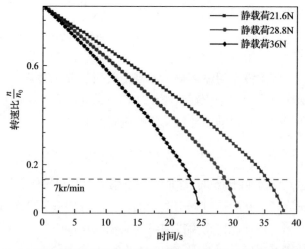

图 10.28　不同静载荷作用下箔片气体动压轴承-转子系统自由降速的结果

不同不平衡载荷作用下箔片气体动压轴承-转子系统自由降速的结果如图 10.29 所示。箔片气体动压轴承-转子系统从 40kr/min 降速到 7kr/min 的过程中，转速比几乎线性降低，表明箔片气体动压轴承正常工作。当转子转速低于 7kr/min 时，由于箔片气体动压轴承的摩擦影响，转速比不再线性降低。从各组不平衡载荷的试验数据可以看出，不平衡位移的大小不会明显影响转子自由降速时间。

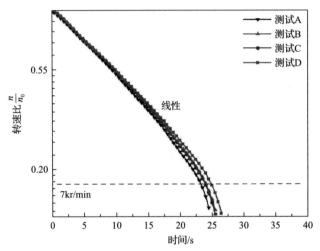

图 10.29　不同不平衡载荷作用下箔片气体动压轴承-转子系统自由降速的结果

10.5　静载荷和不平衡载荷作用下试验数据与理论模型对比

10.5.1　试验过程与试验数据分析

使用图 10.18 所示的转动试验台和采集测试系统进行试验，试验过程中，通过控制轴承-转子系统驱动气体的流量，将轴承-转子系统转速稳定在 20kr/min。改变电磁铁的控制电压，缓慢增大静载荷，记录对应的振动数据和温升数据。箔片气体动压轴承-转子系统中转子的静载荷-时间关系(转速为 20kr/min)如图 10.30 所示。箔片气体动压轴承-转子系统中转子的驱动端水平方向振动位移(转速为 20kr/min)如图 10.31 所示。从图 10.31 可以看出，当静载荷比较小时，转子的振动主要是振动幅值不大的同步振动。出现次同步振动的区间也在静载荷-时间曲线中标出，方便读取载荷数据。当静载荷增加到 32～34N 时，转子的振动增加了一个频率成分，出现幅值比较大的次同步振动，此时轴承-转子系统受到的静载荷较大，整体振动幅值也较大。同时观察由热电偶记录的箔片气体动压轴承温升，发现轴承温升仅为 3℃，说明轴承工作正常。图 10.31 也给出了转子振动的直流分量，即静态位移。直流分量随电磁铁施加静载荷的增加而增加。同样在该图中标示出了两个区间，分别为只有同步振动的区间和包含同步/次同步振动的区间。这两个区间的静载荷大小约为 25N 和 36N。从测试数据中可以看出，随静载荷的增加，箔片气体动压轴承-转子系统会出现大振幅次同步振动。

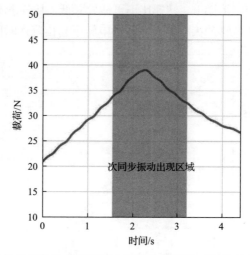

图 10.30　箔片气体动压轴承-转子系统中转子的静载荷-时间关系(转速为 20kr/min)

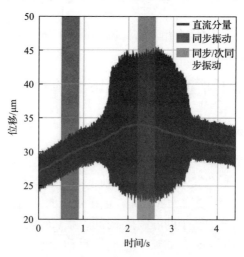

图 10.31　箔片气体动压轴承-转子系统中转子的驱动端水平方向振动位移(转速为 20kr/min)

10.5.2　静载荷和不平衡载荷作用下瞬态动力学模型计算结果对比

为研究静载荷和不平衡载荷对轴承-转子系统非线性振动的作用，建立了箔片气体动压轴承-转子系统瞬态动力学模型。其中，使用静态模型减缩方法对动力学方程求解自由度进行了减缩优化。两组计算模型中设置的静载荷在转子重心竖直方向，分别为 25N 和 36N。轴承-转子系统的基本参数见表 10.3，轴承-转子系统在两个不平衡质量设置平面上的同相不平衡位移分别为 1.25μm。计算模型中使用的箔片气体动压径向轴承-转子系统基本参数如表 10.7 所示，单位面积波箔刚度系数经计算取 8.48×10^9N/m，名义间隙为 35μm。计算转速为 20kr/min，瞬态动力学模型的时间步长为每转 360 个计算步。只取计算模型中振动响应稳定后的最后 10000 个时间步数据作为最终结果进行对比。静载荷和不平衡载荷同时作用下试验测试和理论计算结果对比如图 10.32 所示。同时，对比试验中的两组数据，使用一个十阶的零相差带通滤波器（100～500Hz）进行滤波，将测试信号中的同步振动和次同步振动提取出来。计算结果只通过去除线性趋势的处理，去除了信号中的直流分量，方便对比试验结果和理论计算中的主要振动成分。

表 10.7　箔片气体动压径向轴承-转子系统的基本参数

轴承参数	参数取值
轴承名义间隙/μm	35（实测）
轴承半径/mm	15
轴承宽度/mm	30
波箔个数	25
箔片厚度/mm	0.115
箔片半波长度/mm	1.48
箔片弹性模量/GPa	214
泊松比	0.31

　　图 10.32 中左侧图为对比试验结果中标示出的第一个区间，即理论计算时给定的静载荷为 25N。显然轴承-转子系统的振动主要为同步振动，并且竖直方向振动的幅值明显大于水平方向。在水平方向，试验同步振动幅值约为 0.8μm，而理论计算同步振动幅值约为1.1μm。图 10.32 中右侧图为对比试验结果中标示出的第二个区间，即理论计算时给定的静载荷为 36N。此时轴承-转子系统的振动主要包含同步/次同步振动两个频率成分，并且水平方向振动的幅值大于竖直方向。在水平方向，试验次同步振动幅值约为 8.9μm，而理论计算的次同步振动幅值约为13.9μm，次同步振动频率都为 166.7Hz。同时试验同步振动幅值为 0.4μm，理论计算的同步振动幅值为 2.3μm。理论模型计算的轴心轨迹和试验测试的结果表现出很好的一致性，只是幅值上会大一些。在试验过程中，驱动轮和推力盘可能给箔片气体动压轴承-转子系统带来一定的结构阻尼力，这可能是试验轴心轨迹比理论计算结果偏小的主要原因。整体上，箔片气体动压轴承-转子系统瞬态动力学模型比较接近实际应用场景，能够作为系统动力学开发的数值计算工具。

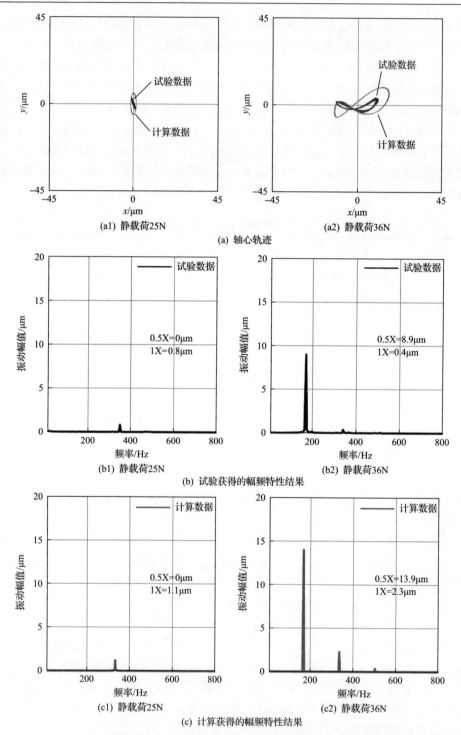

(a1) 静载荷25N　　　　　　　(a2) 静载荷36N

(a) 轴心轨迹

(b1) 静载荷25N　　　　　　　(b2) 静载荷36N

(b) 试验获得的幅频特性结果

(c1) 静载荷25N　　　　　　　(c2) 静载荷36N

(c) 计算获得的幅频特性结果

图 10.32　静载荷和不平衡载荷同时作用下试验测试和理论计算结果对比

参 考 文 献

[1] Heshmat H. Operation of foil bearings beyond the bending critical mode. Journal of Tribology, 2000, 122(1): 192-198.

[2] Kim T H, Lee J, Kim C H, et al. Rotordynamic performance of an oil-free turbocharger supported on gas foil bearings: Effects of an Assembly Radial Clearance//ASME Turbomachinery Technical Conference & Exposition: Power for Land, Sea, and Air, Glasgow, 2010: 363-371.

[3] Chen W J. Practical Rotordynamics and Fluid Film Bearing Design. Bloomington: Trafford Publishing, 2015.

[4] Bently D E, Hatch C T. Fundamentals of Rotating Machinery Diagnostics. Minden: Bentley Pressurized Bearing Press, 2002.

[5] Heshmat H. Advancements in the performance of aerodynamic foil journal bearings: high speed and load capability. Journal of Tribology, 1994, 116(2): 287-294.

[6] Muszynska A. Whirl and whip—rotor/bearing stability problems. Journal of Sound and Vibration, 1986, 110(3): 443-462.

[7] Chen W J, Gunter E J. Introduction to Dynamics of Rotor-bearing Systems. Victoria: Trafford Publishing, 2007.

[8] Mohiuddin M A, Khulief Y A. Modal characteristics of rotors using a conical shaft finite element. Computer Methods in Applied Mechanics and Engineering, 1994, 115(1-2): 125-144.

[9] Ehrich F F. Some observations of chaotic vibration phenomena in high speed rotordynamics. Journal of Vibration and Acoustics, 1991, 113(1): 50-57.

[10] Ishida Y, Yamamoto T. Linear and Nonlinear Rotordynamics: A Modern Treatment with Applications. Darmstadt: GIT Verlag, 2012.

[11] San Andrés L, Kim T H. Forced nonlinear response of gas foil bearing supported rotors. Tribology International, 2008, 41(8): 704-715.

[12] San Andrés L, Chirathadam T A. Metal mesh foil bearing: Effect of motion amplitude, rotor speed, static load, and excitation frequency on force coefficients. Journal of Engineering for Gas Turbines and Power, 2011, 133(12): 122503.

[13] Kim T H, San Andrés L. Heavily loaded gas foil bearings: a model anchored to test data. Journal of Engineering for Gas Turbines and Power, 2008, 130(1): 012504.

[14] Kim D. Parametric studies on static and dynamic performance of air foil bearings with different top foil geometries and bump stiffness distributions. Journal of Tribology, 2007, 129(2): 354-364.

[15] Thomson W. Theory of Vibration with Applications. 4th ed. New Jersey: Prentice Hall, 1993.

第11章 高阻尼箔片气体动压轴承-
转子系统动力学试验与分析

为了研究高阻尼箔片气体动压轴承对轴承-转子系统动力学响应的影响，本章搭建高阻尼箔片气体动压轴承-转子系统动力学测试试验台，测量在不同金属丝网结构相对密度、不平衡质量、静载荷和径向间隙条件下的系统响应，分析高阻尼箔片气体动压轴承在各种工况下的动力学响应，建立刚性轴承-转子系统动力学模型并计算不平衡质量对系统响应的影响。理论和试验结果表明，高阻尼箔片气体动压轴承能够大幅降低轴承-转子系统的次同步振动幅值，与箔片气体动压轴承的试验数据进行对比，表明高阻尼箔片气体动压轴承能够提高轴承-转子系统在高速区域的运行稳定性，体现了高阻尼箔片气体动压轴承性能的优越性。

11.1 高阻尼箔片气体动压轴承-转子系统动力学试验

高阻尼箔片气体动压轴承和箔片气体动压轴承的基本参数如表 11.1 所示。高阻尼箔片气体动压轴承和箔片气体动压轴承结构示意图如图 11.1 所示。

表 11.1 高阻尼箔片气体动压轴承和箔片气体动压轴承的基本参数

轴承参数	高阻尼箔片气体动压轴承	箔片气体动压轴承
轴承直径/mm	30	30
轴承长度/mm	30	30
轴承径向间隙/μm	40（测量值）	40（测量值）
金属丝网结构个数	12	—
波箔形式	单片式	单片式
弧形波箔个数	11	37
梯形波箔个数	12	—
顶箔结构形式	单片式	单片式

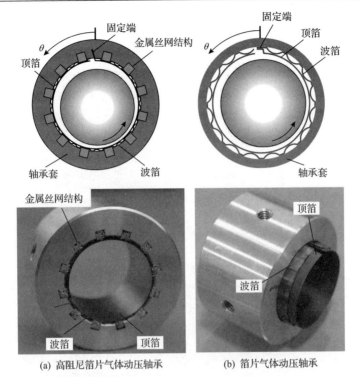

(a) 高阻尼箔片气体动压轴承　　　　(b) 箔片气体动压轴承

图 11.1　高阻尼箔片气体动压轴承和箔片气体动压轴承结构示意图

为了研究高阻尼箔片气体动压轴承对轴承-转子系统动力学性能的影响，采用改变金属丝网结构的相对密度、不平衡质量、轴承名义间隙和轴承静载荷等方法改变系统参数，并测量和分析相对应的系统转子动力学响应试验结果。本章所有数据和分析结果都来源于涡轮端箔片气体动压径向轴承竖直方向的振动位移单峰值数据，并且试验数据在试验台关闭气源的情况下，在轴承-转子系统自由降速的过程中测得，以减小来自冲击涡轮叶片的振动激励对系统动力学响应的影响。另外，在每次涡轮拆装时，虽然采用了对齐涡轮动平衡标记的方法，但是动平衡状况仍有轻微改变。为了消除动平衡状况不同条件下对试验结果的影响，在每次拆装转子之后都对其进行现场动平衡，使转子不平衡精度保持在 G2.5 级别[1]。

11.1.1　不平衡质量对轴承-转子系统动力学响应的影响

为了研究不平衡质量对轴承-转子系统动力学响应的影响，本小节进行了三组试验。第一组试验，涡轮和推力盘上均不安装附加不平衡质量；第二组试验，涡轮和推力盘上各安装附加不平衡质量 0.085g；第三组试验，涡轮和推力盘上各安装附加不平衡质量 0.132g。高阻尼箔片气体动压轴承-转子系统和箔片气体动压轴承-转子系统在残余不平衡质量和附加不平衡质量下的动力学响应瀑布图如图 11.2 所示。高阻尼箔片气体动压轴承中金属丝网结构的相对密度为 25%，而且箔片气体动压轴

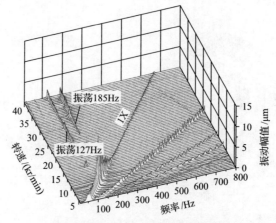

(a) 残余不平衡质量，高阻尼箔片气体动压轴承

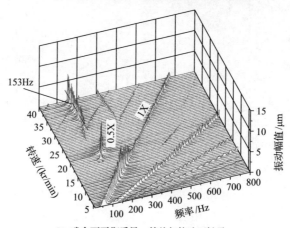

(b) 残余不平衡质量，箔片气体动压轴承

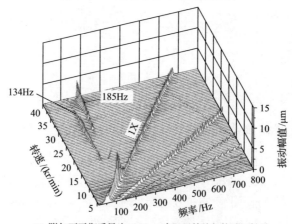

(c) 附加不平衡质量为0.085g，高阻尼箔片气体动压轴承

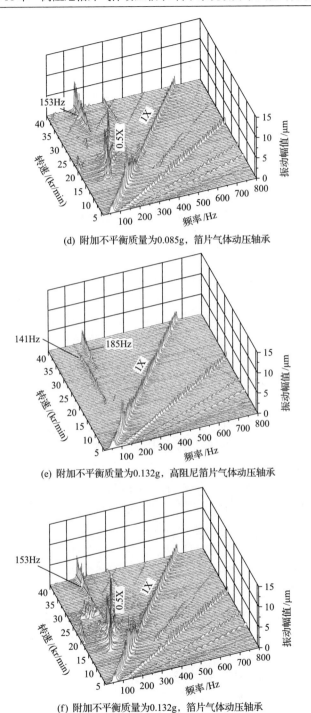

(d) 附加不平衡质量为0.085g，箔片气体动压轴承

(e) 附加不平衡质量为0.132g，高阻尼箔片气体动压轴承

(f) 附加不平衡质量为0.132g，箔片气体动压轴承

图 11.2　高阻尼箔片气体动压轴承-转子系统和箔片气体动压轴承-转子系统在残余不平衡
质量和附加不平衡质量下的动力学响应瀑布图

承和高阻尼箔片气体动压轴承具有接近的结构刚度。不同的不平衡质量被安装在冲击涡轮和推力盘侧面上的平衡孔中。轴承-转子系统两端的附加不平衡质量之间为同相安装且两边的质量相同，如在第二组试验中，涡轮和推力盘上各安装 0.085g 的不平衡质量。

从图 11.2 可以看出，轴承-转子系统的振动包含与转子转速同步和非同步的振动分量。同步振动分量由转子转动时系统中不平衡质量的不平衡载荷激励引起，所以和转速具有相同的振动频率，称为1X分量。随着轴承-转子系统转速从5kr/min 开始升高，同步振动分量的幅值从较低水平开始迅速增长并呈现出先升高后降低的趋势，在特定转速处出现明显的峰值。振动峰值出现的原因是转动频率和系统的固有频率在该转速位置处重合引起了共振，所以该转速对应的转动频率就是系统的固有频率，该转速称为临界转速。如果转速远高于临界转速，由于轴承-转子系统具有较高的不平衡精度，同步振动分量将保持较低并且稳定的幅值。在图 11.2 (a) 中，残余不平衡质量导致的同步振动分量幅值在高转速区域约为0.4μm，证明了系统不平衡精度为 G2.5 级别[1]。

高阻尼箔片气体动压轴承-转子系统和箔片气体动压轴承-转子系统的次同步振动在激发转速、振动幅值和振动频率方面都有明显的区别。在图 11.2 中，箔片气体动压轴承-转子系统在低转速区域的半频涡动运动非常明显，其激发转速较低并且振动幅值开始迅速增加，试验结果表明，在较宽的转速区间内，高振动幅值的涡动会一直存在。与此相反，高阻尼箔片气体动压轴承-转子系统在相对应的低转速区域只有零星的振动峰值出现，其振动幅值小于 0.5μm，持续转速区间小于 1kr/min，由于幅值和持续区间极小，在本节试验结果分析中不考虑零星振动峰值对轴承-转子系统稳定性造成的影响。与箔片气体动压轴承中的振荡运动相比，高阻尼箔片气体动压轴承的振动瀑布图中振荡运动在不同的不平衡质量下都包含两个几乎恒定的频率分量，并且在较低转速时低频分量占主导作用，在较高转速时高频分量占主导作用。这可能是由于高阻尼箔片气体动压轴承在装配时各部件之间存在间隙，在低转速时气膜压力较低，有部分结构未起到支承作用，当转速升高时，在高气膜压力的作用下所有结构都起到支承作用，所以轴承结构刚度明显升高，以上原因造成了振荡运动的频率随转速变化的现象[2]。同时，箔片气体动压轴承中次同步振动包含的涡动和振荡运动的频率分量也远比高阻尼箔片气体动压轴承中次同步振动频率分量更复杂，这可能与在箔片气体动压轴承中振动幅值过大导致转子和顶箔表面之间产生的部分碰摩有关[3]。从图 11.2 可以看出，超同步振动幅值都比较明显。2X、3X 等超同步振动产生的主要原因是轴承-转子系统在降速过程中涡轮叶片与空气摩擦产生冲击振动。同时，也有可能是由于润滑气膜非常薄时，箔片气体动压轴承的刚度随振动幅值变化表现出明显的非线性特性，使转子振动瀑布图中频率分布范围较宽[4]。

高阻尼箔片气体动压轴承-转子系统和箔片气体动压轴承-转子系统在不同不平衡质量下从瀑布图中提取出的同步振动幅值如图 11.3 所示。可以看出，高阻尼箔片气体动压轴承-转子系统的临界转速约为 8.5kr/min（141.7Hz），而且在不同不平衡质量下，三组试验的临界转速和同步振动峰值之间没有明显差别。箔片气体动压轴承-转子系统在不同不平衡质量下的临界转速约为 11.5kr/min（191.7Hz），而且在临界转速下同步振动幅值在不同不平衡质量下从 7.1μm 增长到 9.9μm。以上试验结果表明，箔片气体动压轴承对不平衡质量的变化更加敏感。高阻尼箔片气体动压轴承起飞转速的实测值约为 13kr/min，则轴承在转速 8.5～11.5kr/min 可能处于边界润滑状态[5]，所以临界转速附近的同步振动幅值对高转速区域由润滑气

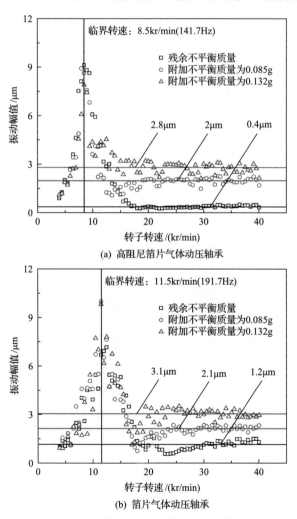

(a) 高阻尼箔片气体动压轴承

(b) 箔片气体动压轴承

图 11.3　高阻尼箔片气体动压轴承-转子系统和箔片气体动压轴承-转子系统在
不同不平衡质量下从瀑布图中提取出的同步振动幅值

体流动引起的轴承-转子系统振动的影响不明显。在残余不平衡质量下，转子转速提高到 20kr/min 以上时，由于较高的平衡精度，同步振动幅值约为 0.4μm。

在转子动力学理论中，同步振动的幅值 0.4μm 在远离临界转速的高转速区域只与不平衡质量和轴承-转子的质量有关，可表示为[1]

$$r_{\mathrm{v}} = \frac{m_{\mathrm{u}} r_{\mathrm{u}}}{m} \tag{11.1}$$

式中，m 为轴承-转子的质量，kg；m_{u} 为不平衡质量，kg；r_{u} 为不平衡质量与转子中心的距离，m；r_{v} 为同步振动幅值，m。

从式(11.1)可以看出，同步振动分量在高转速区域的幅值将不随转速变化，但是会随不平衡质量的增加而升高。从图 11.3 可以看出，在高转速区域，三个不平衡质量下的高阻尼箔片气体动压轴承同步振动幅值分别稳定在 2.8μm、2μm 和 0.4μm。同时，高阻尼箔片气体动压轴承和箔片气体动压轴承的试验结果在对应不平衡质量下的变化趋势基本相同，与以上分析得出的结论一致。

高阻尼箔片气体动压轴承-转子系统和箔片气体动压轴承-转子系统在不同不平衡质量下从瀑布图中提取出的次同步振动幅值随转速变化趋势如图 11.4 所示，其中高阻尼箔片气体动压轴承和箔片气体动压轴承中包含涡动和振动。在三种附加不平衡质量情况下，由高阻尼箔片气体动压轴承-转子系统除在极小的转速区间出现零星的小振动峰值外，都没有出现明显的随转速变化(0.5X)的涡动运动。与此相反，由箔片气体动压轴承-转子系统在三种不平衡质量情况下都出现了明显的半频涡动，随着不平衡质量的升高，其激发转速从 19kr/min 降到了 15kr/min 和

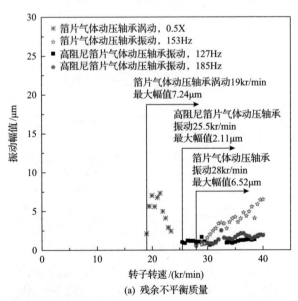

(a) 残余不平衡质量

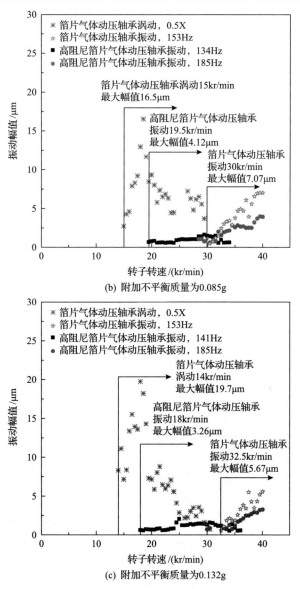

(b) 附加不平衡质量为0.085g

(c) 附加不平衡质量为0.132g

图 11.4　高阻尼箔片气体动压轴承-转子系统和箔片气体动压轴承-转子系统在
不同不平衡质量下从瀑布图中提取出的次同步振动幅值随转速变化趋势

14kr/min，表现出明显的润滑气体循环流动诱发失稳的特征。另外，随着涡动运动的发生，轴承-转子系统的次同步振动幅值从 0 开始迅速升高，在三种不平衡质量情况下的最大幅值分别为 7.24μm、16.5μm 和 19.7μm。同时，涡动运动出现的转速区间也随着不平衡质量的增加而迅速扩展，从第一组试验中(残余不平衡质量)的 19～23.5kr/min 扩展到了第三组试验中(附加不平衡质量为 0.132g)的 14～30.5kr/min。

从图 11.4 可以看出，在箔片气体动压轴承-转子系统中，较大的不平衡质量能够显著降低系统的稳定性，使涡动激发转速提前，增加涡动运动的幅值，并明显扩展其出现的转速区间。与箔片气体动压轴承相比，高阻尼箔片气体动压轴承对轴承-转子系统涡动的振动幅值和激发转速区间具有很强的抑制作用，这是由于当轴承-转子系统具有大幅振动的趋势时，高阻尼箔片气体动压轴承中具有较高结构阻尼的金属丝网结构在动态载荷下能够有效地耗散系统振动能量，在轴承-转子系统中抑制失稳的作用非常明显。考虑次同步振动和同步振动的叠加作用，在最大不平衡质量下箔片气体动压轴承-转子系统发生涡动时，转子的径向振动幅值已接近甚至超过轴承径向间隙的一半，过大的振动幅值和较宽的转速区间降低了轴承-转子系统的运行稳定性，有可能使系统未跨越该转速区间便发生轴承和转子表面碰摩而失效。

高阻尼箔片气体动压轴承-转子系统振动频率与箔片气体动压轴承明显不同。在三种不平衡质量下，振动开始发生时，振动频率主要集中在 127～141Hz；随着转速的升高，较低频率和185Hz的振动会同步出现，但较低频率的振动已经开始出现幅值减小的趋势；转速进一步升高时，振动主要集中在频率较高的185Hz。这种现象主要是由轴承和箔片结构装配的误差引起的。与箔片气体动压轴承相比，高阻尼箔片气体动压轴承-转子系统次同步振动激发转速较高，在三种不平衡质量下分别为25.5kr/min、19.5kr/min 和 18.5kr/min，分别比箔片气体动压轴承高出 6.5kr/min、4.5kr/min 和 4.5kr/min。同时，随着转速的升高，高阻尼箔片气体动压轴承-转子系统振动幅值从较低的幅值开始缓慢增加，在转速为 40kr/min 时，最大振动幅值在三种不平衡质量下分别为 2.11μm、4.12μm 和 3.26μm。由箔片气体动压轴承-转子系统的振动频率集中在 153Hz 左右，随着转速的升高，其振动幅值迅速升高，在转速为 40kr/min 时，最大振动幅值为 6.52μm、7.07μm 和 5.67μm。与箔片气体动压轴承相比，高阻尼箔片气体动压轴承中振荡运动的幅值较低且随转速升高变化缓慢。以上试验结果表明，与箔片气体动压轴承相比，高阻尼箔片气体动压轴承能够有效地抑制轴承-转子系统的次同步振动，能够更好地应用于高速涡轮机械中。

11.1.2　相对密度对轴承-转子系统动力学响应的影响

为了研究相对密度对轴承-转子系统动力学响应的影响，本小节进行了三组试验。第一组试验，测试轴承没有金属丝网结构；第二组试验，测试轴承的金属丝网结构的相对密度为 25%；第三组试验，测试轴承的金属丝网结构的相对密度为40%。高阻尼箔片气体动压轴承中金属丝网结构相对密度对轴承-转子系统动力学响应瀑布图如图 11.5 所示。在三组降速试验中，高阻尼箔片气体动压轴承具有不同的支承结构，在图 11.5(a)中，测试轴承的支承结构中只有波箔，金属丝网结构被移除，在图 11.5(b)和(c)中，金属丝网结构的相对密度分别为25%和40%。箔片气体动压轴承-转子系统中，系统的总等效刚度系数等价于轴承-转子系统的横向弯曲刚度系数和箔片气体动压轴承总刚度系数的串联，而箔片气体动压轴承总刚度系数又等价于气膜刚度系数和结构刚度系数的串联，因此系统总等效刚度系数可表示为

$$
\begin{cases}
\dfrac{1}{k_{sys}} = \dfrac{1}{k_r} + \dfrac{1}{k_b} \\[2mm]
\dfrac{1}{k_b} = \dfrac{1}{k_a} + \dfrac{1}{k_e}
\end{cases}
\tag{11.2}
$$

式中，k_a 为箔片气体动压轴承中气膜刚度系数，N/m；k_b 为箔片气体动压轴承的总刚度系数，N/m；k_e 为箔片气体动压轴承中弹性结构刚度系数，N/m；k_r 为轴承-转子系统的横向弯曲刚度系数，N/m；k_{sys} 为轴承-转子系统的总等效刚度系数，N/m。

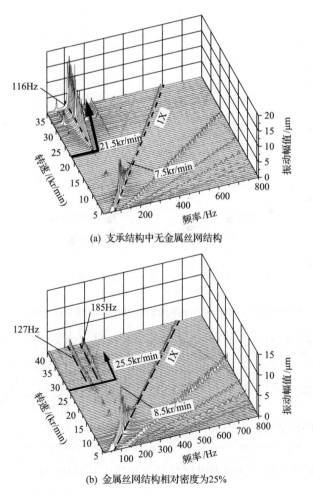

(a) 支承结构中无金属丝网结构

(b) 金属丝网结构相对密度为25%

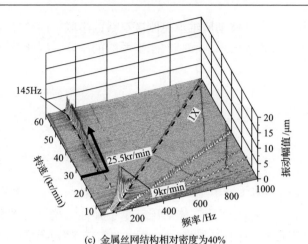

(c) 金属丝网结构相对密度为40%

图 11.5　高阻尼箔片气体动压轴承中金属丝网结构相对密度对
轴承-转子系统动力学响应瀑布图

　　图 11.5 中的三组试验数据表明,轴承-转子系统的临界转速随着金属丝网结构
相对密度的增加而升高,分别为 7.5kr/min、8.5kr/min 和 9kr/min。这是由于在轴
承-转子系统中,轴承-转子系统的弯曲刚度远大于箔片气体动压轴承的总刚度,
根据式(11.2)可得系统总刚度约等于箔片气体动压轴承的总刚度。同时,在转速
变化不大时,轴承中气膜刚度保持不变,则较高的金属丝网结构相对密度能够提
高轴承结构刚度,也就提高了箔片气体动压轴承的总刚度,所以较高的相对密度
能够提高系统的一阶固有频率和临界转速。

　　三组试验数据显示,次同步振动在特定转速区间内发生,其幅值大小、变化
趋势和持续转速区间与轴承-转子系统的运行稳定性密切相关。当转速在 15～
20kr/min 时,图 11.5 显示三组试验中轴承-转子系统在该转速区间内都出现了孤立
的次同步振动峰值,其幅值都在1μm 以下。与高转速区域的振荡运动相比,孤立
的次同步振动峰值和转速区间非常小,甚至可以忽略。在三组试验中,轴承-转子
系统的振荡运动激发转速分别为 21.5kr/min、25.5kr/min 和 25.5kr/min。与第一组
试验相比,第二组试验中,具有 25%相对密度金属丝网结构的高阻尼箔片气体动
压轴承中的振荡运动激发转速有了显著的提高,这是由于金属丝网结构在箔片气
体动压轴承中作为和波箔支承结构并联的阻尼器,能够有效耗散系统的振动能量,
因此能够提高轴承-转子系统的稳定性。随着金属丝网结构的相对密度进一步升
高,系统次同步振动激发转速没有明显变化。此外,金属丝网结构相对密度对振
荡运动的振动幅值的影响也非常明显。

　　在第一组试验中,当转速为 35kr/min 时,试验结果显示轴承-转子系统的振动
幅值为 17μm,但是在第二组和第三组试验中,当转速为 35kr/min 时,其振动幅

值仅为 1.8μm 和 2.5μm，三组试验结果显示出巨大的差别。即使将具有相对密度分别为 25%和 40%的金属丝网结构的高阻尼箔片气体动压轴承的转速分别升高到 55kr/min 和 60kr/min，其振动幅值也增长缓慢，并能够持续保持在 5μm 以下。试验结果证明金属丝网结构使振荡运动的幅值降低到了原振动幅值的 10.6%～14.7%，振动幅值的明显降低证明了高阻尼箔片气体动压轴承具有较好的转子动力学性能，能够很好地应用在高速旋转机械中。在三组试验中，轴承-转子系统振荡运动的频率随转速的变化基本保持为常值，随着金属丝网结构相对密度的增加，主要振荡运动的频率从 116Hz 提高到了 127Hz 和 145Hz。试验结果显示，振荡运动的频率的增加趋势与测试轴承的结构刚度升高趋势相吻合。San Andrés 等[2]通过试验和理论证明，当转子转速较高且发生振荡运动时，箔片气体动压轴承中极小的气膜厚度会导致极大的气膜刚度，在气膜刚度和轴承结构刚度组成的串联弹簧系统中，轴承-转子系统的动态响应主要取决于弹性支承结构的性能。也就是说，在高转速区域，箔片气体动压轴承结构刚度对应的自激振动激发了轴承的振荡运动，所以金属丝网结构起到了支承波箔的作用并明显提高了振荡运动的频率。

11.1.3　径向间隙对轴承-转子系统动力学响应的影响

为了研究径向间隙对轴承-转子系统动力学响应的影响，本小节进行了三组试验。第一组试验，测试轴承的径向间隙为 40μm；第二组试验，测试轴承的径向间隙为 50μm；第三组试验，测试轴承的径向间隙为 60μm。箔片气体动压轴承中轴承径向间隙的改变能够直接改变气膜压力和气膜厚度的分布形式，显著影响轴承-转子系统的动力学性能。高阻尼箔片气体动压轴承的径向间隙对轴承-转子系统动力学响应瀑布图如图 11.6 所示。三组试验中的轴承-转子系统中无附加不平衡质量，金属丝网结构的相对密度为 25%。三组试验结果表明，当轴承径向间隙分别增加 10μm 和 20μm 时，轴承-转子系统的临界转速从 8.5kr/min 降低到了 8kr/min 和 7.5kr/min，呈现出降低的趋势。在箔片气体动压轴承中，径向间隙的增加会使气膜厚度增大，气膜压力和气膜刚度减小。由式 (11.2) 可知，在轴承的结构刚度不变的情况下，气膜刚度减小会使箔片气体动压轴承总刚度降低，所以会导致轴承-转子系统临界转速和固有频率降低。同时，同步振动幅值在临界转速处会随着径向间隙的增大有明显的升高，在三组试验中分别为 8.2μm、9.1μm 和 9.8μm，但是在远离临界转速处的同步振动幅值基本相同。这是由于较大的径向间隙使箔片气体动压轴承气膜刚度降低，转子在临界转速处的振动位移增加。

箔片气体动压轴承径向间隙的改变对系统次同步振动激发转速和振动幅值也具有较大的影响。与具有初始间隙的轴承相比，增大径向间隙后的轴承与原始轴承中次同步振动表现特征上最大的区别是轴承-转子系统在 14～17kr/min 的转速

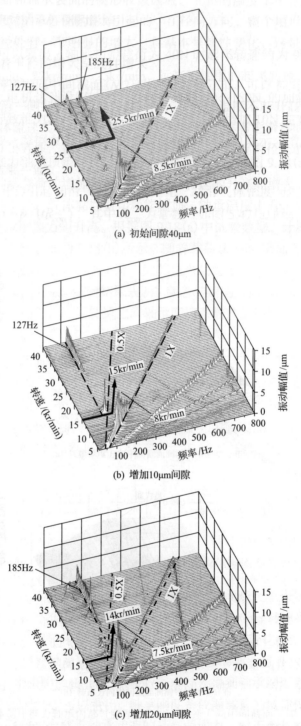

(a) 初始间隙40μm

(b) 增加10μm间隙

(c) 增加20μm间隙

图 11.6　高阻尼箔片气体动压轴承的径向间隙对轴承-转子系统动力学响应瀑布图

区间内出现了具有较大幅值的涡动，尤其是间隙增加 10μm 时，其涡动幅值甚至达到 8μm。同时，随着径向间隙的增加，次同步振动激发转速从 25.5kr/min 降低到了 15kr/min 和 14kr/min，在转速为 40kr/min 时的振动幅值从 2.1μm 增加到 4.2μm。以上试验结果表明，随着径向间隙的增大，轴承-转子系统的稳定性有明显降低的趋势，这是由于当轴承气膜刚度降低时，由气膜和支承结构组成的串联弹簧系统中的振动能量向气膜转移，则金属丝网结构中的振动减小导致其结构阻尼效果不明显。但是即使轴承名义间隙被增加到一个相当大的区间，相比于箔片气体动压轴承，高阻尼箔片气体动压轴承也能够有效地抑制轴承-转子系统的次同步振动。

11.1.4　轴承载荷对轴承-转子系统动力学响应的影响

为了研究轴承载荷对轴承-转子系统动力学响应的影响，本小节进行了三组试验。第一组试验，电磁力为 28.8N；第二组试验，电磁力为 36.0N；第三组试验，电磁力为 43.2N。为了研究轴承载荷对高阻尼箔片气体动压轴承-转子系统动力学响应的影响，采用磁力加载的方式对轴承-转子系统进行加载试验。试验中电磁铁位于轴承-转子系统轴向重心位置处，对转子的磁力方向竖直向上，所以有效轴承载荷为电磁力减去轴承-转子系统的自重，三组试验中有效轴承载荷分别取 28.8N、36N 和 43.2N。

为了对应轴承载荷方向的转换，箔片气体动压轴承在试验台中的安装位置将顶箔固定端的位置由竖直向上调整为竖直向下，防止固定点附近成为主要承载区域。高阻尼箔片气体动压轴承中轴承载荷对轴承-转子系统动力学响应瀑布图如图 11.7 所示。可以看出，随着轴承载荷的增加，系统临界转速从 9.5kr/min 增加到 10kr/min 和 11kr/min，但在临界转速处的同步振动峰值变化不大。这是由于随着竖直方向载荷的增加，箔片气体动压轴承对应载荷方向的承载区域气膜厚度迅速减小，使轴承在竖直方向的气膜刚度升高，提高了轴承和系统的固有频率，影响了转子的同步振动响应。

轴承载荷对轴承-转子系统次同步振动激发转速和振动幅值也有显著的影响。随着轴承载荷的升高，转子振荡激发转速从 21kr/min 升高到 24.5kr/min 和 27.5kr/min，同时振荡运动的最大幅值也从 3μm 降低到 2μm 和 1.5μm。在较大轴承载荷时，振荡运动的幅值随转速升高呈现出变化平缓甚至能够保持恒定的趋势。这是由于在载荷较大时，箔片气体动压轴承中的振动在较高气膜刚度的作用下向支承结构转移，支承结构在气膜压力下具有较大的振动幅值，金属丝网结构作为阻尼器能够更有效地为轴承-转子系统提供阻尼，抑制次同步振动的发生和振动幅值的升高。同时，振荡运动的频率分量随轴承载荷的增大而升高，这表明较高的轴承载荷使得箔片气体动压轴承的气膜刚度增加，提高了轴承-转子系统的稳定性[6]。

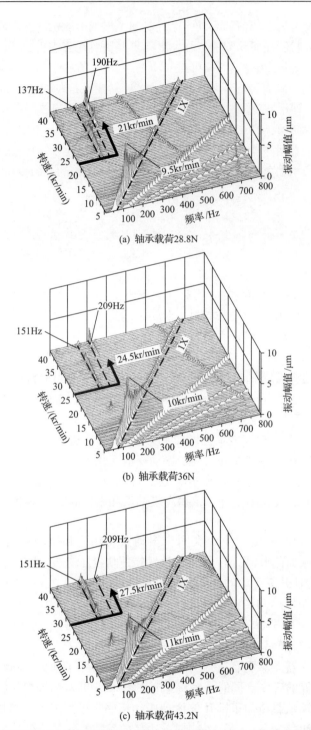

(a) 轴承载荷28.8N

(b) 轴承载荷36N

(c) 轴承载荷43.2N

图 11.7　高阻尼箔片气体动压轴承中轴承载荷对轴承-转子系统动力学响应瀑布图

11.2　高阻尼箔片气体动压轴承-转子系统动力学理论模型

在箔片气体动压轴承中，随着轴承转速的升高，由动压效应引起的润滑气膜刚度和轴承的结构刚度存在大小对比关系转换现象。当箔片气体动压轴承在转速较低时，动压效应不明显，则润滑气膜刚度将会比轴承的结构刚度小。随着转速的升高，润滑气膜刚度会逐渐增加并在高转速区域远大于轴承的结构刚度。在这种情况下，润滑气膜相对于支承结构而言几乎为刚性，轴颈在轴承中的位移和速度全部由刚性气膜传导到弹性支承结构中。San Andrés 等[2]引入了一种简化的箔片气体动压轴承非线性刚度模型，如图 11.8 所示。该轴承刚度模型假设在转速较高时，由于轴承中气膜刚度极大，轴承-转子系统的动态响应依赖于非线性的轴承结构刚度和阻尼特性。试验数据证明，当气膜刚度极大时，其可以表示为只含有动态直接刚度而阻尼为零的形式[7]。同时，由于箔片气体动压轴承的动态特性是由弹性支承结构和厚度极小的可压缩气膜串联的结果，而且转子转速较高时，轴承的结构刚度总是比气膜的刚度低，因此箔片气体动压轴承的整体刚度取决于串联结构中刚度较低的轴承结构，即箔片气体动压轴承的总刚度等于轴承的结构刚度。另外，箔片气体动压轴承中所有阻尼力都来源于轴承结构中的阻尼机制。

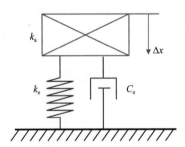

图 11.8　简化的箔片气体动压轴承非线性刚度模型[2]

C_e. 轴承支承结构的动态阻尼系数；k_a. 润滑气膜的刚度系数；
k_e. 轴承支承结构的动态刚度系数；Δx. 轴颈的位移

高阻尼箔片气体动压轴承-转子系统在不同转子直径下的载荷-位移曲线如图 11.9 所示。当测试轴直径为 30mm 时，其直径与转子动力学试验台中转子的直径相同，并且高阻尼箔片气体动压轴承的载荷曲线在结构变形较小时会出现明显的缓慢变化趋势，这对应支承结构的低刚度区域，可以认为在低刚度区域，轴承表面和转子表面存在径向间隙。在本章试验采用的高阻尼箔片气体动压轴承中，金属丝网结构的相对密度为 25%，其单边径向间隙的测量值为 40μm。当测试轴直径为 30.08mm 时，轴承的载荷-位移曲线在结构变形较小时不存在低刚度区域，可以认为测试转子增加的 80μm 轴径将上述轴承中径向间隙完全填充，箔片气体动压轴承处于无径向间隙状态，试验测得的载荷-变形曲线完全反映了轴承的结构刚度特性。

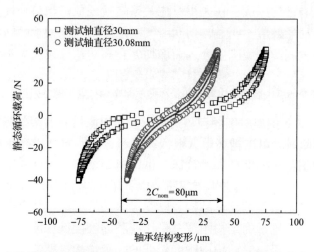

图 11.9　高阻尼箔片气体动压轴承-转子系统在不同转子直径下的载荷-位移曲线

当轴承-转子系统高速转动时，轴颈和轴承中顶箔表面之间的间隙完全充满润滑气体，而且润滑气膜的刚度在高转速区域时接近刚性。当轴颈具有特定的位移和速度时，刚性气膜不可压缩，则气膜将该位移和速度完全传递到轴承的弹性支承结构上。因此，应采用无间隙情况下的弹性支承结构特性来代替箔片气体动压轴承在具有刚性气膜时的刚度和阻尼特性。图 11.9 中，加载过程和卸载过程的轴承载荷的中间曲线代表了结构的平均载荷-位移曲线，该曲线可由三次多项式进行拟合，其形式表示为[2]

$$F_s(r') = b_1 r' + b_2 r'^2 + b_3 r'^3 \tag{11.3}$$

式中，r' 为轴颈中心在轴承中任意方向的径向位移；三次拟合曲线的系数为 $b_1 = 0.4406$，$b_2 = 0.0007818$，$b_3 = 0.0004356$。

$$r' = \sqrt{x^2 + y^2}$$

当轴承-转子系统中不同轴承在 X、Y 坐标方向的径向位移不同时，式(11.3)被进一步简化，用来计算轴承在动态载荷下的刚度系数和阻尼系数，可表示为

$$
\begin{cases}
k_{x1} = \dfrac{F_s(r_1')}{r_1'} \\[2mm]
k_{x2} = \dfrac{F_s(r_2')}{r_2'} \\[2mm]
k_{y1} = \dfrac{F_s(r_1')}{r_1'} \\[2mm]
k_{y2} = \dfrac{F_s(r_2')}{r_2'} \\[2mm]
c_{x1} = \dfrac{F_s(r_1')}{r_1'}\dfrac{\gamma_s}{\omega} \\[2mm]
c_{x2} = \dfrac{F_s(r_2')}{r_2'}\dfrac{\gamma_s}{\omega} \\[2mm]
c_{y1} = \dfrac{F_s(r_1')}{r_1'}\dfrac{\gamma_s}{\omega} \\[2mm]
c_{y2} = \dfrac{F_s(r_2')}{r_2'}\dfrac{\gamma_s}{\omega}
\end{cases}
\tag{11.4}
$$

式中，下标 1 和 2 表示系统中两个不同的轴承；ω 为转轴角速度，rad/s。

在以上模型中，轴承中弹性支承结构的阻尼项由结构损失因子代替，并与转子的运动方程相耦合进行迭代，求解系统的转子动力学响应。同时，由于轴承-转子系统的两个轴承并不完全相同，而且同一个轴承在不同方向的静态载荷曲线也有所区别。为了简化计算，假设轴承为各向同性，则转子受到的轴承动态反作用力可表示为

$$
\begin{cases}
F_{x1} = \dfrac{F_s(r_1')}{r_1'}\left(x_1 + \dfrac{\gamma_s}{\omega}\dot{x}_1\right) \\[3mm]
F_{x2} = \dfrac{F_s(r_2')}{r_2'}\left(x_2 + \dfrac{\gamma_s}{\omega}\dot{x}_2\right) \\[3mm]
F_{y1} = \dfrac{F_s(r_1')}{r_1'}\left(y_1 + \dfrac{\gamma_s}{\omega}\dot{x}_1\right) \\[3mm]
F_{y2} = \dfrac{F_s(r_2')}{r_2'}\left(y_2 + \dfrac{\gamma_s}{\omega}\dot{x}_1\right)
\end{cases}
\tag{11.5}
$$

11.3　轴承-转子系统动力学计算结果和试验数据对比

为了研究附加不平衡质量对高阻尼箔片气体动压轴承-转子系统动力学响应

的影响，基于以上箔片气体动压轴承非线性刚度模型和刚性转子理论模型，计算
轴承-转子系统在降速过程中的动力学响应，并提取转子在涡轮端竖直方向电涡流
位移传感器的位移数据，得到转子振动的瀑布图。在计算中，附加不平衡质量为
0.085g 和 0.132g，不平衡质量施加位置与试验中相同，分别位于涡轮和推力盘的
外侧端面上。试验测量的降速时间为 40s，箔片气体动压轴承损失因子取 0.3。轴
承-转子系统详细参数如表 6.2 所示。图 11.10 为高阻尼箔片气体动压轴承-转子系统
在不同附加不平衡质量下转子振动计算结果的瀑布图。可以看出，轴承-转子系统
振动瀑布图的 1X 同步振动分量与试验数据变化趋势相同，但是次同步振动分量
和试验数据的差别比较明显。试验数据瀑布图中次同步振动分量包含两个频率，

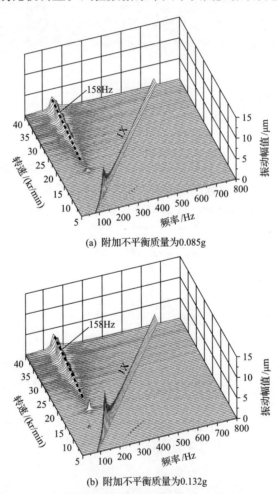

图 11.10　高阻尼箔片气体动压轴承-转子系统在不同附加不平衡质量下
转子振动计算结果的瀑布图

在转速升高的过程中，次同步振动的低频分量幅值逐渐减弱，高频分量在较高转速时发生并且幅值逐渐增强，而计算结果瀑布图中的次同步振动分量只包含单个频率，随着转速的升高，其振动幅值逐渐增加。试验数据瀑布图中包含大量的超同步振动分量，如 2X、3X、4X 等，其振动幅值明显且发生在全转速范围内，这主要是涡轮叶片与空气之间的摩擦振动冲击导致的。而在瀑布图计算结果中，只在小范围内出现了幅值极低的 2X 振动分量，这是由于在该轴承-转子系统理论模型中未考虑涡轮叶片的影响。

高阻尼箔片气体动压轴承-转子系统在不同不平衡质量下轴承-转子系统同步和次同步振动幅值的试验结果和计算结果对比如图 11.11 所示，图中数据从图 11.10 中提取得到。从图 11.11(a)可以看出，计算结果中同步振动幅值随转速升高的变化趋势与试验数据基本相同。当附加不平衡质量为 0.085g 和 0.132g 时，轴承-转子系统的临界转速分别为 9.55kr/min 和 9.65kr/min，相对应的固有频率为 159.2Hz 和 160.7Hz。试验数据中的临界转速和固有频率分别为 8.52kr/min 和 142Hz。不同不平衡质量下的临界转速计算值比试验数据分别提高了 12.1%和 13.2%，这是由轴承刚度理论模型中的刚性气膜假设引起的。当转速较低时，箔片气体动压轴承中由动压效应引起的气膜压力较小，气膜刚度与轴承结构刚度差别不明显，所以不完全满足刚性气膜假设，导致理论计算结果中的临界转速和固有频率偏高。计算结果中，同步振动的峰值随不平衡质量的增加而变大，分别为 7.1μm 和 10.6μm，其平均值为 8.85μm。同时，试验数据中的同步振动峰值为 8.9μm，计算结果中的同步振动峰值的平均值与试验数据误差极小。当转速位于远大于临界转速的区域时，计算结果中同步振动的稳定值与试验数据吻合很好，证明了该轴承-转子系统理论模型的适用性。

如图 11.11(b)所示，在高阻尼箔片气体动压轴承中涡动幅值较小且出现在极小的转速范围内，所以不考虑其影响。在计算结果中，转子振荡运动的幅值变化趋势与试验数据非常吻合，说明该理论模型能够较为准确地描述箔片气体动压轴承-转子系统的基本特性。在试验数据中，当不平衡质量为 0.085g 和 0.132g 时，振荡运动激发转速分别为 19.5kr/min 和 18kr/min，随着不平衡质量的增加，振荡运动提前发生。在计算结果中，振荡运动激发转速在两种不平衡质量下分别为 18kr/min 和 17.5kr/min，表现出相同的变化趋势，并且误差分别为 1.5kr/min 和 0.5kr/min。采用了假设条件的数值计算结果与实验结果表现出较强的一致性。当转速为 40kr/min 时，试验数据中振荡运动在两种不平衡质量下的最大幅值分别为 3.25μm 和 4.12μm，计算结果中振荡运动的最大幅值分别为 3.34μm 和 3.72μm，其最大误差值仅为 0.4μm，证明了在高转速区域，该轴承-转子系统理论模型具有较强的适用性。

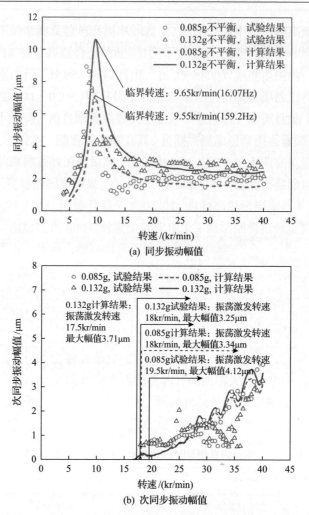

图 11.11 高阻尼箔片气体动压轴承-转子系统在不同不平衡质量下轴承-转子系统同步和
次同步振动幅值的试验结果和计算结果对比

高阻尼箔片气体动压轴承在不同不平衡质量下轴承-转子系统振动频率与系统
1X 转动频率的比值关系(振动频率比)的试验结果和计算结果对比如图 11.12 所示。
由于高阻尼箔片气体动压轴承中箔片和金属丝网结构为复杂的接触支承情况,轴承
涡动频率出现了随转速升高呈依次出现的频率分量。这两个频率分量体现了在不同
气膜压力载荷下,高阻尼箔片气体动压轴承结构刚度发生变化是由于接触状况改变
导致的。当附加不平衡质量为 0.085g 时,由于振荡时的振动频率基本固定不变,随
着转速的增加,试验数据中转子振荡时的振动频率比呈现出逐渐下降的趋势,并在
30kr/min 附近出现明显的高低频转换现象。在计算结果中,转子振荡时的振动频率
比曲线在振荡运动发生后都位于试验数据中两条振动频率比曲线的中间位置。由于

在箔片气体动压轴承的非线性刚度模型中采用了无间隙下静态循环载荷的数据，该振动频率就是箔片气体动压轴承结构刚度对应的共振频率，体现了高阻尼箔片气体动压轴承的平均结构刚度。当附加不平衡质量为 0.132g 时，计算结果与试验数据的对比表现出与图 11.12(a) 相同的趋势，并在高转速区域，试验数据和计算结果之间的误差进一步缩小。在上述计算结果中，转子振荡运动对应的频率为 158Hz，在不同不平衡质量下，试验数据中振荡运动频率分量的平均频率分别为 159.5Hz 和 163Hz，该平均频率与计算结果的差值分别为 1.5Hz 和 5Hz。轴承-转子系统理论模型的计算结果准确预测了支承结构的平均刚度，一方面证明了振荡运动出现双频率分量的正确性，另一方面也证明了该箔片气体动压轴承-转子理论模型中在高转速区域采用刚性气膜假设的合理性。

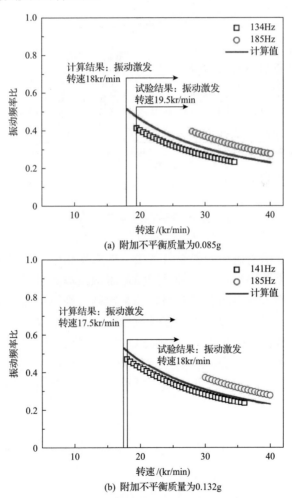

(a) 附加不平衡质量为0.085g

(b) 附加不平衡质量为0.132g

图 11.12　高阻尼箔片气体动压轴承在不同不平衡质量下轴承-转子系统
振动频率比的试验结果和计算结果对比

参 考 文 献

[1] Ishida Y, Yamamoto T. Linear and Nonlinear Rotordynamics: A Modern Treatment with Applications. Darmstadt: GIT Verlag, 2012.

[2] San Andrés L, Kim T H. Forced nonlinear response of gas foil bearing supported rotors. Tribology International, 2008, 41(8): 704-715.

[3] Bently D E, Hatch C T. Fundamentals of Rotating Machinery Diagnostics. Minden: Bentley Pressurized Bearing Press, 2002.

[4] Jordan D W, Smith P. Nonlinear ordinary differential equations. The Mathematical Gazette, 1979, 21(2): 264.

[5] Chen W J. Practical Rotordynamics and Fluid Film Bearing Design. Bloomington: Trafford Publishing, 2015.

[6] Muszynska A. Rotordynamics. Boca Raton: CRC Press, 2005.

[7] Balducchi F, Arghir M, Gauthier R. Experimental analysis of the unbalance response of rigid rotors supported on aerodynamic foil bearings. Journal of Vibration and Acoustics, 2015, 137(6): 061014.

第12章　箔片气体动压轴承技术的工程应用

经过近几十年的发展，越来越多的高速涡轮机械开始采用箔片气体动压轴承作为其轴承-转子系统的支承部件。为了指导气浮高速能源动力装备的开发，本章将结合箔片气体动压轴承-转子系统的动力学特性，以无油涡轮增压器为例，阐述高速涡轮机械的设计准则和开发流程，并简要介绍箔片气体动压轴承在车用燃料电池无油高速空气压缩机、空气循环机、空气悬浮鼓风机、微型燃气轮机等高速涡轮设备中的应用情况及发展趋势。

12.1　箔片气体动压轴承-转子系统的匹配问题

在实际工程中，将一种轴承技术应用到高速转动设备中，要解决的是轴承-转子系统的匹配问题。将轴承的特性和设备的需求完美结合，是保障其性能的关键所在。随着旋转机械向着高速和高功率密度方向发展，轴承-转子系统的动力学响应变得越来越复杂，轴承-转子系统的整体性要求也越来越严格，匹配设计过程中往往顾此失彼。为了简明扼要地说明这一棘手问题，本节将略去复杂的理论计算和分析，以集中质量的单盘轴承-转子系统为例，介绍常见轴承-转子系统的动力学响应。

集中质量的单盘轴承-转子系统结构示意图如图 12.1 所示，系统由一根带有位置偏置圆盘的各向同性弹性轴和一对支承轴承组成。转子和轴承的刚度系数分别用 k_{sha} 和 k_x、k_y 表示。由振动力学可知，该系统属于一种多自由度弹簧振子系统，存在相应阶数的固有频率和振动模态。轴承-转子系统工作在临界转速(固有频率)时会产生极其强烈的振动，即共振。如果长时间维持这种工作状态，会造成轴承磨损甚至转子断裂。轴承-转子系统匹配设计的一项重要工作是获得轴承-转子系

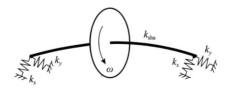

图 12.1　集中质量的单盘轴承-转子系统结构示意图

统的临界转速和振型，同时将设备工作转速设计得远离临界转速，并保持有足够的裕度，以免在工作时产生共振。

　　集中质量单盘轴承-转子系统的固有频率及振型与轴承结构刚度的关系如图 12.2 所示[1]。当轴承为完全刚性支承时，系统的振动主要体现转子的柔性，系统的前三阶固有频率均来自转子，对应的转子振型也表现为转子的各阶弯曲，转子模态如图 12.2(b)所示。然而，随着轴承结构刚度的降低，系统的振动也会体现出轴承的柔性，一方面轴承-转子系统的固有频率会有所下降，另一方面转子的振动模态和轴承的振动模态会相互耦合并随着转速的增加先后出现。这种情况下，一阶固有频率以下的转速区域相对较小，有可能无法满足设备对转速的要求，因

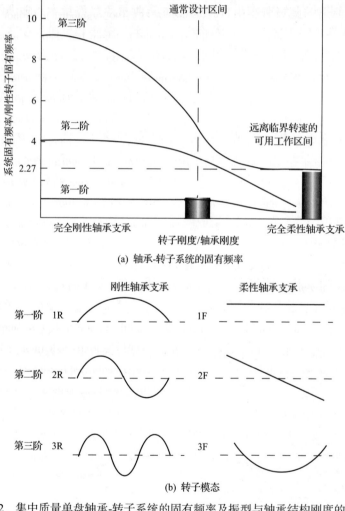

(a) 轴承-转子系统的固有频率

(b) 转子模态

图 12.2　集中质量单盘轴承-转子系统的固有频率及振型与轴承结构刚度的关系[1]

此有时需要将轴承-转子系统运行在超临界状态。可以通过采用添加阻尼器、不平衡精度、加速冲过等方法使转子安全越过临界转速的共振区，最终工作在超临界状态。当轴承结构刚度进一步减小，接近完全柔性支承时，轴承-转子系统主要体现轴承的模态。从图 12.2 可以看出，转子的前两阶固有频率会大幅下降，轴承发生变形而转子保持刚性，直到第三阶固有频率转子才发生弯曲，此时系统的固有频率是转子弯曲频率的 2.27 倍。柔性轴承-转子系统，转子弯曲模态以下的转速区域可以相对较大，为转动设备工作转速的设计留出一定的空间。箔片气体动压轴承由于润滑介质黏性较小，其刚度一般比油润滑轴承刚度小 1～2 个数量级，因此气浮转子是一种典型的柔性轴承-转子系统。轴承-转子系统在相对较低转速下出现轴承的振动模态，这期间转子始终保持刚性，直到较高转速时才会出现转子的弯曲模态。因此，在开发箔片气体动压轴承支承涡轮装备时，可以将系统的工作转速设计在这个区间范围内，以实现较高的转速。

在小型高速涡轮设备中，箔片气体动压轴承几乎成为唯一能够满足轴承-转子系统性能要求的轴承技术。与此同时，由于箔片气体动压轴承的阻尼特性差，无法通过吸收转子的能量来抑制过临界转速时的振动，因此普遍认为箔片气体动压轴承只能用于支承临界转速以下的刚性轴承-转子系统。

12.2　箔片气体动压轴承支承无油涡轮增压器的开发

高速涡轮设备由于结构复杂、服役要求高，往往开发周期长、投入大、风险高。建立科学且规范的开发流程是降低风险、提高开发效率最有效的途径。本节将结合箔片气体动压轴承的工作特点，介绍基于"四步法"的气浮高速涡轮机械的设计流程和准则[2]，具体内容总结如下。

（1）转子概念设计及可行性评估。需要进行整机结构的概念设计，大致确定轴承-转子系统的布置，并评估其可行性。这一步既可以使用仿真软件计算并校核轴承-转子系统的性能，又可以通过已有箔片气体动压轴承的性能来类推系统的可行性。

（2）轴承设计、制作和性能测试。基于轴承性能计算软件，预测轴承性能，优化轴承相关参数，直至满足系统的要求。根据优化设计结果，制作轴承，在试验台架上对单个轴承进行性能测试，以验证在规定的转速和温度条件下其性能是否满足要求。

（3）轴承-转子系统仿真测试。搭建模拟仿真试验台，利用与实际转子部件具有相同质量和转动惯量的模拟转子来验证轴承-转子系统的动力学性能。

（4）样机验证。设计制作样机，测量系统全工况下高速涡轮设备的轴承-转子系统动力学特性和系统性能。

"四步法"可以有效地控制设备的开发风险，并且能够在现有箔片气体动压轴承技术的能力范围内引导和推动新型高速涡轮设备的开发。下面以车用无油涡轮增压器的开发为例来说明整个设计和实现过程。

　　某国产车用涡轮增压器主要由压气机、轴承体、涡轮壳、旁通阀和转子组成，其拆解图如图 12.3 所示。无油涡轮增压器整体结构设计流程如图 12.4 所示。首先，在原型机转子结构的基础上用箔片气体动压轴承取代浮动环轴承，完成整机概念设计。由于气浮轴承的承载力远小于滑动轴承，需要在转子外部增加一个套筒来

图 12.3　某国产车用涡轮增压器拆解图

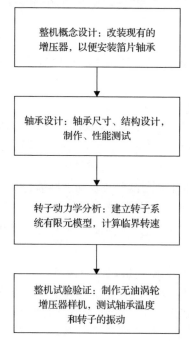

图 12.4　无油涡轮增压器整体结构设计流程

增大轴承尺寸，进而提高气浮轴承的承载力。套筒中间设置一个推力盘，用于把轴向力传递给箔片气体动压推力轴承。其次，利用分析软件或计算程序对箔片气体动压径向轴承和箔片气体动压推力轴承的结构参数进行评估和优化设计。再次，建立转子动力学模型，对新设计的轴承-转子系统进行转子动力学响应分析和评价。最后，加工制作样机，开展整机试验，测试轴承-转子系统的动力学响应。

箔片气体动压径向轴承设计尺寸如表 12.1 所示，已考虑两个箔片气体动压径向轴承的轴向长度和承载力需要与各自的载荷相适应的要求。

表 12.1　箔片气体动压径向轴承设计尺寸

箔片气体动压径向轴承	内径/mm	长度/mm
涡轮端	25	L_1=16
压气机端	25	L_2=24

由于本节采用的箔片气体动压径向轴承是第一代箔片气体动压轴承，根据 Dellacorte 等[3]的经验得知其承载系数 δ 范围为 0.1～0.3，本节取值为 0.2，根据式 (3.1) 得到转子两端箔片气体动压径向轴承在不同转速下的承载力，设计的箔片气体动压径向轴承承载力如表 12.2 所示。

表 12.2　设计的箔片气体动压径向轴承承载力

转速/(kr/min)	箔片气体动压径向短轴承承载力/N	箔片气体动压径向长轴承承载力/N
6	3.31	4.98
10	5.53	8.30
12	6.64	9.96
15	8.30	12.45

转子的总重量约为 3.2N。利用式 (3.1) 估算可得两个箔片气体动压径向轴承在 6kr/min 转速下的总承载力达到 8.29N，而且随着转速的升高，轴承的承载力也会逐渐增大，所以初步设计的轴承承载力是满足要求的。

箔片气体动压径向轴承箔片尺寸参数如表 12.3 所示，其中箔片厚度初步设计值取为 0.1mm。基于连杆-弹簧模型计算两个箔片气体动压径向轴承(长、短轴承)随速度变化的动态刚度系数和动态阻尼系数[4]。箔片气体动压径向长、短轴承动态性能系数随转速的变化曲线如图 12.5 所示。

箔片气体动压轴承-转子系统有限元模型如图 12.6 所示，该模型是在 Xlrotor 软件中建立的。为了简化，将叶轮和涡轮用两点质量代替，并以两个轴承单元来支承转子。将计算得到的箔片气体动压径向长、短轴承动态性能系数(动态刚度系数、动态阻尼系数)代入转子模型中分析轴承-转子系统的动力学响应。

表 12.3 箔片气体动压径向轴承箔片尺寸参数

轴承参数	参数取值
波箔厚度/μm	112
顶箔厚度/μm	112
波纹跨度/mm	2.7
波纹半宽/mm	1.2
波纹高度/mm	0.55
顶箔宽度/mm	24(16)
波纹数目	31

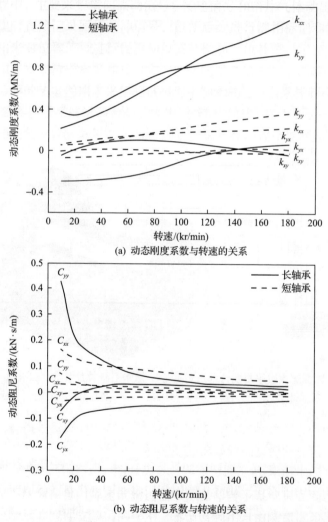

(a) 动态刚度系数与转速的关系

(b) 动态阻尼系数与转速的关系

图 12.5 箔片气体动压径向长、短轴承动态性能系数随转速的变化曲线

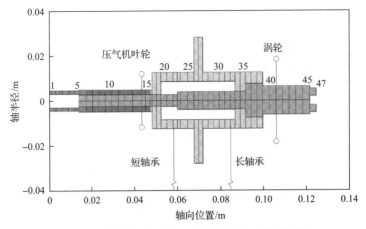

图 12.6　箔片气体动压轴承-转子系统有限元模型

　　箔片气体动压轴承-转子系统中转子的动力学分析结果如图 12.7 所示。圆锥、圆柱的模态固有频率随转速的升高而增大，这是因为轴承的动态直接刚度随转速的升高而增大。预测的圆锥、圆柱模态的临界转速都低于 6.5kr/min，试验用的箔片气体动压径向轴承起飞转速约 12kr/min，要高于此转速。一阶弯曲模态的临界转速约为 183kr/min。原型商业用的涡轮增压器的运行转速范围为 2～150kr/min，因此所设计的无油涡轮增压器有足够的安全裕度。

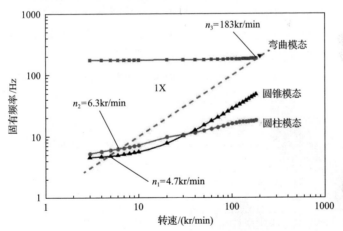

图 12.7　箔片气体动压轴承-转子系统中转子的动力学分析结果

　　随着发动机转速的升高,增压器轴向力逐渐增大,当发动机转速约为 3.5kr/min 时，增压器的轴向力达到最大值 55N。为了确保增压器能够在整个转速范围内稳定地运行，所设计的箔片气体动压推力轴承承载力要高于最大轴向力。箔片气体动压推力轴承承载力预测结果如图 12.8 所示。当转子转速为 20kr/min 时，其承载力为 76.5N，而且随着转子转速的增高，其承载力大幅增加，因此所设计的箔片气体动压推力轴承能满足涡轮增压器的工作要求。

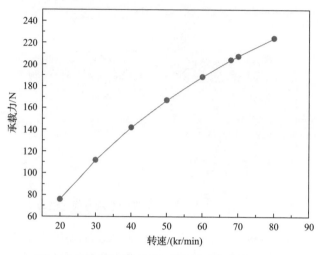

图 12.8　箔片气体动压推力轴承承载力预测结果

无油涡轮增压器(无蜗壳)实物图如图 12.9(a)所示,无油涡轮增压器转子实物图如图 12.9(b)所示。箔片气体动压轴承-转子系统试验台传感器布置示意图如图 12.10 所示。一个测试量程范围为 0.2～400kr/min 的转速传感器安装在压气机壳内,用来测量转子的实时转速。一对正交布置的电涡流位移传感器安装在压气机端部,用来测量锁紧螺母处的振动信号,以此反映转子的径向振动情况。其中,竖直方向和水平方向布置的电涡流传感器的灵敏度分别为 25.4V/mm 和 20.1V/mm。涡轮端处的一个电涡流位移传感器用来测量涡轮增压器运行过程中转子的轴向振动,其灵敏度为 20V/mm。

(a) 无油涡轮增压器(无蜗壳)实物图

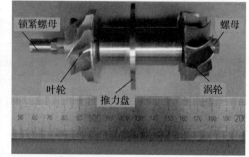

(b) 无油涡轮增压器转子实物图

图 12.9　无油涡轮增压器(无蜗壳)和无油涡轮增压器转子的实物图

针对无油涡轮增压器开展升降速试验,具体步骤如下:缓慢打开空气压缩机供气阀门开关,使涡轮增压器转速逐渐上升,待其到达 68kr/min(对应频率为

1133Hz)时，迅速关闭阀门，涡轮增压器转速逐渐降低直至停机。

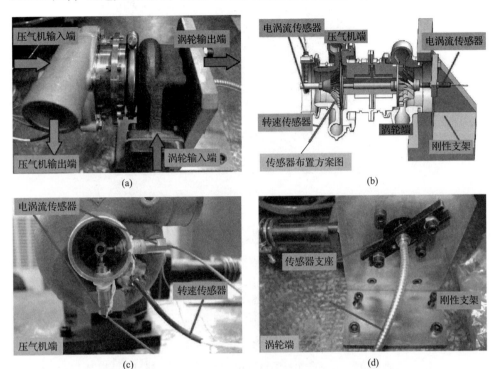

图 12.10　箔片气体动压轴承-转子系统试验台传感器布置示意图

箔片气体动压轴承-转子系统中转子振动幅值如图 12.11 所示。可以看出，与转速具有相同频率的同步振动和低于转速频率的次同步振动在某些时段会同时出现，且次同步振动在不同时段出现后会逐渐消失。

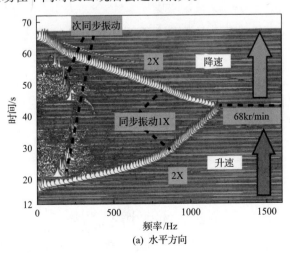

(a) 水平方向

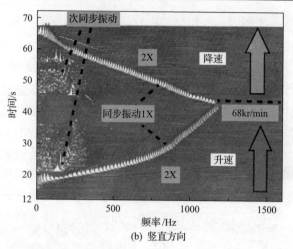

(b) 竖直方向

图 12.11　箔片气体动压轴承-转子系统瀑布图

　　为进一步研究增压器在高转速工况下的性能，还进行了稳速试验。将增压器转子加速至 68kr/min，然后保持此转速一定时间后再减速。稳速试验实时温度如图 12.12 所示。在试验过程中，对用来支撑转子的箔片气体动压径向轴承和箔片气体动压推力轴承进行实时温度测量。在升速阶段，箔片气体动压推力轴承和箔片气体动压径向轴承的温度随着转速的升高而迅速升高。当转子转速达到 68kr/min 时，两者的温升分别约为 10℃ 和 30℃。在稳速阶段，箔片气体动压推力轴承和箔片气体动压径向轴承温度分别在 52℃ 和 32℃ 处小幅波动，说明整个轴承-转子系统达到了相对稳定状态。

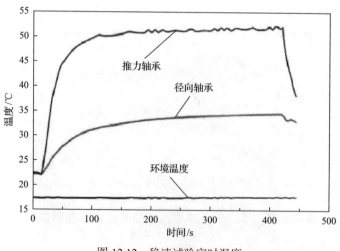

图 12.12　稳速试验实时温度

　　图 12.13（a）为 68kr/min 转速时转子的轴心轨迹图，轨迹近似为椭圆形状，并无

其他紊乱轨迹。图 12.13(b) 为 68kr/min 转速时转子的频谱图。可以看出，同步振动 (1133Hz)占主要部分，而只在 375Hz 处出现小振幅的次同步振动成分。结果表明，由箔片气体动压轴承-转子系统能够稳定运行，无油涡轮增压器的方案是可行的。

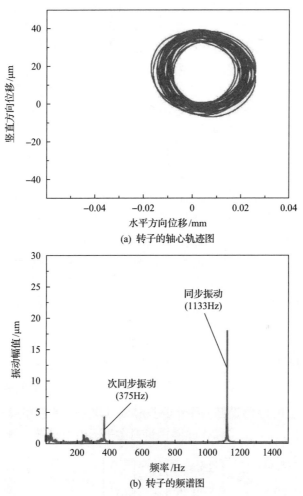

(a) 转子的轴心轨迹图

(b) 转子的频谱图

图 12.13　转子的轴心轨迹图和频谱图(转速为 68kr/min)

12.3　箔片气体动压轴承支承高速涡轮设备简介

旋转机械有明显的向高转速、高功率和低能耗方向发展的趋势。箔片气体动压轴承由于其结构紧凑、重量轻(减少 15%)、转速高(每分钟可达数十万转)、工作温度高(可达 700℃)、运行成本低(减少 8%)、损耗低，已经广泛应用于众多小型高速设备。下面将介绍几款典型的采用箔片气体动压轴承的高速涡轮设备。

1. 车用无油涡轮增压器

涡轮增压器通过提高空燃比，可以大幅度提高发动机的输出功率，改善发动机的燃油经济性和减少尾气排放，提高发动机的扭矩特性。在能源问题日益凸显和汽车排放标准日益严格的今天，涡轮增压器已经成为实现低碳汽车不可或缺的重要部件。然而，涡轮增压器在可靠性和寿命上仍有很大的缺陷，同时结构较为复杂，转速和效率也有待提高。这些缺陷都可以通过改变涡轮增压器的轴系设计得到改善。轴承是涡轮增压器的重要部件，也是整机结构中最薄弱的环节之一。根据实际的使用经验，增压器的故障中有 60%以上发生在轴承上[5]。车用涡轮增压器大都使用油润滑浮动环轴承。由于增压器的工作温度很高，润滑油容易发生油质劣化和焦化，这会导致灾难性的后果。难以避免的泄漏又会导致发动机排放颗粒物增加，严重时甚至会导致发动机起火[6]。利用箔片气体动压轴承可以实现增压器的无油化，消除润滑油对工作转速的限制，并彻底解决漏油问题，同时在最大程度上降低装置的质量、体积和复杂程度，消除一切因润滑系统而产生的损失。而且箔片气体动压轴承可以工作在高温条件下，极大地方便了涡轮增压器的结构设计，即使将轴承布置在接近发动机尾气的高温处，也不会影响轴承的性能。空气动压润滑无油涡轮增压器为增压技术的发展提供了一个全新的思路。

美国航空航天局格伦研究中心在 1999 年成功研发出了世界上第一台气浮无油涡轮增压器，如图 12.14 所示[6]。美国航空航天局对一款商用货车涡轮增压器进行改型，将原有浮动环轴承改成箔片气体动压轴承。先是基于试验测量得到线性箔片气体动压轴承的动特性参数，进而对轴系进行转子动力学分析，发现最大稳定工作转速可达 120kr/min。同时，增压器采用了第三代箔片空气轴承技术和美国航空

图 12.14　格伦研究中心开发的气浮无油涡轮增压器实物图[6]

航天局研发的 PS304 固体润滑镀膜。经过测试验证，该涡轮增压器能够在 650℃的进气温度环境下稳定工作于 95kr/min 的转速，并能够承受一定的冲击力[7]。Lee等[8]也开发了一款无油增压器并对其进行了实车测试，测试结果表明，该无油涡轮增压器可以在实车测试中稳定地运行，证明了箔片气体动压轴承支承的车用无油涡轮增压器的可行性。

2. 飞机空气循环系统及电子吊舱冷却器

空气循环机又名涡轮膨胀机、膨胀制冷机和涡轮冷却器，常应用于飞机空调系统。大型飞机上都是采用空气循环机作为空调的制冷机，其基本工作原理是采用逆升压式空气循环制冷，即循环空气先进入空气循环机的透平端完成膨胀制冷后，进入空气循环机的压气机端经过压缩后引入大气[9]。这一技术也同样应用于电子吊舱冷却器。电子吊舱用于装载导航、通信、照明、电子干扰、机载设备和武器等系统。随着电子设备的复杂化，吊舱设备工作时单位时间的发热量不断增高，对设备的温度控制提出了新的要求，需要采用有效的冷却手段对设备进行温度控制[10]。

然而，作为一种机载装备，空气循环机面临重量轻、高性能、高可靠性等方面的严苛要求。油润滑轴承技术不仅结构复杂，需要辅助供油系统，而且容易污染空气，更重要的是需要维护、工作寿命短。箔片气体动压轴承技术是提高涡轮冷却器性能、保障其可靠性的有效方式。Garrett AiResearch 公司于 1974 年为美国海军中三架 A7E 飞机的空气循环机装配了箔片气体动压轴承，这三架飞机经过越南战争的实战考验后，发现装配箔片气体动压轴承的空气循环机比装配球轴承的空气循环机更为可靠，所以在越南战争结束之后，美国海军为所有 A7E 飞机装配了由箔片气体动压轴承支承的空气循环机。除了应用在军用飞机上，Garrett AiResearch 公司的气体动压悬浮空气循环机在商用民航客机中也有很成功的应用。目前，采用以箔片气体动压轴承为转子支承结构的空气循环机已经成为飞机制造业中空气循环机的选用标准之一。在超过一百万小时的飞行记录里，使用箔片气体动压轴承的空气循环系统工作转速保持 100kr/min，其平均维护时间超过十年[11]。目前，大概 90%商用飞机的空气循环机使用的是箔片气体动压轴承技术。图 12.15 为 Garrett AiResearch 公司开发的空气循环机。

3. 气体悬浮离心空气压缩机和制冷压缩机

空气压缩机是一种通过电动机将电能转换成压缩介质压力能的装置，是气动系统的"心脏"。按照工作原理可分为容积型、透平型、热力型三大类。空气压缩机的种类很多，现在常用的有活塞式、滑片式、罗茨鼓风机、螺杆式、离心式、涡旋式等。空气压缩机是高压气体的发生装置，是气动系统的动力源，也是主要能源消耗装置。在我国倡导建设低碳节能、绿色环保的生态文明的背景下，节能型空气压缩机的开发和推广具有重要意义。

图 12.15　Garrett AiResearch 公司开发的空气循环机

采用高速直驱电机和箔片气体动压轴承技术的气体悬浮离心空气压缩机是一种新型高效的压缩机类型。它具有结构简单、效率高、噪声低、振动小和维护费用低等优点。这些特点使气体悬浮离心空气压缩机已成为空气压缩机节能环保技术的首选。韩国从美国引入了箔片气体动压轴承技术，并以韩国国立科学技术研究院为基地，对箔片气体动压轴承的加工工艺、性能预测和产业化进行了深入研究[12]，目前已经形成多个商用化的产品。图 12.16 为韩国某公司的空气悬浮离心鼓风/压缩机的整体结构。通过多年的努力，我国也发展出了多家生产气浮离心压缩机的企业。

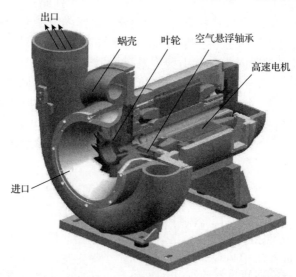

图 12.16　韩国某公司空气悬浮离心鼓风/压缩机整体结构

制冷能耗占社会总能耗的 15%，而大型公共建筑中央空调能耗占建筑能耗的比例达 40%～50%,成为节能降耗的关键。国家七部委发布的《绿色高效制冷行动方案》要求到 2030 年,大型公共建筑制冷能效提升 30%[13]。压缩机是空调系统的心脏,是决定空调系统能效水平的核心部件之一。小型离心压缩机能效高、体积小,容易实现无油运转,被美国能源部列为最具节能潜力的技术之一,成为制冷行业绿色发展的新方向。然而,小型离心压缩机转速通常为每分钟几万转,油润滑轴承在高转速下摩擦大、温升大、能耗高,很难继续向更高的转速领域应用。磁悬浮轴承体积大,控制系统复杂,很难实现离心压缩机的进一步小型化。相比较而言,箔片气体动压轴承利用动压气膜支承转子,不仅摩擦损耗低、耐高温性强,而且结构简单,被认为是高速运行、高温工况下的理想支承部件。箔片气体动压轴承成为离心压缩机小型化的重要技术路径。

图 12.17 为格力公司开发的高效动压气悬浮离心压缩机[14]。动压气悬浮离心压缩机具有无油、结构紧凑的特点,为冷量 50～700kW 的制冷系统提供了新的压缩机解决方案。根据测算,如果将现有 15%的小冷量冷水机组(170～700kW)改造为高效动压气悬浮离心压缩机组,并达到 30%的节能效果,每年可节约电能 5～6亿度,节能效果令人瞩目,对制冷行业乃至整个社会的可持续发展意义非凡[15]。高效动压气悬浮离心压缩机关键技术对推动离心压缩机小型化、提升压缩机能效、推动建筑节能减排等方面具有重要意义。

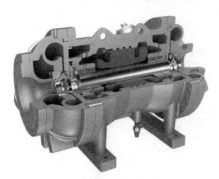 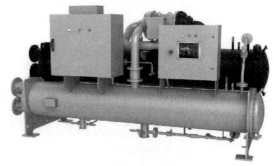

(a) 箔片气体动压轴承支承离心压缩机　　　　　　　(b) 整机系统

图 12.17　高效动压气悬浮离心压缩机[14]

4. 车用燃料电池空气压缩机

氢燃料电池汽车具有零排放、续驶里程长、燃料注入快的特点,被认为是新能源汽车的终极选择。空气压缩机是车用燃料电池阴极供气系统的核心部件,通过提高进堆空气的压力来提高燃料电池的功率密度和效率,减小燃料电池系统的尺寸,因此被誉为燃料电池的"肺"。一方面,由于质子交换膜燃料电池工作环境的特殊性,要求为其提供的高压氧气必须是清洁的,也就是说,供气子系统中的空气压缩机应具有无油化的特性；另一方面，空气压缩机的寄生功耗大，约占燃料电池辅助功耗的 80%，其性能直接影响燃料电池系统的效率、紧凑性和水平衡特性[16]。因此，为了能够获得良好的整体性能，必须寻求一种高效的压缩方式，既可以达到较高的工作转速，实现较高的工作效率，又具有无油化、体积小、寿命长等特点。

相对于油润滑轴承支承的空气压缩机，空气动压悬浮离心空气压缩机具有效率高、可靠性高、结构紧凑等优点，是车用燃料电池空气压缩机的最佳选择，受到国内外各大知名车企的青睐。图 12.18 是美国 Honeywell 公司于 2016 年发布的最高压缩比可达 4.0 的氢燃料电池车用离心空气压缩机，采用两级压缩和箔片气体动压轴承支承。该机型采用双级压缩，流量为 125g/s，最高压缩比可达 4.0(高原)，最高转速为 10 万 r/min，已经成功应用于本田 Clarity 车型[17]。

图 12.18　美国 Honeywell 公司空气动压悬浮离心空气压缩机[17]

5. 微型燃气轮机

微型燃气轮机作为分布式能源设备，具有体积小、质量轻、效率高、排放低等特点，近年来得到了迅速发展。微型燃气轮机不仅能够使用多种燃料，如天然气、生物沼气、柴油等，也能与多种能源形式结合，极大地提高了能源利用效率，如微型燃气轮机-固体氧化物燃料电池混合系统、微型燃气轮机-光伏混合系统、微型燃气轮机-风能混合系统等[18]。微型燃气轮机最早出现于 20 世纪 40～60 年代，当时被称为小型燃气轮机，输出功率在几百瓦以下，主要应用是驱动和发电，转子转速为每分钟几万转，转子通过减速齿轮带动发电机，进而在承载端输出电能。随着高速透平机械技术的不断发展，箔片气体动压轴承技术以其高转速、耐高温、高可靠性等优势在微型燃气轮机方面得到广泛应用。通过引入箔片气体动压轴承和直驱高速交流发电机，微型燃气轮机结构变得更加紧凑，质量也大幅缩减，得到了新一轮的发展。图 12.19 为美国 Capstone 公司开发的箔片气体动压轴承支承的 C30 微型燃气轮机[19]。目前，有多家能源设备公司推出多种型号的微型燃气轮机，应用领域十分广泛，包括污水处理厂热电联供系统、民用户外电源、工厂热电冷联供系统、军用电源、分布式发电设备、混合动力汽车、新能源混合系统等。微型燃气轮机以其效率高和能量密度高的特点逐渐成为分布式能源系统的关键设备，也成为国家在制造工业和能源领域综合实力的象征。

图 12.19　C30 微型燃气轮机

参 考 文 献

[1] Magge N. Philosophy, design, and evaluation of soft-mounted engine rotor systems. Journal of Aircraft, 1975, 12(4): 318-324.

[2] Valco M J, Dellacorte C. Emerging oil-free turbomachinery technology for military propulsion and power applications//Proceedings of the 23rd US Army Science Conference, Orlando, 2002: 2-5.

[3] Dellacorte C, Valco M J. Load capacity estimation of foil air journal bearings for oil-free turbomachinery applications. Tribology Transactions, 2000, 43(4): 795-801.

[4] Feng K, Kaneko S. Analytical model of bump-type foil bearings using a link-spring structure and a finite-element shell model. Journal of Tribology, 2010, 132(2): 021706.

[5] 王一棋. 我国涡轮增压器产业的现状与发展趋势. 湖南天雁机械有限责任公司调研报告, 2010.

[6] Howard S A. Rotordynamics and design methods of an oil-free turbocharger. Tribology Transactions, 1999, 42(1): 174-179.

[7] Heshmat H, Walton J F, Dellacorte C, et al. Oil-free turbocharger paves the way to gas turbine engine applications//ASME Turbomachinery Technical Conference & Exposition: Power for Land, Sea, and Air, Munich, 2000: V001T04A008.

[8] Lee Y B, Park D J, Kim T H, et al. Development and performance measurement of oil-free turbocharger supported on gas foil bearings. Journal of Engineering for Gas Turbines and Power, 2012, 134(3): 032506.

[9] 陆晶文. 浅析飞机空调系统. 中国科技信息, 2010, (11): 135-136.

[10] 林韶宁, 夏葵, 李军, 等. 空气制冷机在飞机空调系统中的应用. 流体机械, 2004, 32(10): 46-49.

[11] DellaCorte C, Bruckner R J. Remaining technical challenges and future plans for oil-free turbomachinery. Journal of Engineering for Gas Turbines and Power, 2011, 133(4): 042502.

[12] Lee Y B, Kim T H, Kim C H, et al. Dynamic characteristics of a flexible rotor system supported by a viscoelastic foil bearing(VEFB). Tribology International, 2004, 37(9): 679-687.

[13] 国家发展改革委员会, 工业和信息化部, 财政部, 等. 绿色高效制冷行动方案. 2019.

[14] 江苏心日源建筑节能科技股份有限公司. 气悬浮技术, 解决中央空调高能耗的又一节能黑科技. http://www.xinriyuan.com/articles/qxfjsj.html[2010-2-12].

[15] 鲍鹏龙, 章道彪, 许思传, 等. 燃料电池车用空气压缩机发展现状及趋势. 电源技术, 2016, 40(8): 1731-1734.

[16] Basrawi M F B, Yamada T, Nakanishi K, et al. Analysis of the performances of biogas-fuelled micro gas turbine cogeneration systems (MGT-CGSs) in middle-and small-scale sewage treatment plants: Comparison of performances and optimization of MGTs with various electrical power outputs. Energy, 2012, 38(1): 291-304.

[17] Garrett advancing motion. The Garrett Electric Compressor. https://www. garrettmotion. com/news/video-center/video/the-electric-compressor[2020-10-20].

[18] Bruno J C, Ortega-López V, Coronas A. Integration of absorption cooling systems into micro gas turbine trigeneration systems using biogas: Case study of a sewage treatment plant. Applied Energy, 2009, 86(6): 837-847.

[19] Capstone Turbine Corporation. Technical reference: Capstone model C30 performance. 2006: 283-284.